高等学校智能科学与技术/人工智能专业教材

现代智能信息处理

王玉皞 余礼苏 刘且根 徐子晨 编著

清华大学出版社
北京

内 容 简 介

本书介绍现代智能信息处理的多个方面,包括人工智能的发展历程,人工智能的应用场景,人工智能相关的数学基础,人工智能方法(监督学习、无监督学习、半监督学习、强化学习、深度学习),智能通信信息处理,智能计算信息处理等。本书侧重智能信息处理的基本方法,突出结合实际运用场景展开,展示了智能信息处理在现代信息化网络中的重要作用。本书在简明介绍现代智能信息处理理论的基础上,重点介绍智能信息处理的典型方法实现。

本书共 5 章:第 1 章为绪论,着重介绍人工智能的发展历程,重要的研究领域,典型的应用场景,以及基于人工智能的信息处理手段;第 2 章为基础知识概论,着重介绍人工智能相关的数学基础,典型的人工智能学习方法,通信信息处理,以及计算信息处理基本理论;第 3 章为智能通信信息处理,详细讨论智能射频通信传输,智能可见光通信传输,智能无人机通信传输,智能超表面通信传输以及多址通信传输;第 4 章为智能计算信息处理,详细讨论智能分布式计算,智能边缘计算,智能云计算,智能区块链等技术细节;第 5 章为现代智能信息处理开发案例,详细介绍开发语言基础,如 Python 和 MATLAB,以及智能信息处理的案例,包括 RIS 辅助无线通信案例、智能可见光通信案例、智能无人机通信案例、智能超表面通信案例、智能区块链案例。全书提供了大量应用实例。本书内容取材全面、新颖,包括智能信息处理实现的软硬件系统的建模,涵盖多种现代信息技术,详细讲述了目前智能信息处理领域研究的多种典型方法的实际运用,体现了现代性、先进性、创新性,特别是实用性。

本书可作为高等院校电子、通信、计算机、人工智能等专业的本科生和研究生教材,也可作为工程技术相关领域专业人员的参考书。

图书在版编目(CIP)数据

现代智能信息处理/王玉皞等编著. --北京:清
华大学出版社,2024.9. --(高等学校智能科学与技术、
人工智能专业教材). --ISBN 978-7-302-67284-5

Ⅰ. TP18

中国国家版本馆 CIP 数据核字第 2024JZ5405 号

责任编辑:张　玥　常建丽
封面设计:常雪影
责任校对:胡伟民
责任印制:刘海龙

出版发行:清华大学出版社
　　　　网　　　址:https://www.tup.com.cn,https://www.wqxuetang.com
　　　　地　　　址:北京清华大学学研大厦 A 座　　　　邮　　编:100084
　　　　社 总 机:010-83470000　　　　　　　　　　邮　　购:010-62786544
　　　　投稿与读者服务:010-62776969,c-service@tup.tsinghua.edu.cn
　　　　质量反馈:010-62772015,zhiliang@tup.tsinghua.edu.cn
　　　　课件下载:https://www.tup.com.cn,010-83470236
印 装 者:涿州汇美亿浓印刷有限公司
经　　　销:全国新华书店
开　　本:185mm×260mm　　印　　张:18　插页:3　　字　　数:465 千字
版　　次:2024 年 9 月第 1 版　　　　　　　　　　印　　次:2024 年 9 月第 1 次印刷
定　　价:66.00 元

产品编号:095163-01

高等学校智能科学与技术/人工智能专业教材

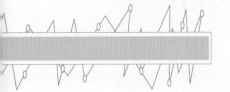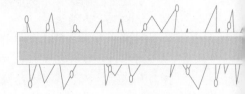

编审委员会

李轩涯	百度公司	高校合作部总监
李智勇	湖南大学机器人学院	常务副院长/教授
梁吉业	山西大学	副校长/教授
刘冀伟	北京科技大学智能科学与技术系	副教授
刘振丙	桂林电子科技大学计算机与信息安全学院	副院长/教授
孙海峰	华为技术有限公司	高校生态合作高级经理
唐琎	中南大学自动化学院智能科学与技术专业	专业负责人/教授
汪卫	复旦大学计算机科学技术学院	教授
王国胤	重庆邮电大学	副校长/教授
王科俊	哈尔滨工程大学智能科学与工程学院	教授
王瑞	首都师范大学人工智能系	教授
王挺	国防科技大学计算机学院	教授
王万良	浙江工业大学计算机科学与技术学院	教授
王文庆	西安邮电大学自动化学院	院长/教授
王小捷	北京邮电大学智能科学与技术中心	主任/教授
王玉皞	南昌大学信息工程学院	院长/教授
文继荣	中国人民大学高瓴人工智能学院	执行院长/教授
文俊浩	重庆大学大数据与软件学院	党委书记/教授
辛景民	西安交通大学人工智能学院	常务副院长/教授
杨金柱	东北大学计算机科学与工程学院	常务副院长/教授
于剑	北京交通大学人工智能研究院	院长/教授
余正涛	昆明理工大学信息工程与自动化学院	院长/教授
俞祝良	华南理工大学自动化科学与工程学院	副院长/教授
岳昆	云南大学信息学院	副院长/教授
张博锋	上海大学计算机工程与科学学院智能科学系	副院长/研究员
张俊	大连海事大学信息科学技术学院	副院长/教授
张磊	河北工业大学人工智能与数据科学学院	教授
张盛兵	西北工业大学网络空间安全学院	常务副院长/教授
张伟	同济大学电信学院控制科学与工程系	副系主任/副教授
张文生	中国科学院大学人工智能学院	首席教授
	海南大学人工智能与大数据研究院	院长
张彦铎	武汉工程大学	副校长/教授
张永刚	吉林大学计算机科学与技术学院	副院长/教授
章毅	四川大学计算机学院	学术院长/教授
庄雷	郑州大学信息工程学院、计算机与人工智能学院	教授

秘书长：

朱军	清华大学人工智能研究院基础研究中心	主任/教授

秘书处：

陶晓明	清华大学电子工程系	教授
张玥	清华大学出版社	副编审

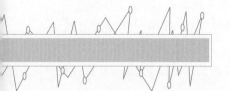 # 出 版 说 明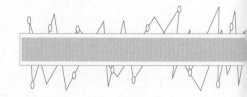

当今时代,以互联网、云计算、大数据、物联网、新一代器件、超级计算机等,特别是新一代人工智能为代表的信息技术飞速发展,正深刻地影响着我们的工作、学习与生活。

随着人工智能成为引领新一轮科技革命和产业变革的战略性技术,世界主要发达国家纷纷制定了人工智能国家发展计划。2017 年 7 月,国务院正式发布《新一代人工智能发展规划》(以下简称《规划》),将人工智能技术与产业的发展上升为国家重大发展战略。《规划》要求"牢牢把握人工智能发展的重大历史机遇,带动国家竞争力整体跃升和跨越式发展",提出要"开展跨学科探索性研究",并强调"完善人工智能领域学科布局,设立人工智能专业,推动人工智能领域一级学科建设"。

为贯彻落实《规划》,2018 年 4 月,教育部印发了《高等学校人工智能创新行动计划》,强调了"优化高校人工智能领域科技创新体系,完善人工智能领域人才培养体系"的重点任务,提出高校要不断推动人工智能与实体经济(产业)深度融合,鼓励建立人工智能学院/研究院,开展高层次人才培养。早在 2004 年,北京大学就率先设立了智能科学与技术本科专业。为了加快人工智能高层次人才培养,教育部又于 2018 年增设了"人工智能"本科专业。2020 年 2 月,教育部、国家发展改革委、财政部联合印发了《关于"双一流"建设高校促进学科融合,加快人工智能领域研究生培养的若干意见》的通知,提出依托"双一流"建设,深化人工智能内涵,构建基础理论人才与"人工智能＋X"复合型人才并重的培养体系,探索深度融合的学科建设和人才培养新模式,着力提升人工智能领域研究生培养水平,为我国抢占世界科技前沿,实现引领性原创成果的重大突破提供更加充分的人才支撑。至今,全国共有超过 400 所高校获批智能科学与技术或人工智能本科专业,我国正在建立人工智能类本科和研究生层次人才培养体系。

教材建设是人才培养体系工作的重要基础环节。近年来,为了满足智能专业的人才培养和教学需要,国内一些学者或高校教师在总结科研和教学成果的基础上编写了一系列教材,其中有些教材已成为该专业必选的优秀教材,在一定程度上缓解了专业人才培养对教材的需求,如由南京大学周志华教授编写、我社出版的《机器学习》就是其中的佼佼者。同时,我们应该看到,目前市场上的教材还不能完全满足智能专业的教学需要,突出的问题主要表现在内容比较陈旧,不能反映理论前沿、技术热点和产业应用与趋势等;缺乏系统性,基础教材多、专业教材少,理论教材多、技术或实践教材少。

为了满足智能专业人才培养和教学需要,编写反映最新理论与技术且系统化、系列化的教材势在必行。早在 2013 年,北京邮电大学钟义信教授就受邀担任第一届"全国高

等学校智能科学与技术/人工智能专业规划教材编委会"主任,组织和指导教材的编写工作。2019年,第二届编委会成立,清华大学陆建华院士受邀担任编委会主任,全国各省市开设智能科学与技术/人工智能专业的院系负责人担任编委会成员,在第一届编委会的工作基础上继续开展工作。

编委会认真研讨了国内外高等院校智能科学与技术专业的教学体系和课程设置,制定了编委会工作简章、编写规则和注意事项,规划了核心课程和自选课程。经过编委会全体委员及专家的推荐和审定,本套丛书的作者应运而生,他们大多是在本专业领域有深厚造诣的骨干教师,同时从事一线教学工作,有丰富的教学经验和研究功底。

本套教材是我社针对智能科学与技术/人工智能专业策划的第一套规划教材,遵循以下编写原则:

(1) 智能科学技术/人工智能既具有十分深刻的基础科学特性(智能科学),又具有极其广泛的应用技术特性(智能技术)。因此,本专业教材面向理科或工科,鼓励理工融通。

(2) 处理好本学科与其他学科的共生关系。要考虑智能科学与技术/人工智能与计算机、自动控制、电子信息等相关学科的关系问题,考虑把"互联网+"与智能科学联系起来,体现新理念和新内容。

(3) 处理好国外和国内的关系。在教材的内容、案例、实验等方面,除了体现国外先进的研究成果,一定要体现我国科研人员在智能领域的创新和成果,优先出版具有自己特色的教材。

(4) 处理好理论学习与技能培养的关系。对理科学生,注重对思维方式的培养;对工科学生,注重对实践能力的培养。各有侧重。鼓励各校根据本校的智能专业特色编写教材。

(5) 根据新时代教学和学习的需要,在纸质教材的基础上融合多种形式的教学辅助材料。鼓励包括纸质教材、微课视频、案例库、试题库等教学资源的多形态、多媒质、多层次的立体化教材建设。

(6) 鉴于智能专业的特点和学科建设需求,鼓励高校教师联合编写,促进优质教材共建共享。鼓励校企合作教材编写,加速产学研深度融合。

本套教材具有以下出版特色:

(1) 体系结构完整,内容具有开放性和先进性,结构合理。

(2) 除满足智能科学与技术/人工智能专业的教学要求外,还能够满足计算机、自动化等相关专业对智能领域课程的教材需求。

(3) 既引进国外优秀教材,也鼓励我国作者编写原创教材,内容丰富,特点突出。

(4) 既有理论类教材,也有实践类教材,注重理论与实践相结合。

(5) 根据学科建设和教学需要,优先出版多媒体、融媒体的新形态教材。

(6) 紧跟科学技术的新发展,及时更新版本。

为了保证出版质量,满足教学需要,我们坚持成熟一本,出版一本的出版原则。在每本书的编写过程中,除作者积累的大量素材,还力求将智能科学与技术/人工智能领域的

最新成果和成熟经验反映到教材中,本专业专家学者也反复提出宝贵意见和建议,进行审核定稿,以提高本套丛书的含金量。热切期望广大教师和科研工作者加入我们的队伍,并欢迎广大读者对本系列教材提出宝贵意见,以便我们不断改进策划、组织、编写与出版工作,为我国智能科学与技术/人工智能专业人才的培养做出更多的贡献。

　　联系人:张玥

　　联系电话:010-83470175

　　电子邮件:jsjjc_zhangy@126.com

清华大学出版社

2020 年夏

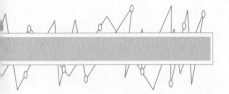 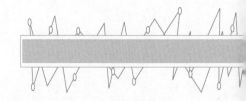

总　序

　　以智慧地球、智能驾驶、智慧城市为代表的人工智能技术与应用迎来了新的发展热潮,世界主要发达国家和我国都制定了人工智能国家发展计划,人工智能现已成为世界科技竞争新的制高点。然而,智能科技/人工智能的发展也面临新的挑战,首先是其理论基础有待进一步夯实,其次是其技术体系有待进一步完善。抓基础、抓教材、抓人才,稳妥推进智能科技的发展,已成为教育界、科技界的广泛共识。我国高校也积极行动、快速响应,陆续开设了智能科学与技术、人工智能、大数据等专业方向。截至2020年年底,全国共有超过400所高校获批智能科学与技术或人工智能本科专业,面向人工智能的本、硕、博人才培养体系正在形成。

　　教材乃基础之基础。2013年10月,"全国高等学校智能科学与技术/人工智能专业规划教材"第一届编委会成立。编委会在深入分析我国智能科学与技术专业的教学计划和课程设置的基础上,重点规划了《机器智能》等核心课程教材。南京大学、西安电子科技大学、西安交通大学等高校陆续出版了人工智能专业教育培养体系、本科专业知识体系与课程设置等专著,为相关高校开展全方位、立体化的智能科技人才培养起到了示范作用。

　　2019年10月,第二届(本届)编委会成立。在第一届编委会教材规划工作的基础上,编委会通过对斯坦福大学、麻省理工学院、加州大学伯克利分校、卡内基·梅隆大学、牛津大学、剑桥大学、东京大学等国外高校和国内相关高校人工智能相关的课程和教材的跟踪调研,进一步丰富和完善了本套专业规划教材。同时,本届编委会继续推进专业知识结构和课程体系的研究及教材的出版工作,期望编写出更具创新性和专业性的系列教材。

　　智能科学技术正处在迅速发展和不断创新的阶段,其综合性和交叉性特征鲜明,因而其人才培养宜分层次、分类型,且要与时俱进。本套教材的规划既注重学科的交叉融合,又兼顾不同学校、不同类型人才培养的需要,既有强化理论基础的,也有强化应用实践的。编委会为此将系列教材分为基础理论、实验实践和创新应用三大类,并按照课程体系将其分为数学与物理基础课程、计算机与电子信息基础课程、专业基础课程、专业实验课程、专业选修课程和"智能+"课程。该规划得到了相关专业的院校骨干教师的共识和积极响应,不少教师/学者也开始组织编写各具特色的专业课程教材。

　　编委会希望,本套教材的编写,在取材范围上要符合人才培养定位和课程要求,体现学科交叉融合;在内容上要强调体系性、开放性和前瞻性,并注重理论和实践的结合;在

章节安排上要遵循知识体系逻辑及其认知规律;在叙述方式上要能激发读者兴趣,引导读者积极思考;在文字风格上要规范严谨,语言格调要力求亲和、清新、简练。

编委会相信,通过广大教师/学者的共同努力,编写好本套专业规划教材,可以更好地满足智能科学与技术/人工智能专业的教学需要,更高质量地培养智能科技专门人才。

饮水思源。在全国高校智能科学与技术/人工智能专业规划教材陆续出版之际,我们对为此做出贡献的有关单位、学术团体、老师/专家表示崇高的敬意和衷心的感谢。

感谢中国人工智能学会及其教育工作委员会对推动设立我国高校智能科学与技术本科专业所做的积极努力;感谢清华大学、北京大学、南京大学、西安电子科技大学、北京邮电大学、南开大学等高校,以及华为、百度、腾讯等企业为发展智能科学与技术/人工智能专业所做出的实实在在的贡献。

特别感谢清华大学出版社对本系列教材的编辑、出版、发行给予高度重视和大力支持。清华大学出版社主动与中国人工智能学会教育工作委员会开展合作,并组织和支持了该套专业规划教材的策划、编审委员会的组建和日常工作。

编委会真诚希望,本套规划教材的出版不仅对我国高校智能科学与技术/人工智能专业的学科建设和人才培养发挥积极的作用,还将对世界智能科学与技术的研究与教育做出积极的贡献。

由于编委会对智能科学与技术的认识、认知的局限,本套系列教材难免存在错误和不足,恳切希望广大读者对本套教材存在的问题提出意见和建议,帮助我们不断改进,不断完善。

高等学校智能科学与技术/人工智能专业教材编委会主任

2021 年元月

前　言

信息智能处理技术是信号与信息技术领域一个前沿且富有挑战性的研究方向,它以人工智能理论为基础,侧重于信息处理的智能化,包括计算机智能化(如文字、图像、语音等信息智能处理)、通信信息智能化以及计算信息智能化。智能信息处理就是模拟人或者自然界其他生物处理信息的行为,建立处理复杂系统信息的理论、算法和系统的方法和技术。智能信息处理面对的主要是不确定性系统和不确定性现象信息处理问题。智能信息处理在系统建模、系统分析、系统决策、系统控制、系统优化和系统设计等领域具有广阔的应用前景。随着 AI(人工智能)和 ML(机器学习)技术的快速发展,预计未来的网络将比其前身具有更高的智能化,智能将覆盖整个未来网络的运作和服务。因此,急需将人工智能与现代信息处理技术相结合,进一步优化并改善信息处理技术,提高现代网络的智能化。

本书内容丰富,方法新颖,反映了智能信息处理的新理论、新技术、新方法和新应用。本书也是作者在智能信号处理和通信信号处理领域多年教学与科研工作的积累和总结。本书条理清晰,论证缜密,理论联系实际,可以指导读者尽快地学习和跟踪智能信息处理的最新进展。本书适用于智能信息处理、信号与信息处理、通信与信息系统、计算信息处理及相关专业的研究生、工程师和科研人员阅读和参考。

本书具有以下特点:

(1) 遵照教育部高等学校教学指导委员会最新人工智能、计算机科学与技术、软件工程专业及相关专业的培养目标和培养方案,合理安排知识体系,结合微积分、线性代数、概率论等基础知识,组织相关知识点与内容。

(2) 注重理论和实践的结合,教材融入了基本的开发过程和工程实践背景的科学研究项目案例,使得在掌握理论知识的同时提高在程序设计过程中分析问题和解决问题的实践动手能力,启发学生的创新意识,使学生的理论知识和实践技能得到全面发展。

(3) 大部分章节知识点都包括基础案例,最后一章汇总了典型案例,知识内容层层推进,使得学生易于接受和掌握相关知识内容。第 5 章列举的典型案例以开发过程为主线,将知识点有机串联在一起,便于学生掌握与理解。

(4) 教材提供例题案例、章节案例和典型案例的详细介绍。

本书由王玉皞、余礼苏、刘且根、徐子晨共同编写。其中,王玉皞编写了第 1~3 章中的部分章节并统稿,余礼苏编写了第 3~5 章中的部分章节和开发案例,刘且根编写了第 2 章中的部分章节和部分案例,徐子晨编写了第 5 章中的部分章节和部分案例。在本书编写的过程中,参阅并吸取了国内外文献及教材的精髓,对这些作者的贡献由衷地表示感谢。在本书的出版过程中得到姚元志、钱佳家、徐钏、吴思凡、蔡祥祥、罗宇洋、支忠宽、

钟润、吕欣欣、李彪、刘俊龙、元军军、张汉俊等研究生的支持和帮助,还得到清华大学出版社张玥编辑的大力支持,在此表示诚挚的感谢。

由于作者水平有限,书中难免有不妥和疏漏之处,恳请各位专家、同仁和读者不吝赐教和批评指正,并与作者讨论。

作 者

2024 年 4 月

目　录

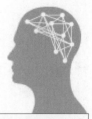

C O N T E N T S

現代智能信息处理

第1章 绪 论

1.1 引 言

人工智能是研究人类智能行为规律（如学习、计算、推理、思考、规划等），构造具有一定智慧能力的人工系统，以完成往常需要人的智慧才能胜任的工作。20世纪30年代末到50年代初，香农、图灵和冯·诺依曼等奠定了现代信息论和计算机科学的理论基础，图灵还提出了著名的图灵测试："如果一台机器能够与人类展开对话而不能被辨别出其机器身份，那么称这台机器具有智能。"预言了创造出智能机器的可能[1]。随着计算机科学与应用技术的发展，1956年，在达特茅斯学院的一次会议上，学者们正式提出人工智能一词。那一刻是研究机器如何模拟人类智能活动的新主题的第一步。2016年，AlphaGo击败了国际象棋世界冠军。这一事件立即引起全球对人工智能（AI）的兴趣[2]。人工智能的发展给人类带来巨大的经济利益，也惠及了人们生活的方方面面，甚至极大地推动社会发展，使社会发展进入了一个新的时代。自20世纪末以来，许多学者开始了与人工智能相关的研究。

人工智能是人工智能科学的总称。它是使用计算机模拟人类的智能行为，并训练计算机学习人类的行为，例如学习、判断和决策[3]。人工智能是以知识为对象，获取知识，分析研究知识的表达方法，并运用这些方法达到模拟人类智力活动的效果的知识项目。人工智能是计算机科学、逻辑、生物学、心理学、哲学和许多其他学科的汇编，它在语音识别、图像处理、自然语言处理、自动定理的证明和智能机器人等领域取得了显著的成果。

1.2 人工智能的发展历程

人工智能是研究如何使计算机执行过去只能由人类执行的智能任务[4]。近年来，人工智能（AI）发展迅速，它改变了人们的生活方式。发展人工智能已成为世界各国提升国家竞争力、维护安全的重要发展战略。许多国家纷纷出台优惠政策，加强关键技术和人才的调配，以便在新一轮的国际竞争中占据先机。人工智能已成为科技领域的研究热点；谷歌、微软、IBM等大公司致力于人工智能，并将人工智能应用到越来越多的领域。

人工智能是一种多学科技术，具有整合认知、机器学习、情感识别、人机交互、数据存储和决策的能力，最早由约翰·麦卡锡在20世纪中期的达特茅斯会议上提出。自1993年以来，人工智能取得了一些里程碑式的成果。由于反向传播算法（简称BP算法）的广泛应用，

神经网络得到迅速发展。在大规模环境下,专家系统的广泛使用为行业节省了大量成本,并提高了行业效率[5]。例如,探矿者专家系统成功地分析了价值数亿美元的矿藏。之后,人们开始尝试研究一般的人工智能程序,但遇到了严重的障碍,陷入了僵局。人工智能再次陷入低谷。1997 年,"深蓝"的成功将人工智能的发展提上议事日程。随着计算能力的提升,人工智能的瓶颈被打破,基于大数据的深度学习和强化学习的发展也在持续。随着 GPU 的不断发展,定制处理器的成功开发也不断提高计算能力,这为人工智能的爆炸性发展奠定了基础[6]。

人工智能经历了漫长的发展过程,它的发展过程可以分为几个阶段:1943 年,人工神经元模型被提出,这开启了人工神经网络研究的时代。1956 年,达特茅斯会议召开,提出了人工智能的概念;这标志着人工智能的诞生。这一时期,国际学术界对人工智能研究的潮流正在兴起,学术交流频繁。20 世纪 60 年代,连接主义受理论模型、生物原型和技术条件的限制,智能技术的发展陷入低迷。BP 算法的研究始于 20 世纪 70 年代,计算机的成本和计算能力逐渐增加,这给专家系统的研究和应用带来了困难。前进变得困难,但人工智能正在逐渐取得突破。20 世纪 80 年代,反向传播神经网络得到广泛认可,基于人工神经网络的算法研究迅速发展,计算机硬件功能迅速提高,互联网的发展降低了人工智能的发展。在 21 世纪的头十年,移动互联网的发展带来更多的人工智能应用场景。2012 年,人工智能取得突破性的发展,该算法在语音和视觉识别方面得到突破。

1.3　人工智能的研究领域

1.3.1　专家系统

专家系统是基于人类专家已有知识的知识系统。专家系统是人工智能领域最早的研究成果。它广泛应用于医学诊断、地质勘测和石化工业。专家系统通常指各种知识系统。这是一个基于知识的智能计算机程序,它利用人类专家提供的专业知识模拟人类专家的思维过程,利用知识和推理解决只有领域专家才能解决的复杂问题。专家系统具有特定领域的大量信息和推理过程,包括大量的专业知识和经验,它可以同时进行存储、推理、判断。其核心是知识库和推理机。

专家系统的应用方法是先将特定领域专家的知识、经验和研究信息存储在数据库和知识库中,然后由解释器和推理机调用并根据需要提供给用户。用户通过人机交互界面完成此操作。专家系统在教学中的应用优势不受时间和空间的限制,也不受环境和情感影响的限制。专家系统应该用于教育。事实上,它们被广泛使用,它们对远程教育的优势也是众所周知的。

1.3.2　机器学习

对于一台拥有知识的计算机来说,知识必须以计算机可接受的方式表达为输入,或者计算机本身具有获取知识的能力,并在实践中不断总结和改进知识。这种方法被称为机器学习。机器学习的研究主要是研究人类的学习机制和人脑思维过程,研究人的学习机制,研究机器学习方法,建立针对特定任务的学习系统。机器学习的研究基于多种学科,如信息科

学、脑科学、神经心理学、逻辑学和模糊数学。深度学习的概念来自人工神经网络。

常见的深度学习算法包括受限玻尔兹曼机(RBN)、深度信念网络(DBN)、卷积神经网络(CNN)和堆叠式自动编码器。在早期的人工神经网络中,网络层数超过四后,就出现了问题。传统的反向传播算法是训练收敛,具有多个隐藏层的多层感知器是一种深度学习结构。深度学习通过组合低层特征形成高层属性类别或特征来发现数据的分布特征。重要的人工神经网络算法包括感知器神经网络(PNN)、反向传播(BP)、自组织网络(SON)、自组织映射(SOM)和学习向量量化(LVQ)。

1.3.3 机器人

机器人是一种能模仿人类行为的机器。对机器人的研究经历了三代发展。

第一代是程序控制机器人。这种机器人可以由设计者编制程序,然后存储在机器人中并在程序的控制下工作。在机器人第一次执行任务之前,技术人员会指示机器人执行操作,机器人会一步一步地执行整个操作。地面上记录的每个操作都表示为一个指令。第二代是自适应机器人。这类机器人配备了相应的感觉传感器(如视觉、听觉、触觉传感器),可以获取简单的信息(如工作环境、操作对象等)。机器人由计算机处理以控制操作活动。第三代是智能机器人。智能机器人具有类人智能,并配备高灵敏度传感器。它的感官能力超过常人。机器人可以分析其感知的信息,控制其行为,对环境变化有所反应,并完成复杂的任务。

1.3.4 智能决策支持系统

决策支持系统属于管理科学的范畴,与"知识-智能"有着极其密切的关系。20 世纪 80 年代,专家系统在许多方面取得了成功。人工智能,特别是智能和知识处理技术在决策支持系统中的应用,扩大了决策支持系统的应用范围,提高了系统解决问题的能力。它成为一个智能决策支持系统。

1.3.5 模式识别

模式识别是研究如何制造具有感知能力的机器。它主要研究视觉和听觉模式的识别,识别物体、地形、图像、字体等。它在日常生活和军事中有广泛的用途。近年来,模糊数学模型和人工神经网络模型的应用水平发展迅速,逐渐取代了传统的统计模型和结构模式识别方法。

1.4 人工智能的应用场景

基于数据、算法、计算能力等的技术条件相对成熟,人工智能开始真正解决问题并有效创造经济效益[7]。从应用的角度看,数据基础较好的行业(如金融、医疗、汽车、零售)都有相对成熟的 AI 应用场景。

1.4.1 汽车行业

在汽车行业中,自动驾驶是新一代信息技术(如汽车行业、人工智能和物联网)深度融合

的产物。自动驾驶使用激光雷达等传感器以及其他传感器收集路况和行人信息,并将这些信息与先进的 AI 算法相结合,以不断优化并最终为道路上的车辆提供最佳的路线和控制计划。

中国正在缩小与欧美在无人驾驶汽车领域的差距,甚至实现同步发展。2014 年 12 月 21 日,谷歌发布了第一款无人驾驶原型车。瑞士和法国 2015 年联合制造无人驾驶巴士,并计划进行为期两年的路测试。2017 年,德国奥迪发布了新的"奥迪 AI"商标,并将 AI 应用于奥运会。汽车上安装的定速巡航自动泊车等辅助驱动装置,一定程度上实现了自动驾驶,无人驾驶汽车完全解放了人在驾驶时的行为。

1.4.2　金融市场

AI 已成功应用于金融市场;示例用途包括智能风险控制、智能咨询、市场预测和信用评级等[8]。这使金融通过 AI 嵌入进入了一个创新的新时代。硅谷的一些尖端互联网公司正在尝试使用 AI 算法降低用户接受金融产品的门槛。模型根据财务分析师的知识和经验进行培训,并应用于跟踪客户需求和最小化成本。日本一家创业公司(Alpaca)使用深度学习分析和识别图像,旨在帮助用户从大量信息中快速找到外汇交易图表。

在金融领域,AI 市场正在增长。通过机器学习的技术手段,它可以预测风险和股票市场的走势。金融机构采用机器学习方法管理金融风险,整合多个数据源,并为人们提供实时的风险预警信息[9]。同时,金融机构采用大数据对相应的金融风险进行分析,对相应的金融资产进行实时风险预警,节约投资理财的人力物力,建立科学合理的风险管理体系,为公司的发展奠定基础。

1.4.3　健康领域

在医疗领域,AI 相关的算法用于提供医疗援助、检测癌症以及开发新药。广泛推广医疗信息化对医疗事业在全球范围内的发展具有重要意义。其中最著名的无疑是 IBM 的智能机器人 Watson。IBM 技术团队首先将大量数据和信息输入给 Watson。这个庞大的数据库包括医疗信息和报告,临床指南,药物使用报告,以及成千上万的患者医疗记录。从那时起,人工智能算法被用于分析和处理,以便为利益相关者提供医疗援助,并更有效和精确地执行医疗诊断。

1.4.4　零售业

在零售行业,线下实体零售店通过 AI 实现真正的无人零售,从而降低成本,大大提高效率。电子商务巨头亚马逊建立的智能实体零售店 AmazonGo 在极短的时间内为智能零售增添了火力。AmazonGo 的一项名为"Just Walk Out"的技术结合了机器学习、计算机视觉和传感器。通过在商店中设置传感器、摄像头和信号接收器,它可以监控货架上货物的放置和移除,以及监控虚拟购物车中的货物。AI 在推荐系统中的应用将增加在线销售,实现更准确的市场预测,并降低库存成本。推荐系统根据用户的潜在偏好建立了一个在线产品推荐模型,并已在许多电子商务网站上得到应用。

1.4.5 媒体行业

在媒体行业,内容传播机器人和品牌传播机器人提供一键式生成用户想要的内容,一分钟内最多可发表 10 000 篇文章。这种基于人工智能的智能媒体平台可以将当前的热点事件、舆情、公关联系的营销内容结合起来,可以研究媒体投放和投放规则,可以自动生成用户想要阅读的内容[10],能够智能接入主流媒体平台,自动同步发送信息,实现有效传播。在品牌推广方面,智能平台根据品牌内容、推广预算、推广效果等对媒体产品和媒体渠道进行估算和匹配,为企业带来最大的传播价值。

1.4.6 智能支付系统

如今,不带现金购物已成为很多人的习惯。手机可以轻松完成付款。如果客户没有使用扫描码支付账单,另一种新的支付方式是声纹支付和面部支持。购物者出门不需要带钱包,不需要扫描二维码,甚至不需要输入密码。他们可以通过自己的声音和脸支付。其中声纹识别是基于生物特征发展起来的新技术[11]。

1.4.7 智能家居

智能家居使用先进的技术整合与日常生活相关的设施,以创建高效的住宅设施和日常家庭事务管理系统,以使生活更加舒适[12]。一个智能家居涉及家居产品的许多方面:电视、浴室、冰箱、空调、门锁等产品包罗万象,通过智能互通为用户服务。一个完整的智能家居系统不仅是一个设备,它还是具有不同功能的许多家庭产品的组合。一个家庭中的用户不是一个人,而是多个用户。智能家居系统的目标是将家用产品和人高效智能地协调成一个统一的系统,该系统能够学习,连接和适应自身。

与按钮和触摸屏的交互形式相比,语音助手更加方便,目前,语音控制已成为智能家居的重要切入点。大型互联网公司和科技公司依靠自己的优势进入智能音箱市场,以抓住市场红利。市场上各种品牌的智能音箱被认为是智能家居在 AI 领域控制的门户。人们通过语音与智能音箱进行交互,因此智能音箱可以理解人们的需求并提供人们需要的服务。

1.5 人工智能的信息处理

在新时代,利用人工智能技术解决信息处理工作中存在的问题,已经成为一个主流趋势。人工智能技术凭借独有的技术优势,能对信息实现高效处理,并且能显著降低信息处理成本,因此,针对人工智能技术在信息处理领域发展路径进行研究,具有重要的现实意义。

人工智能技术在网络信息安全管理中的使用。随着信息技术、计算机技术的快速发展,人们在日常学习、生活、工作等方面,享受到信息化时代带来的便利。与此同时,网络信息安全方面的问题,也带来了一些信息安全威胁。这对网络信息安全管理工作,提出更加严格的要求。要保证网络信息处理过程中的安全性,就必须在最短时间内实现对各类不确定信息的快速处理。

一般情况下,在互联网中传输的各类信息,彼此之间不具有连贯性,若采用常规的逻辑

处理模式,则很难挖掘出信息中潜在的安全隐患和异常数据。数据在使用过程中,其时效性和准确性也无法得到有效保障。而随着人工智能技术的逐步使用,这一问题可得到有效处理。人工智能技术使用多种识别技术对相关信息进行分析,可以对匹配检测阶段中的复杂数据进行直观化、简单化处理。在互联网中,某一用户的计算机感染病毒以后,在人工智能技术的保护下,病毒在一定时间内不会大面积扩散。另外,在人工智能技术的加持下,还可以针对指定的信息进行读取和自动搜索,并对获得的海量信息进行自动分类,过滤其中的有害信息,把安全、稳定的信息提供给指定用户。总的来说,使用人工智能技术后,互联网安全防御系统功能将会变得更加完善。

人工智能技术在信息网络系统评价中的运用。在传统网络信息管理模式下,主要采取人工管理的方式对信息进行管理。但随着网络的快速发展,其涉及范围越来越广泛,结构也更加复杂。在此情况下,一旦网络信息变化,便会给管理系统造成影响。人工智能技术的推广运用,能实现对多种不确定信息的分析和处理,有针对性地对互联网信息资源进行规划和控制,也能搜集更多的专家经验,有效处理各类问题,将原本复杂的工作实现简易化处理。

总的来说,智能信息处理研究涵盖基础研究、应用基础研究、关键技术研究与应用研究等多个层次。它不仅有很高的理论研究价值,而且对国家信息产业的发展乃至整个社会经济建设、发展都具有极为重要的意义。

第 2 章　基础知识概论

2.1　人工智能相关的数学基础

当下,人工智能成了新时代的必修课,其重要性已无需赘述,但作为一个跨学科产物,它包含的内容浩如烟海,各种复杂的模型和算法更是让人望而生畏。对于大多数的新手来说,如何入手人工智能其实是一头雾水,比如需要哪些数学基础、是否要有工程经验、对于深度学习框架应该关注什么,等等。那么,学习人工智能该从哪里开始呢?

其实,要了解人工智能,最好的着手点是先掌握必备的数学基础知识,数学基础知识蕴含着处理问题的基本思想和基本方法,同时也是理解算法的必备要素。今天各种各样的人工智能的复杂算法归根结底都建立在一定的数学模型之上,要快速入门人工智能,则需要有扎实的数学基础知识。具体来说,数学基础知识具体包括微积分、线性代数、概率论等数学学科。

2.1.1　微积分

微积分是现代数学的基础。单就机器学习和深度学习来说,更多用到的是微分。积分基本上只在概率论中使用,概率密度函数、分布函数等概念和计算都要借助积分定义或计算。所以,学好微积分是掌握机器学习的基础。

1. 极限

机器学习里不直接用到极限的知识,但要理解导数和积分,必须掌握极限。

函数在 x_0 的邻域内有定义,且有

$$\lim_{x \to x_0} f(x) = A$$

则说函数 $f(x)$ 在点 x_0 处的极限为 A。

左右极限:函数在左半邻域 $(x_0, x_0+\delta)$ / 右半邻域 $(x_0-\delta, x_0)$ 内有定义:

$$\lim_{x \to x_0^+} f(x) = A$$

$$\lim_{x \to x_0^-} f(x) = A$$

$\lim\limits_{x \to x_0} f(x) = A$ 的充要条件是 $\lim\limits_{x \to x_0^+} f(x) = \lim\limits_{x \to x_0^-} f(x) = A$。

函数 $f(x)$ 在点 x_0 处连续,需要满足的条件为

(1) 函数在该点有定义;

(2) 函数在该点处的极限 $\lim\limits_{x \to x_0} f(x)$ 存在;

（3）极限值等于函数值 $f(x_0)$。

若函数 $f(x)$ 在点 $x=x_0$ 处不连续,则称其为函数的间断点。

2. 导数

导数的重要性众所周知,求函数的极值需要它,分析函数的性质需要它。典型的如梯度下降法的推导,logistic 函数导数的计算。熟练计算函数的导数是基本功。

导数(Derivative)是微积分学中重要的基础概念。对于定义域和值域都是实数域的函数 $f:R \rightarrow R$,若 $f(x)$ 在 x_0 的某个邻域 Δx 内,极限

$$f'(x) = \lim_{\Delta x \to 0} \frac{f(x+\Delta x)-f(x)}{\Delta x}$$

存在,则称函数 $f(x)$ 在点 x_0 处可导,$f'(x_0)$ 称为其导数,或导函数,也可以记为 $\frac{\mathrm{d}f(x_0)}{\mathrm{d}(x)}$。

在几何上,导数可以看作函数曲线上的切线斜率。

如图 2.1 所示,$g(x)$ 的斜率为 $f(x)$ 在点 P_0 处的导数。

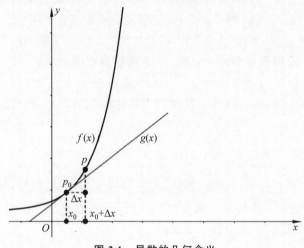

图 2.1　导数的几何含义

3. 泰勒公式

泰勒公式(Taylor's Formula)是数学中用于描述一个函数在某点的附近取值情况的公式。它利用函数在某一点的信息,即该点的各阶导数值,构建一个多项式,从而近似表达该函数。

如果函数 $f(x)$ 在点 a 处 n 次可导($n \geqslant 1$),在一个包含点 a 的区间上的任意 x,都有:

$$f(x) = f(a) + \frac{1}{1!}f'(a)(x-a) + \frac{1}{2!}f''(a)(x-a)^2 + \cdots +$$

$$\frac{1}{n!}f^{(n)}(a)(x-a)^n + R_n(x)$$

其中,$f^{(n)}(a)$ 表示函数 $f(x)$ 在点 a 处 n 阶导数。

上面公式中的多项式部分称为函数 $f(x)$ 点 a 处 n 阶泰勒展开式,剩余的 $R_n(x)$ 是泰勒公式的余项,是 $(x-a)^n$ 的高阶无穷小。

泰勒公式在优化算法中广泛使用,从梯度下降法、牛顿法、拟牛顿法,到 AdaBoost 算法、

梯度提升算法，XGBoost 算法的推导都离不开它。

4. 定积分

机器学习中用得更多的是定积分。那么，什么是定积分呢？

当 $\|\Delta x\| \to 0$ 时，总和 S 总趋于确定的极限 I，则称极限 I 为函数 $f(x)$ 在曲线 $[a,b]$ 上的定积分，记作 $\int_a^b f(x)\mathrm{d}x$，即

$$\int_a^b f(x)\mathrm{d}x = I = \lim_{\lambda \to 0}\sum_{i=1}^n f(\xi_i) \cdot \Delta x_i$$

函数 $f(x)$ 叫作被积函数，$f(x)\mathrm{d}x$ 叫作被积表达式，x 叫作积分变量，a 与 b 叫作积分下限与积分上限，区间 $[a,b]$ 叫作积分区间。定积分图形表示如图 2.2 所示。

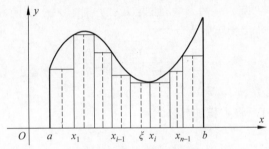

图 2.2　定积分图形表示

5. 牛顿-莱布尼茨公式

设函数 $f(x)$ 在区间 $[a,b]$ 上连续，$F(x)$ 是 $f(x)$ 在 $[a,b]$ 上的一个原函数，则：

$$\int_a^b f(x)\mathrm{d}x = F(b) - F(a)$$

通常称此公式为微积分基本公式或牛顿-莱布尼茨公式。

6. 梯度以及链式法则

偏导数（Partial Derivative）：对于一个多元变量函数 $f:RD \to R$，它的偏导数是关于其中一个变量 x_i 的导数，而保持其他变量固定，可以记为 $fx_i'(x)$，$\nabla x_i f(x)$ 或 $\dfrac{\partial f(x)}{\partial x_i}$。

方向导数：方向导数是在函数定义域的内点对某一方向求导得到的导数，一般为二元函数和三元函数的方向导数。方向导数可分为沿直线方向和沿曲线方向的方向导数，表示的是在一点 P 沿某一方向的变化率。

如果函数 $z = f(\boldsymbol{x},y)$ 在点 $P(\boldsymbol{x},y)$ 是可微分的，那么，函数在该点沿任一方向 L 的方向导数都存在，且有

$$\frac{\partial f}{\partial l} = \frac{\partial f}{\partial \boldsymbol{x}}\cos\varphi + \frac{\partial f}{\partial y}\sin\varphi$$

其中，φ 为 x 轴到方向 L 的转角。

梯度：设函数 $z = f(\boldsymbol{x},y)$ 在平面区域 D 内具有一阶连续偏导数，则对于每一个点 $P(\boldsymbol{x},y) \in D$，$\boldsymbol{x}$ 向量

$$\left(\frac{\partial f}{\partial x}, \frac{\partial f}{\partial y}\right)$$

为函数 $z=f(x,y)$ 在点 P 的梯度,记作 $\mathrm{grad}f(x,y)$。梯度的方向是函数在该点变化最快的方向。

链式法则:复合函数的求导公式称为链式法则。

单变量函数链式法则:已知单变量函数 $y=f(u)$,当 u 表示为单变量函数 $u=g(x)$ 时,复合函数 $f(g(x))$ 的导函数可以如下简单地求出。

$$\frac{\mathrm{d}y}{\mathrm{d}x}=\frac{\mathrm{d}y}{\mathrm{d}u}\cdot\frac{\mathrm{d}u}{\mathrm{d}x}$$

多变量函数链式法则:在多变量函数的情况下,链式法则的思想同样也适用。只要像处理分数一样对导数的式子进行变形即可,但需要注意的是,必须对相关的全部变量应用链式法则。

看如下情形。变量 z 为 u、v 的函数,如果 u、v 分别为 x、y 的函数,则 z 为 x、y 的函数,此时下方的多变量函数的链式法则成立。

$$\frac{\partial z}{\partial x}=\frac{\partial z}{\partial u}\frac{\partial u}{\partial x}+\frac{\partial z}{\partial v}\frac{\partial v}{\partial x}$$

变量 z 为 u、v 的函数,u、v 分别为 x、y 的函数,z 关于 x 求导时,先对 u、v 求导,然后与 z 的相应导数相乘,最后将乘积加起来。

7. 矩阵微积分

矩阵微积分(Matrix Calculus)是多元微积分的一种表达方式,即使用矩阵和向量表示因变量每个成分关于自变量每个成分的偏导数。

向量关于向量的偏导数对于 M 维向量 $x\in R^M$ 和函数 $y=f(x)\in R^N$,则 $f(x)$ 关于 x 的偏导数

$$\frac{\partial f(x)}{\partial x}=\begin{bmatrix}\dfrac{\partial y_1}{\partial x_1} & \cdots & \dfrac{\partial y_N}{\partial x_1}\\ \cdots & & \cdots\\ \dfrac{\partial y_1}{\partial x_M} & \cdots & \dfrac{\partial y_N}{\partial x_M}\end{bmatrix}\in R^{M\times N}$$

称为函数 $f(x)$ 的雅可比矩阵(Jacobian Matrix)的转置。

对于 M 维向量 $x\in R^M$ 和函数 $y=f(x)\in R$,则 $f(x)$ 关于 x 的二阶偏导数为

$$H=\frac{\partial^2 f(x)}{\partial x^2}=\begin{bmatrix}\dfrac{\partial^2 y}{\partial x_1^2} & \cdots & \dfrac{\partial^2 y}{\partial x_1\partial x_M}\\ \cdots & & \cdots\\ \dfrac{\partial^2 y}{\partial x_M\partial x_1} & \cdots & \dfrac{\partial^2 y}{\partial x_M^2}\end{bmatrix}\in R^{M\times M}$$

称为 $f(x)$ 的 Hessian 矩阵,也写作 $\nabla^2 f(x)$,其中第 m,n 个元素为 $\dfrac{\partial^2 y}{\partial x_m\partial x_n}$。

2.1.2 线性代数

线性代数是机器学习中必须掌握的知识,在机器学习中有很大的作用。简单说,线性代数就是数量和结构的一个组合,通过对对象进行一些运算操作,将具体事物问题抽象为数学

对象;在机器学习中,线性代数还能提升大规模运算的效率,在现代的机器学习中,我们要处理的数据都是海量的数据,数据的数量呈指数级增长。我们要处理的数据越来越多,如果只是简单地说,用最传统的方法,用一个一个的 for 循环处理高维的矩阵,处理效率肯定相当低下。有了线性代数后,我们可以把矩阵的运算引入机器学习的算法中,通过一些额外的库,或者一些额外的软件包,提升大规模运算的效率。

本小节介绍关于线性代数相关的知识,通过对线性代数的了解和学习,我们可以更好地理解和掌握机器学习,从而将其运用到实际问题当中。

1. 标量、向量、矩阵

标量(scalar):标量是只有大小没有方向的量。一个标量就是一个单独的数(实数),通常用小写英文 a 字母表示。介绍标量时,通常会明确它们是什么类型的数。在 Python 中,常用的标量类型包含字符串、数值。

向量(vector):简单来说,向量就是有大小、方向的量。一个向量就是一列数,这些数有序排列,通过次序中的索引,我们可以确定每个单独的数。通常用小写粗体英文字母 a 表示。如果向量中每个元素都属于 R,那么该向量属于实数集 R 的 n 次笛卡尔乘积构成的集合,记为 R^n。

$$x = \begin{bmatrix} x_1 \\ x_2 \\ \cdots \\ x_n \end{bmatrix}$$

矩阵(matrix):矩阵实际上是一个二维数组。其中每个元素被两个索引而非一个所确定,通常用粗体的大写英文 A 字母表示。如果一个实数矩阵高度为 m,宽度为 n,那么我们说 $A \in R^{m \times n}$。

$$A = \begin{bmatrix} a_{11} & a_{12} & \cdots & a_{1n} \\ a_{21} & a_{22} & \cdots & a_{2n} \\ a_{31} & a_{32} & \cdots & a_{3n} \\ \cdots & \cdots & & \cdots \\ a_{m1} & a_{m2} & \cdots & a_{mn} \end{bmatrix}$$

矩阵在机器学习中非常重要,如果现在有 N 个用户的数据,每条数据含有 M 个特征,那其实它对应的就是一个 $N \times M$ 的矩阵;再如,一张图由 16×16 的像素点组成,那就是一个 16×16 的矩阵。

2. 矩阵与向量运算

向量加法(减法):向量的加法(减法)就是两个维度相同的向量的对应元素之间的相加(减)。

$$\begin{bmatrix} a_1 \\ a_2 \end{bmatrix} + \begin{bmatrix} b_1 \\ b_2 \end{bmatrix} = \begin{bmatrix} a_1 + b_1 \\ a_2 + b_2 \end{bmatrix}$$

向量的数乘:向量与一个数字相乘,等于向量的各个分量都乘以相同的系数。

$$\begin{bmatrix} a_1 \\ a_2 \end{bmatrix} \times k = \begin{bmatrix} a_1 \times k \\ a_2 \times k \end{bmatrix}$$

向量的乘法（点积）：两个向量对应元素之积的和，得到的是一个数字。

$$\begin{bmatrix} a_1 \\ a_2 \\ \cdots \\ a_n \end{bmatrix} \times \begin{bmatrix} b_1 \\ b_2 \\ \cdots \\ b_n \end{bmatrix} = a_1 b_1 + a_2 b_2 + \cdots + a_n b_n$$

矩阵乘法：矩阵乘法是矩阵运算中最重要的操作之一。矩阵 A 的形状为 $m \times n$，矩阵 B 的形状为 $n \times p$，A 与 B 作矩阵乘法得到的矩阵 C 的形状为 $m \times p$。

$$C = AB$$

两个矩阵的标准乘积不是指两个矩阵中对应元素的乘积。不过，那样的矩阵操作确实是存在的，被称为元素对应乘积，记为 $A \odot B$。

两个相同维数的向量 x 和 y 的点积（dot product）可看作矩阵乘积 $x^\mathrm{T} y$。

矩阵乘积运算有许多有用的性质，从而使矩阵的数学分析更加方便。比如，矩阵乘积服从

① 分配律：$A(B+C) = AB + AC$。

② 结合律：$A(BC) = (AB)C$。

③ 转置：$(AB)^\mathrm{T} = B^\mathrm{T} A^\mathrm{T}$。

不同于标量乘积，矩阵乘积并不满足交换律（$AB = BA$ 的情况并非总满足）。

3. 行列式

行列式，记作 $\det(A)$，是一个将方阵 A 映射到实数的函数。n 阶行列式等于所有来自不同行不同列的 n 个元素乘积的代数和。由于代数和的项数为 $n!$ 个，为了表达方便，可以将每项中的 n 个元素按行指标由小到大的顺序排列，并规定此时列指标为偶排列时，此项前面带正号；列指标为奇排列时，此项前面带负号。

$$\begin{vmatrix} a_{11} & a_{12} & \cdots & a_{1n} \\ a_{21} & a_{22} & \cdots & a_{2n} \\ \cdots & \cdots & & \cdots \\ a_{n1} & a_{n2} & \cdots & a_{nn} \end{vmatrix} = \sum_{j_1 j_2 \cdots j_n} (-1)^{\tau(j_1 j_2 \cdots j_n)} a_{1j_1} a_{2j_2} \cdots a_{nj_n}$$

上述行列式通常记为 $D = \det(a_{ij})$ 或者 $|a_{ij}|$。

4. 生成子空间

一组向量的生成子空间（span）是原始向量线性组合后所能抵达的点的集合。

对于线性空间 V，$\dim \mathrm{span}\{a_1, a_2, \cdots, a_n\} = \mathrm{rank}\{a_1, a_2, \cdots, a_n\}$，也就是说，span 是线性空间 V 其中的一个最大无关组时，则称该子空间为生成线性子空间。设向量组 $\{a_1, a_2, \cdots, a_m\}$ 在线性空间 V 中，由它们的一切线性组合生成的子空间：

$$\mathrm{span} P\{a_1, a_2, \cdots, a_m\} = L(a_1, a_2, \cdots, a_m)$$
$$= \{k_1 a_1 + k_2 a_2 + \cdots + k_m a_m \mid k_i\}$$

5. 线性相关

讨论 $Ax = b$ 是否有解，其实就是讨论 b 是否在矩阵 A 的列向量的生成子空间中，若该齐次线性方程有解，那么要求的是 A 构成的列空间 R^m 是整个 R^m，如果构成的不是整个 R^m，那么说明在某一点不在 A 构成的列空间中，其对应的 b 就会使得齐次线性方程没有解。

这就要求矩阵 A 至少有 m 列，即 $n \geqslant m$，假设 A 是一个 4×3 的矩阵，而 b 是一个四维的，x 是三维的，那么无论如何修改 x 的值，都只能描绘出 $\boldsymbol{R}^4$ 中的三维空间，当向量 b 不在该三维空间时，则方程无解。但其只是一个必要条件，并非充要条件，因为在矩阵 A 的列中，有些列是冗余的，如一个矩阵是 4×4 的，如果其列向量的其中一个能被其他三个线性表示，说明这个向量在其他三个列向量组成的三维子空间里，这个列向量是冗余的。

这种列空间的冗余就叫作**线性相关**（linear dependence），而对于一组向量，如果其中任意一个向量都不能被其他向量线性表示，那么就说明这组向量**线性无关**（linearly independent）。

回到刚才的讨论，如果需要齐次线性方程有解，就需要矩阵 A 具有 m 个线性无关的列向量。如果还想使矩阵可逆，那么说明要保证每个 b 至多有一个解，就是说矩阵 A 必须是一个方阵。如果所有列向量都是线性无关的，就说明这个矩阵是**非奇异矩阵**（nonsingular matrix）；反之，如果存在列向量是线性相关的，就说明这个矩阵是**奇异矩阵**（singular matrix）。

6. 范数

在机器学习中向量的使用很重要，那么如何衡量一个向量的大小呢？其实，我们数学中经常使用的范数即用来衡量向量的大小，形式上，Lp 范数定义如下：

$$\|x\| = \left(\sum_i |x_i|^p\right)^{\frac{1}{p}}$$

其中 $p \in R, p \geqslant 1$。

范数从直观上来讲，就是衡量从原点到点 x 的距离。在机器学习中，经常用到的范数有下面几种：

L0 范数：当 p 等于 0 时，对应的即 L0 范数，表示的是向量中非 0 元素的个数。我们知道，如果模型中的特征之间有相互关系，会增加模型的复杂程度，并且对整个模型的解释能力并没有提高，这时我们就要进行特征选择。特征选择也会让模型变得容易解释。进行特征自动选择，也就是让模型变得稀疏，L0 正则化就是限制非零元素的个数在一定范围，这很明显会带来稀疏。

$$\|x\|_0 = \sqrt[0]{\sum_{i=1}^n |x_i|^0}$$

L1 范数：L1 范数的计算方式为向量所有元素的绝对值之和，所以 L1 范数也叫"稀疏规则算子"（lasso regularization）。为什么 L1 范数可以使参数稀疏呢？因为它是 L0 范数的最优凸近似，L1 对小权重减小很快，对大权重减小较慢，因此最终模型的权重主要集中在那些高重要度的特征上，对于不重要的特征，权重会很快趋于 0。所以，最终权重 w 会变得稀疏。

$$\|x\|_1 = \sum_{i=1}^n |x_i|$$

L1 范数对应曼哈顿距离，也就是在欧几里得空间的固定直角坐标系上两点所形成的线段对轴产生的投影的距离总和。

L2 范数：L2 范数代表的是对向量各个元素的平方和再求平方根。在回归分析中，又叫"岭回归"（Ridge Regression），在其他时候也叫"权值衰减"（weight decay）。L2 范数的目标是防止"过拟合"。

$$\|x\|_2 = \sqrt[2]{\sum_{i=1}^n x_i^2}$$

L2 范数对应欧几里得距离,即两个点在空间中的距离一般都指欧几里得距离。

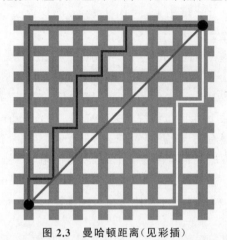

图 2.3　曼哈顿距离(见彩插)　　　　　图 2.4　欧几里得距离

L∞ 范数:表示的是所有向量元素绝对值中的最大值,也叫作最大范数(maxnorm)。

$$\|x\|_{+\infty} = \max_{i=1}^{n} |x_i|$$

衡量矩阵大小,最常用的是 F 范数,即 **Frobenius 范数**,计算方式为对矩阵元素的绝对值的平方和再开方。

$$\|\boldsymbol{A}\|_{\mathrm{F}} = \sqrt[2]{\sum_{i=1}^{m} \sum_{j=1}^{n} |a_{ij}|^2}$$

7. 特征值分解与特征向量

特征值分解就是将一个矩阵分解成:

$$\boldsymbol{A} = \boldsymbol{P}\boldsymbol{\Lambda}\boldsymbol{P}^{-1}$$

$\boldsymbol{P}$ 是这个矩阵 $\boldsymbol{A}$ 的特征向量组成的矩阵,$\boldsymbol{\Lambda}$ 是特征值组成的对角矩阵,里面的特征值由大到小排列,这些特征值对应的特征向量用于描述矩阵变化方向。

特征值分解可以得到特征值与特征向量,特征值表示的是这个特征到底有多重要,而特征向量表示这个特征是什么。如果说向量 v 是矩阵 $\boldsymbol{A}$ 的特征向量,则可以表示成下面形式:

$$\boldsymbol{A}v = \lambda v$$

在矩阵为高维的情况下,这个矩阵就是高维空间下的一个线性变换,可以想象,这个变化同样也有很多的变换方向,通过特征值分解得到的前 N 个特征向量,就对应了这个矩阵最主要的 N 个变化方向,利用这前 N 个变化方向,就可以近似这个矩阵(变换)。

8. 奇异值分解

特征值及特征值分解都是针对方阵而言,但是我们在处理实际问题的时候,看到的大部分矩阵都不是方阵,那么,怎样才能像方阵一样提取出普通矩阵的特征呢? 以及如何表述特征的重要性呢?

奇异值分解(Singular Value Decomposition)就是来干这件事情的。奇异值相当于方阵中的特征值,奇异值分解相当于方阵中的特征值分解。SVD 并不要求被分解的矩阵为方阵。假设矩阵 $\boldsymbol{A}$ 是一个 $m \times n$ 的矩阵,那么我们定义矩阵 $\boldsymbol{A}$ 的 SVD 为

$$\boldsymbol{A} = \boldsymbol{U}\boldsymbol{\Lambda}\boldsymbol{V}^{\mathrm{T}}$$

其中,U 是一个 $m \times m$ 的矩阵,Λ 是一个 $m \times n$ 的矩阵,除主对角线上的元素外全为 0,主对角线上的每个元素都称为奇异值,V 是一个 $n \times n$ 的矩阵。U 和 V 都是酉矩阵,即满足 $U^{\mathrm{T}}U = I, V^{\mathrm{T}}V = I$。

那么,如何求出 SVD 分解后的三个矩阵呢?

将 A 的转置和 A 做矩阵乘法,会得到一个 $n \times n$ 的方阵 $A^{\mathrm{T}}A$。既然 $A^{\mathrm{T}}AA^{\mathrm{T}}AA^{\mathrm{T}}A$ 是方阵,那么就可以进行特征分解,得到的特征值和特征向量满足:

$$(A^{\mathrm{T}}A)v_i = \lambda_i v_i$$

这样就可以得到矩阵 $A^{\mathrm{T}}A$ 的 n 个特征值和对应的 n 个特征向量 v 了。将 $A^{\mathrm{T}}A$ 的所有特征向量张成的一个 $n \times n$ 的矩阵 V,就是 SVD 公式里的 V 矩阵。一般将 V 中的每个特征向量叫作 A 的**右奇异向量**。

同理,将 A 和 A 的转置做矩阵乘法,会得到 $m \times m$ 的一个方阵,得到的特征值和特征向量满足式:

$$(AA^{\mathrm{T}})u_i = \lambda_i u_i$$

这样就可以得到矩阵 AA^{T} 的 m 个特征值和对应的 m 个特征向量 u 了。将 AA^{T} 的所有特征向量张成的一个 $m \times m$ 的矩阵 U,就是 SVD 公式里的 U 矩阵。一般将 U 中的每个特征向量叫作 A 的**左奇异向量**。

那么,如何求奇异值矩阵 Λ 呢?由于 Λ 除对角线上是奇异值,其他位置都是 0,因此只求出每个奇异值 σ 就可以了。注意到:

$$A = U\Lambda V^{\mathrm{T}} \Rightarrow AV = U\Lambda V^{\mathrm{T}}V \Rightarrow AV = U\Lambda \Rightarrow Av_i = \sigma_i u_i \Rightarrow \sigma_i = \frac{Av_i}{u_i}$$

这样我们可以求出每个奇异值,进而求出奇异值矩阵 Λ。

SVD 在机器学习的应用非常广,比如可用于 PCA 降维,也可用于推荐算法、图像降噪等。

2.1.3 概率论

事件的概率是衡量事件发生可能性的度量,虽然在一次试验中某个事件的发生是带有偶然性的,但那些可在相同条件下重复的随机试验却往往呈现明显的数量规律。机器学习除了处理不确定量,也需要处理随机量。不确定性和随机性可能来自多个方面,通常使用概率论衡量量化的不确定性。概率论在机器学习中扮演着一个重要角色,因为机器学习算法的设计通常依赖概率对数据的假设。

1. 概率基本概念

生活中处处有概率,比如掷一次骰子,可以获得 1~6 的一个数,这时我们称可以得到的所有结果为**样本空间**(sample space)。计算掷骰子后可以得到特定结果的任何一个可能性,称作**概率**(probability)。

$$P(E) = \frac{特定事件集合\ n(E)}{样本空间\ n(S)}$$

名词解释如下。

(1) 事件:在样本中,每个子集合称为事件。

（2）必然事件：在概率事件中一定会发生的事件。

（3）不可能事件：在概率事件中一定不会发生的事件。

（4）余事件：样本空间中除去本事件的其他事件。

（5）互斥事件：如果事件 $A \bigcap B = \varnothing$，则称 A 与 B 为互斥事件。

事件概率规则：

（1）概率相加：两个事件是独立事件，计算两个事件的概率就可以使用概率相加规则，可以称其为和事件。

（2）概率相乘：独立事件 A 和 B 同时发生时，可以用 $P(A) \times P(B)$ 表示其发生的概率。

（3）条件概率：在已知情景下，其中特定时间出现的概率。更广泛的情境下的条件概率，可以用以下表达式表示：

$$P(A \mid B) = \frac{P(A \bigcap B)}{P(B)}$$

即已知 B 事件下 A 事件出现的概率等于 A 与 B 同时出现的概率除以 B 事件出现的概率。

2. 随机变量

随机变量其实并不是变量，它们实际上是将（样本空间中的）结果映射到真值的函数。通常用一个大写字母 X 表示随机变量，它的一个可能取值为 x。随机事件不论与数量是否有关，都可以数量化。比如，在掷骰子事件中，我们把掷出的奇数映射为 0，把掷出的偶数映射为 1，那么这个映射的函数就为随机变量。

随机变量基本类型：

（1）离散型随机变量：即随机变量在一定区间中变量的取值为有限个，如某地区每月的新生儿出生数。

（2）连续型随机变量：即随机变量在一定区间中变量的取值为无限个，或数值无法一一列举出来。如某地区男性成年人的身高值。

3. 条件概率、全概率公式、贝叶斯公式

条件概率：设 A、B 是两个事件，在事件 B 发生的条件下事件 A 发生的条件概率

$$P(A \mid B) = \frac{P(AB)}{P(B)}$$

全概率公式：若事件 $A_1, A_2, \cdots, A_n$ 满足下列两条：

（1）$\forall i \neq j, A_i A_j = \phi$；

（2）$A_1 \bigcup A_2 \bigcup \cdots \bigcup A_n = \Omega$；

则称 $A_1, A_2, \cdots, A_n$ 为完备事件组，这样就得到全概率公式：

$$P(B) = \sum_{i=1}^{n} P(A_i) P(B \mid A_i)$$

贝叶斯公式：对贝叶斯公式的理解，主要把握一个观点，那就是"已知结果找原因"。

通常，事件 A 在事件 B 发生的条件下与事件 B 在事件 A 发生的条件下，它们两者的概率并不相同，但是它们两者之间存在一定的相关性，并具有以下公式（称为"贝叶斯公式"）：

$$P(A \mid B) = \frac{P(B \mid A) P(A)}{P(B)}$$

$P(A)$是概率中最基本的符号,表示 A 出现的概率。$P(B|A)$ 是条件概率的符号,表示事件 A 发生的条件下,事件 B 发生的概率,条件概率是"贝叶斯公式"的关键所在,它也被称为"似然度"。$P(A|B)$ 是条件概率的符号,表示事件 B 发生的条件下,事件 A 发生的概率,这个计算结果也被称为"后验概率"。

4. 概率分布、联合分布、边缘分布

概率分布:指用于表述随机变量取值的概率规律。直观上,概率分布是指随机变量所有可能结果及其相应的概率列表。由于随机变量分为离散的和连续的,那么对两种随机变量的概率分布描述也有不同。

(1)离散型:利用概率质量函数(probability mass function,PMF)描述。设 X 为离散型随机变量,其全部可能值为 $x_1,x_2,\cdots$,则

$$p_i = p(x_i) = P(X = x_i), \quad (i = 1,2,\cdots)$$

称为 X 的概率质量函数,也称为 X 的概率分布列,或者简称为概率分布。其中需要满足:

① 非负性:$p(x_i) \geqslant 0$;

② 规范性:$\sum\limits_{i=1}^{\infty} p(x_i) = 1$。

(2)连续型:利用概率密度函数(probability density function,PDF)描述。设 X 为一随机变量,若存在非负实函数 $f(x)$,使对任意实数 $a < b$,有

$$P\{a \leqslant x < b\} = \int_a^b f(x)\mathrm{d}x$$

则称 X 为连续性随机变量,$f(x)$称为 X 的概率密度函数,简称概率密度或密度函数。

$$P\{x_1 \leqslant X < x_2\} = \int_{x_1}^{x_2} f(x)\mathrm{d}x$$

概率密度函数的性质如下:

① 非负性:$f(x) \geqslant 0, \forall x \in (-\infty, +\infty)$;

② 规范性:$\int_{-\infty}^{+\infty} f(x) = 1$。

联合分布:联合概率表示为包含多个条件并且所有条件都同时成立的概率,记作 $P(X=a, Y=b)$ 或 $P(a,b)$,有的书上也习惯记作 $P(ab)$。根据随机变量的不同,联合概率分布的表示形式也不同。对于离散型随机变量,联合概率分布可以以列表的形式表示,也可以以函数的形式表示;对于连续型随机变量,联合概率分布通过非负函数的积分表示。

与条件概率的关系:

$$P(X \mid Y) = \frac{P(X,Y)}{P(Y)}$$

与边缘分布的关系:

$$P(X) = \sum_{i=1}^{N} P(X,Y) \cdot P(Y)$$

边缘分布:在已知一组变量的联合概率分布后想了解其中一个子集的概率分布,这个分布就叫作概率分布。知道了 $P(x,y)$,假设有随机变量 x 和 y,就可以用下面的求和法则计算 $P(x)$:

$$\forall x_i \in x : P(x_i) = \sum_{y_i} P(x_i, y_i)$$

而对于连续性变量,需要用积分替代求和:

$$p(x) = \int p(x, y) \mathrm{d}y$$

5. 期望、方差与协方差

期望:设离散型随机变量 X 的分布列为 $p(x_i) = P(X = x_i)$,$(i = 1, 2, 3, \cdots, n, \cdots)$,如果级数收敛,则称

$$E(X) = \sum_{i=1}^{+\infty} x_i p(x_i)$$

为随机变量 X 的数学期望,或称为该分布的数学期望。如果级数不收敛,则 X 的数学期望不存在。

设连续随机变量 X 的密度函数为 $p(x)$,如果无穷积分 $\int_{-\infty}^{+\infty} |x| p(x) \mathrm{d}x$ 存在,则称:

$$E(X) = \int_{-\infty}^{+\infty} x p(x) \mathrm{d}x$$

为 X 的数学期望,或称为该分布 $p(x)$ 的数学期望。如果积分不存在,则期望不存在。

方差:如随机变量 X 的数学期望 $E(X)$ 存在,则称偏差平方 $(X - E[X]^2)$ 的数学期望 $E((X - E[X]^2))$ 为随机变量 X 的方差,记为

$$\mathrm{var}(X) = E[(X - E[X])^2] = \begin{cases} \sum_i [x_i - E(x)]^2 p(xi), & \text{在离散场合} \\ \int_{-\infty}^{+\infty} [x - E(X)]^2 p(x) \mathrm{d}x, & \text{在连续场合} \end{cases}$$

方差的正平方根为随机变量 X 的标准差,记为 $\sigma(x)$。

协方差:协方差用来刻画两个随机变量之间的相关性,反映的是向量间的二阶统计特性。考虑两个随机变量 X_i 和 Y_i,它们的协方差定义为

$$\mathrm{cov}(X_i, Y_i) = E[(X_i - E(X_i))(X_j - E(X_j))]$$

相关系数是衡量协方差的指标。先来看相关性的定义,假设随机变量 ξ, η 满足 $\mathrm{var}(\xi)\mathrm{var}(\eta) \neq 0$,定义它们的**相关系数**为

$$\rho_{\xi, \eta} = \frac{\mathrm{cov}(\xi, \eta)}{\sqrt{\mathrm{var}(\xi)} \sqrt{\mathrm{var}(\eta)}}$$

若 $\rho_{\xi, \eta} = 0$,则称 ξ, η 不相关,否则称它们相关。

相关系数常称为"线性相关系数",因为实际上相关系数并不是刻画了 ξ, η 之间的一般关系程度,而只是线性关系的程度。当 $\mathrm{cov}(\xi, \eta) = 0$ 时,有 $\rho_{\xi, \eta} = 0$,反之亦然,可知有以下关系:独立⇒不相关⇔协方差为零。

协方差矩阵是一个对称矩阵,且是半正定矩阵,主对角线是各个随机变量的方差(各个维度上的方差),举一个简单的三变量的例子,假设数据集有三个维度,则协方差矩阵为

$$\boldsymbol{C} = \begin{pmatrix} \mathrm{cov}(x, x) & \mathrm{cov}(x, y) & \mathrm{cov}(x, z) \\ \mathrm{cov}(y, x) & \mathrm{cov}(y, y) & \mathrm{cov}(y, z) \\ \mathrm{cov}(z, x) & \mathrm{cov}(z, y) & \mathrm{cov}(z, z) \end{pmatrix}$$

6. 似然函数与极大似然估计

似然函数：给定联合样本值 x 关于参数 θ 的函数：$L(\theta \mid x) = f(x \mid \theta)$。

其中 x 是随机变量 X 取得的值，θ 是未知的参数。$f(x \mid \theta)$ 是密度函数，表示的是给定 θ 下的联合密度函数。似然函数不同于密度函数的是：它是关于 θ 的函数，而密度函数是关于 x 的函数。

(1) 离散情况下：有概率密度函数 $f(x \mid \theta) = P_\theta(X = x)$，表示的是在参数 θ 下随机变量 X 取到 x 的可能性。若有

$$L(\theta_1 \mid x) = P_{\theta_1}(X = x) > P_{\theta_2}(X = x) = L(\theta_2 \mid x)$$

则在参数 θ_1 下的随机变量 X 取到 x 的值的可能性大于 θ_2。

(2) 连续情况下：如果 X 是随机变量，给定足够小的 $\varepsilon > 0$，那么其在 $(X - \varepsilon, X + \varepsilon)$ 内的概率为

$$P_\theta(x - \varepsilon < X < x + \varepsilon) = \int_{x-\varepsilon}^{x+\varepsilon} f(x \mid \theta) \mathrm{d}x \approx 2\varepsilon f(x \mid \theta) = 2\varepsilon L(\theta \mid x)$$

得到的结果与离散型一致。

概率表达了在给定参数 θ 时 $X = x$ 的可能性，而似然表示的是在给定样本 $X = x$ 时参数的可能性。

极大似然估计：极大似然估计（Maximum Likelihood Estimate, MLE）方法也称为最大概似估计或最大似然估计，是求估计的一种方法。通俗来说，就是利用已知的样本结果信息，反推最具有可能（最大概率）导致这些样本结果出现的模型参数值，也就是求解"模型已定，参数未知"问题。

对于离散型随机变量 $P(X = x) = p(x; \theta)$ 和连续型随机变量 $f(x; \theta)$，求极大似然估计的步骤都差不多。

① 构造似然函数 $L(\theta)$；

② 对似然函数求对数 $\ln L(\theta)$；

③ 求偏导 $\dfrac{\mathrm{d}\ln L}{\mathrm{d}\theta} = 0$；

④ 解似然方程。

对具体的离散型和连续型随机变量的极大似然估计求解不一一列举。

7. 重要分布

二项分布：对于 n 重伯努利实验，如果每次得到"是"的概率为 p，设随机变量

$$X = 得到"是"的次数$$

则称

$$p(k) = P(X = k) = \binom{n}{k} p^k (1-p)^{n-k}, \quad k = 0, 1, 2, \cdots, n$$

为随机变量 X 的二项分布，也可以记作 $X \sim b(n, p)$，期望为 np，方差为 $np(1-p)$。

$p = 0.5$，$n = 50$ 二项分布图如图 2.5 所示。

高斯分布：若随机变量 X 服从一个数学期望为 μ、方差为 σ^2 的高斯分布（又名正态分布），则记为 $N(\mu, \sigma^2)$。其概率密度函数为高斯分布的期望值 μ，决定了其位置，标准差 σ 决定了分布的幅度。当 $\mu = 0$，$\sigma = 1$ 时的高斯分布是标准高斯分布，公式如下：

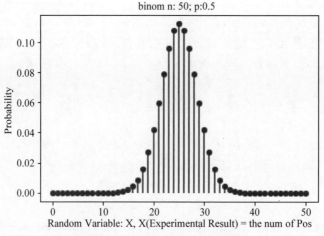

图 2.5　$p=0.5,n=50$ 二项分布图

$$f(x \mid \mu,\sigma) = \frac{1}{\sqrt{2\pi\sigma^2}} \mathrm{e}^{-\frac{(x-\mu)^2}{2\sigma^2}}$$

其中 μ 是均值，σ 是标准差。

均值为 160，方差为 5 的图像如图 2.6 所示。

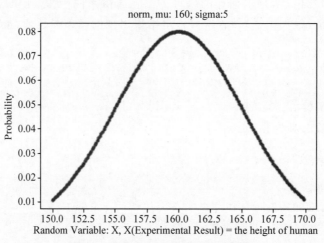

图 2.6　均值为 160，方差为 5 的图像

泊松分布：当二项分布的 n 趋于无穷大而 p 很小时，泊松分布可作为二项分布的近似。满足泊松分布的事件有以下 3 个特性。

(1) 平稳性：在一段时间 t 内，事件发生的概率相同。

(2) 独立性：事件发生彼此相互独立。

(3) 普通性：将 t 划分为无限个小的 Δt，在每个 Δt 内事件发生多次的概率为 0。

概率质量函数：$X \sim P(\lambda)$

$$p(X=k) = \frac{\lambda^k}{k!} \mathrm{e}^{-\lambda}$$

期望和方差均为 λ。$\lambda=5$ 的图像如图 2.7 所示。

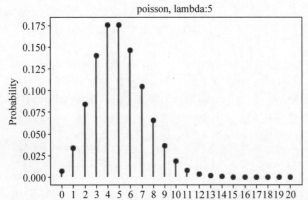

图 2.7　$\lambda = 5$ 的图像

2.2　人工智能方法

人工智能（Artificial Intelligence，AI）是研究、开发用于模拟、延伸和扩展人的智能的理论、方法、技术及应用系统的一门新的技术科学。它由不同的研究领域组成，如机器人、语言识别、图像识别、自然语言处理和专家系统等，人工智能研究的一个主要目标是使机器能胜任一些通常需要人类智能才能完成的复杂工作。人工智能的研究往往涉及对人智能本身的研究，可以对人的意识、思维的信息过程进行模拟，其他关于动物或其他人造系统的智能也普遍被认为是人工智能相关的研究课题。

围绕人工智能的方法非常多，现代人工智能主要建立在新的基础之上，即机器学习。本节将会介绍一些最常用的机器学习方法。

2.2.1　监督学习

监督学习（Supervised Learning）是利用一组已经打好标记的样本，通过不断调整分类器的参数，使其达到所要求性能的过程，也称为监督训练或有教师学习。已经打好标记的样本称为训练数据，监督学习算法可以分析该训练数据来训练机器。机器将预测结果和训练数据进行对比，再根据对比结果修改模型中的参数进而获得新的预测结果；不断重复多次，直至收敛，最终生成具有一定鲁棒性的模型达到智能决策的能力。

常见的监督学习有：回归（Regression）、分类（Classification）、降维（Dimension Reduction）、结构化预测（Structured Prediction）、异常检测（Anomaly Detection）等。

例 2.1　使用自定义的二元函数生成测试数据集，加入随机噪声生成训练数据集，调用 sklearn 中的各种回归方法，获得回归预测结果和真实值的折线图以及准确率。

```
import numpy as np
import matplotlib.pyplot as plt

#数据生成,自定义一个二元函数
def f(x1, x2):
```

```
    y = 0.5 * np.sin(x1) + 0.5 * np.cos(x2) + 3 + 0.1 * x1
    return y
#随机生成训练集数据(y上加-0.5~0.5的随机噪声)和测试集数据(没有噪声)
def load_data():
    x1_train = np.linspace(0,50,100)        #x1的取值范围为0~50
    x2_train = np.linspace(-10,10,100)      #x2的取值范围为-10~10
    data_train = np.array([[x1,x2,f(x1,x2) + (np.random.random(1)-0.5)] for x1,x2
in zip(x1_train, x2_train)])
    x1_test = np.linspace(0,50,20) + 0.5 * np.random.random(20)
    x2_test = np.linspace(-10,10,20) + 0.02 * np.random.random(20)
    data_test = np.array([[x1,x2,f(x1,x2)] for x1,x2 in zip(x1_test, x2_test)])
    return data_train, data_test


train, test = load_data()
x_train, y_train = train[:,:2], train[:,2]
#数据前两列是x1,x2,第三列是y,训练集的y有随机噪声
x_test ,y_test = test[:,:2], test[:,2]              #同上,测试集的y没有噪声


#回归结果图像绘制部分
def try_different_method(model):
    model.fit(x_train,y_train)
    score = model.score(x_test, y_test)
    result = model.predict(x_test)
    plt.figure()
    plt.plot(np.arange(len(result)), y_test,'go-',label='true value',marker='o')
    plt.plot(np.arange(len(result)),result,'ro-',label='predict value',marker='*')
    plt.title('score: %f'%score)
    plt.legend()
    plt.show()


#各种回归方法选择
#1.决策树回归
from sklearn import tree
model_DecisionTreeRegressor = tree.DecisionTreeRegressor()
#2.线性回归
from sklearn import linear_model
model_LinearRegression = linear_model.LinearRegression()
#3.SVM回归
from sklearn import svm
model_SVR = svm.SVR()
#4.KNN回归
from sklearn import neighbors
model_KNeighborsRegressor = neighbors.KNeighborsRegressor()
#5.随机森林回归
from sklearn import ensemble
model_RandomForestRegressor = ensemble.RandomForestRegressor(n_estimators=20)
#这里使用20棵决策树
#6.AdaBoost回归
from sklearn import ensemble
model_AdaBoostRegressor = ensemble.AdaBoostRegressor(n_estimators=50)
```

```
#这里使用 50 棵决策树
#7.GBRT 回归
from sklearn import ensemble
model_GradientBoostingRegressor = ensemble.GradientBoostingRegressor(n_estimators=100)
#这里使用 100 棵决策树
#8.Bagging 回归
from sklearn.ensemble import BaggingRegressor
model_BaggingRegressor = BaggingRegressor()
#9.ExtraTree 极端随机树回归
from sklearn.tree import ExtraTreeRegressor
model_ExtraTreeRegressor = ExtraTreeRegressor()

#具体方法调用部分
try_different_method(model_DecisionTreeRegressor)
```

回归预测结果和真实值的折线图如图 2.8 所示。

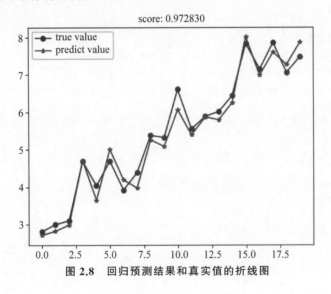

图 2.8　回归预测结果和真实值的折线图

2.2.2　无监督学习

无监督学习(Unsupervised Learning)是利用一组没有标记的样本,机器只能自己从样本数据中探索并推断出潜在的联系。常见的无监督学习有聚类(Clustering)、降维(Dimensionality Reduction)和概率模型估计(Probability Model Estimation)。聚类的主要工作是从一个集合中找出相似的样本并聚集分类在一起。虽然类别事先不确定,但类别的个数通常是需要给出的。常见的聚类算法有 K-Means 均值聚类算法、DBSCAN 密度聚类算法、AGNES 层次聚类算法等。降维是将样本数据从高维空间转换为低维空间,在这个过程中低维空间也不是事先给定的,但低维空间的维数通常是需要给出的。需要降维的数据往往具有庞大的数量和各种属性特征,若对全部数据特征进行分析,会造成训练负担和存储空间不够的问题。因此,可以通过主成分分析等降维方法,舍掉不必要的因素,以平衡准确度和效率。

例 2.2　随机生成两个点簇,使用 sklearn.cluster 聚类模块结构,n_clusters 自定义聚类的类别数,从训练数据中学习聚类并获得聚类标签。最后绘制 K-Means 结果,实现聚类结果可视化。

```python
import numpy as np
from sklearn.cluster import KMeans
import matplotlib.pyplot as plt

#随机生成点簇:radius=半径,center=中心点,number_of_points=点的个数
def points_within_circle(radius,center=(0,0),number_of_points=100):
    center_x, center_y = center
    r = radius * np.sqrt(np.random.random((number_of_points,)))
    theta = np.random.random((number_of_points,)) * 2 * np.pi
    x = center_x + r * np.cos(theta)
    y = center_y + r * np.sin(theta)
    return x, y

#定义两个随机点簇
point1_x, point1_y = points_within_circle(2, (6, 2), 100)
point2_x, point2_y = points_within_circle(2, (2, 6), 100)

#合并成二维数组
X = np.array(list(zip(point1_x, point1_y)) + list(zip(point2_x, point2_y)))
#print(X)

#绘制点簇数据分布图
plt.scatter(X[:, 0], X[:, 1], c="red", marker='o', label='see')
plt.xlabel('factor_1')
plt.ylabel('factor_2')
plt.legend(loc='best')
plt.show()

#构造聚类器 n_clusters=类别数
estimator = KMeans(n_clusters=2)
estimator.fit(X)                        #从训练数据中学习聚类
label_pred = estimator.labels_          #获得训练过程中得到的聚类标签

#绘制 K-Means 结果
x0 = X[label_pred == 0]
x1 = X[label_pred == 1]
plt.scatter(x0[:, 0], x0[:, 1], c="red", marker='o', label='label_1')
plt.scatter(x1[:, 0], x1[:, 1], c="green", marker='*', label='label_2')
plt.xlabel('factor_1')
plt.ylabel('factor_2')
plt.legend(loc='best')
plt.show()
```

随机生成的两个点簇可视化图和 K-Means 聚类结果可视化图分别如图 2.9 和图 2.10 所示。

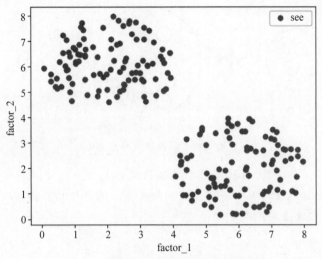

图 2.9　随机生成的两个点簇可视化图

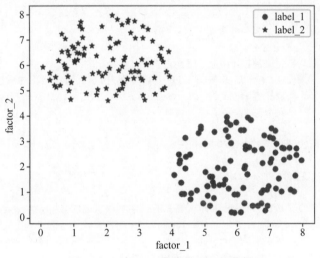

图 2.10　K-Means 聚类结果可视化图

2.2.3　半监督学习

　　半监督学习(Semi-Supervised Learning)是监督学习与无监督学习相结合的一种学习方法,如图 2.11 所示。事实上,虽然没有标签的样本无法直接包含标记信息,但若它们与有标签的数据样本一样是从同一数据源采样而来,则它们所包含的关于数据分布的信息对模型的建立也非常有价值。并且在现实中收集到的大量样本往往都未被标记,只有小部分数据"有幸"被打上标记。因为"标记"本身是需要耗费人力和物力的。半监督学习就给出了一条可以同时利用标记数据和未标记样本数据的途径。

　　根据不同的学习场景,现有的半监督学习算法可分为四类:半监督分类、半监督回归、半监督聚类和半监督降维。下面通过使用标签传播算法感受一下半监督分类学习的过程。

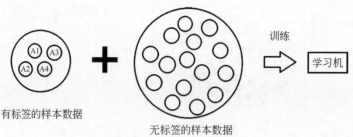

图 2.11　半监督学习方法

例 2.3　引入 iris 数据集,随机将若干数据的标签置为 -1(即取消该条数据的标签)作为无标签数据,调用标签传播算法得到预测数据标签。通过与真实标签数据对比,得到半监督学习标签传播算法的准确率和召回率。

```python
import numpy as np
from sklearn import datasets
from sklearn.semi_supervised import LabelPropagation
from sklearn.metrics import accuracy_score, recall_score, f1_score

#使用模式识别研究领域知名的数据集 iris
iris = datasets.load_iris()
#该数据集包括 150 行记录,使用.data 属性可调用
#其中前四列为花萼长度、花萼宽度、花瓣长度、花瓣宽度,用于识别鸢尾花的属性
#第 5 列为鸢尾花的类别标签(包括 Setosa、Versicolour、Virginica 三类),值分别为 0\1\2
#print(iris) #打印该数据集

#使用.target 属性调用该数据集类别标签
labels = np.copy(iris.target)
#print("类别标签数据: ", labels)                    #打印类别标签

#返回一组服从"0~1"均匀分布的随机样本值。随机样本取值范围是[0,1),不包括 1
random_unlabels_points = np.random.rand(len(iris.target))
#人为限定小于 0.2 的样本值为 True(即为 1),大于 0.2 的为 False(去除该条数据的标签)
random_unlabels_points = random_unlabels_points < 0.2
#print("样本值: ", random_unlabels_points)        #查看样本值

#Y: 存储模型处理前的标签数据
Y = labels[random_unlabels_points]
#print("人为限定随机样本长度: ", len(Y))
#把 True(随机抽取若干数据的标签)的值换为 -1
labels[random_unlabels_points] = -1
#查看值为 -1(即取消标签的数据)的个数
print("Unlabels Number", list(labels).count(-1))
#print("查看处理过后的数据集标签: ", labels)

#调用标签传播算法 LabelPropagation()
label_prop_model = LabelPropagation()
#传入数据集和处理过后的标签数据
label_prop_model.fit(iris.data, labels)
```

```
Y_pred = label_prop_model.predict(iris.data)
#Y_pred: 存储模型处理后的标签数据
Y_pred = Y_pred[random_unlabels_points]
#print("被取消标签的数据集的预测结果: ", Y_pred)

#调用 accuracy_score 得到模型准确率
print("ACC", accuracy_score(Y, Y_pred))
#recall_score 为召回率,指实际为正的样本中被预测为正的样本所占实际为正的样本的比例
print("REC", recall_score(Y, Y_pred, average="micro"))
#F1 score 为精确率和召回率的加权平均值,最好值为 1,最差值为 0
print("F-score", f1_score(Y, Y_pred, average="micro"))
```

结果展示：

```
Unlabels Number 35
ACC 0.9428571428571428
REC 0.9428571428571428
F1-score 0.9428571428571428
```

2.2.4　强化学习

强化学习(Reinforcement Learning)是一种带有激励机制的学习方法。它没有监督者，只有一个激励信号，故是除监督学习和无监督学习外的第三种机器学习范式。它将机器的行动分为正确行为和错误行为，在正确行为下施加正向的激励，在错误行为下则施加负向的激励。在此模式下，机器会考虑如何行动才能获得最大化的正向激励，即通过学习策略以达成回报的最大化或是实现特定的目标。目前，自动驾驶、游戏、推荐系统等领域中就使用了一定的强化学习算法。

Q-Learning 是强化学习算法中 value-based 的算法，Q 即为 $Q(S,A)$，就是在某一时刻的状态(state)下，采取动作 A 能够获得收益的期望，环境会根据智能体(agent)的动作反馈相应的奖赏(reward)，所以算法的主要思想是将 state 和 action 构建成一张 q_table 表来存储 Q 值，然后根据 Q 值选取能获得最大收益的动作。

例 2.4　本例中实现了一个有趣的探索游戏。定义只有当探索者 * 移动到终点 T 才会得到唯一的奖励。探索者 * 为了向终点 T 靠近(获得奖励)，先随机探索环境累积经验，使用 EPSILON 控制贪婪程度，探索轮数的增加 EPSIL ON 会随着不断提升(越来越贪婪)。探索者也会找到走向终点最优的策略。

```
import numpy as np
import pandas as pd
import matplotlib.pyplot as plt
import time
#模型参数
ALPHA = 0.3                        #学习率
GAMMA = 0.9                        #奖励递减值
EPSILION = 0.95                    #贪婪度: 95%的时间选择最优策略,5%的时间探索
#探索者状态参数
N_STATE = 10                       #状态数量 = 探索长度 + 终点 T
```

```python
ACTIONS = ['left', 'right']          #探索者动作集：向左走/向右走
MAX_EPISODES = 50                    #训练最大轮数
FRESH_TIME = 0.1                     #设置刷新时间

#1.定义一个Q表(矩阵)：记录在所有可能的状态下，各个可能的行为下的Q值
def build_q_table(n_state, actions):
    q_table = pd.DataFrame(
        np.zeros((n_state, len(actions))),
        np.arange(n_state),
        actions
    )
    return q_table

#2.定义动作
def choose_action(state, q_table):

    #epslion-greedy policy: ε贪婪策略
    state_action = q_table.loc[state, :]
    if np.random.uniform() > EPSILION or (state_action == 0).all():
        #随机选择一个动作进行状态转移
        action_name = np.random.choice(ACTIONS)
    else:
        #若没有进行随机状态转移,就在该状态下选Q值最大的行为
        action_name = state_action.idxmax()
    return action_name

#3.获取动作的环境反馈
def get_env_feedback(state, action):
    #向右走的奖励
    if action == 'right':
        if state == N_STATE - 2:
            next_state = 'terminal'          #到达终点
            reward = 1
        else:
            next_state = state + 1
            reward = -0.5
    else:
        if state == 0:
            next_state = 0

        else:
            next_state = state - 1
        reward = -0.5
    return next_state, reward



#4.更新动作的环境反馈
def update_env(state, episode, step_counter):
    env = ['-'] * (N_STATE - 1) + ['T']       #T为终点
    if state == 'terminal':
```

```python
        print("Episode {}, the total step is {}".format(episode + 1, step_counter))
        final_env = ['-'] * (N_STATE - 1) + ['T']
        return True, step_counter
    else:
        env[state] = '*'                        #探索者位置
        env = ''.join(env)
        print(env)
        time.sleep(FRESH_TIME)
        return False, step_counter


#5.Q-Learning agent
def q_learning():
    q_table = build_q_table(N_STATE, ACTIONS)
    step_counter_times = []

    #主循环
    for episode in range(MAX_EPISODES):
        state = 0                               #初始化状态
        istate_terminal = False                 #判断变量：是否结束事件
        step_counter = 0
        update_env(state, episode, step_counter)    #环境更新

        while not istate_terminal:
            A = choose_action(state, q_table)           #动作 A
            next_state, reward = get_env_feedback(state, A) #实施动作并得到环境的反馈
            q_predict = q_table.loc[state, A]           #估算(状态-行为)的值

            if next_state != 'terminal':                #未到达终点前
                #实际(状态-行为)的值
                q_target = reward + GAMMA * q_table.loc[next_state, :].max()
            else:                                       #到达终点
                q_target = reward                       #实际(状态-行为)的值
                istate_terminal = True                  #事件结束引发退出
            #引入学习率 ALPHA,避免陷入局部最优
            q_table.loc[state, A] += ALPHA * (q_target - q_predict)
            #q_table 更新
            state = next_state                          #更新探索者位置
            update_env(state, episode, step_counter + 1) #更新环境
            step_counter += 1
        step_counter_times.append(step_counter)

    return q_table, step_counter_times


def main():
    q_table, step_counter_times = q_learning()
    print("Q table\n{}\n".format(q_table))              #打印 Q 表
    print('end')
    #绘图
    plt.plot(step_counter_times, 'g-')
plt.xlabel("Number of explorations")
```

29

```
plt.ylabel("steps")
plt.savefig('QLearning_figure.png')
plt.show()
#步进计数器
print("The step_counter_times is {}".format(step_counter_times))

#执行
if __name__ == "__main__":
    main()
```

Q-Learning 探索游戏结果可视化图如图 2.12 所示。

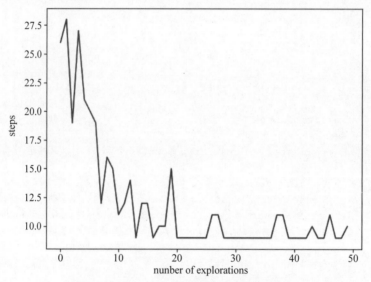

图 2.12　Q-Learning 探索游戏结果可视化图

2.2.5　深度学习

　　深度学习(Deep Learning)是机器学习领域中一个新的研究方向,它被引入机器学习使其更接近最初的目标——人工智能。深度学习旨在学习样本数据中丰富的内在规律和多层特征表示,它的最终目标是让机器能像人一样具有分析学习能力。深度学习使得机器进一步模仿视听和思考等人类的行为,解决了很多复杂的模式识别难题,在语音识别、图像理解、自然语言处理、个性化推荐技术等方面取得的效果也突破了先前相关机器学习的上限,使得人工智能相关技术取得很大进步。

　　深度学习的浪潮已汹涌澎湃至人类社会的各个角落,如 AlphaGo 战胜世界围棋冠军,到无处不在的人脸识别,再到近几年如火如荼的无人驾驶,人工智能正在不断提供新技术,为夕阳产业注入了新动力。环顾四周,原本被认为只有人类才能做到的事情,人工智能都能做到,甚至在某些方面能力超越人类。

　　深度学习属于机器学习的子类,它源于人类大脑的工作方式,它的学习过程如同人类大脑的神经元一样——数据在神经元之间被处理并传递,因此深度学习又被称为神经网络。

　　深度学习通过学习样本数据的内在规律的表现形式,这些规律对解释其他同类型数据有很大作用,它的最终目的是让机器能代替人处理问题,让机器能识别文字、图像、声音等数据。

深度学习在搜索技术、数据挖掘、机器学习、机器翻译、语音等方面取得了很多成果。深度学习使机器模仿视听和思考等人类活动,解决了很多复杂的模式识别难题,使人工智能相关技术取得了很大的进步。

随着深度学习的不断发展,出现了许多深度学习的框架,每种框架都有其自身的特点。常用的开源框架有 TensorFlow、Keras、Caffe、PyTorch、Theano、CNTK、MXNet、ONNX、PaddlePaddle、Deeplearning4j 等。

例 2.5 下面列举一个使用 TensorFlow 框架进行股价预测的应用。案例中选用 TensorFlow 1.9.0 和 Python 3.6。

```python
#导入模块
import pandas as pd
import numpy as np
import tensorflow as tf
import matplotlib.pyplot as plt
from sklearn.preprocessing import MinMaxScaler
#导入数据
data = pd.read_csv('data_stocks.csv')
#划分数据集
data.drop('DATE', axis=1, inplace=True)
data_train = data.iloc[:int(data.shape[0] * 0.8), :]
data_test = data.iloc[int(data.shape[0] * 0.8):, :]
#数据归一化
scaler = MinMaxScaler(feature_range=(-1, 1))
scaler.fit(data_train)
data_train = scaler.transform(data_train)
data_test = scaler.transform(data_test)
#构造数据
X_train = data_train[:, 1:]
y_train = data_train[:, 0]
X_test = data_test[:, 1:]
y_test = data_test[:, 0]
#设置模型超参数
input_dim = X_train.shape[1]
hidden_1 = 1024
hidden_2 = 512
hidden_3 = 256
hidden_4 = 128
output_dim = 1
batch_size = 256
epochs = 10
tf.reset_default_graph()
#定义输入、输出
X = tf.placeholder(shape=[None, input_dim], dtype=tf.float32)
Y = tf.placeholder(shape=[None], dtype=tf.float32)
#定义模型参数
```

```
W1 = tf.get_variable('W1', [input_dim, hidden_1], initializer=tf.contrib.layers.
xavier_initializer(seed=1))
b1 = tf.get_variable('b1', [hidden_1], initializer=tf.zeros_initializer())
W2 = tf.get_variable('W2', [hidden_1, hidden_2], initializer=tf.contrib.layers.
xavier_initializer(seed=1))
b2 = tf.get_variable('b2', [hidden_2], initializer=tf.zeros_initializer())
W3 = tf.get_variable('W3', [hidden_2, hidden_3], initializer=tf.contrib.layers.
xavier_initializer(seed=1))
b3 = tf.get_variable('b3', [hidden_3], initializer=tf.zeros_initializer())
W4 = tf.get_variable('W4', [hidden_3, hidden_4], initializer=tf.contrib.layers.
xavier_initializer(seed=1))
b4 = tf.get_variable('b4', [hidden_4], initializer=tf.zeros_initializer())
W5 = tf.get_variable('W5', [hidden_4, output_dim], initializer=tf.contrib.
layers.xavier_initializer(seed=1))
b5 = tf.get_variable('b5', [output_dim], initializer=tf.zeros_initializer())
#连接各层
h1 = tf.nn.relu(tf.add(tf.matmul(X, W1), b1))
h2 = tf.nn.relu(tf.add(tf.matmul(h1, W2), b2))
h3 = tf.nn.relu(tf.add(tf.matmul(h2, W3), b3))
h4 = tf.nn.relu(tf.add(tf.matmul(h3, W4), b4))
out = tf.transpose(tf.add(tf.matmul(h4, W5), b5))
cost = tf.reduce_mean(tf.squared_difference(out, Y))      #损失函数
optimizer = tf.train.AdamOptimizer().minimize(cost)
#上面完成了网络定义全部内容,接下来训练模型
with tf.Session() as sess:
    sess.run(tf.global_variables_initializer())           #初始化参数
    for e in range(epochs):
        shuffle_indices = np.random.permutation(np.arange(y_train.shape[0]))
        #每循环一次,打乱训练集,再进行排序赋值
        X_train = X_train[shuffle_indices]
        y_train = y_train[shuffle_indices]
        for i in range(y_train.shape[0] //batch_size):      #对每批数据进行训练
            start = i * batch_size
            batch_x = X_train[start : start + batch_size]
            batch_y = y_train[start : start + batch_size]
            sess.run(optimizer, feed_dict={X: batch_x, Y: batch_y})
            if e == 9 and i %100 == 0 and i != 0:
                print('MSE Train:', sess.run(cost, feed_dict={X: X_train, Y: y_train}))
                print('MSE Test:', sess.run(cost, feed_dict={X: X_test, Y: y_test}))
                y_pred = sess.run(out, feed_dict={X: X_test})
                y_pred= np.squeeze(y_pred)
                plt.plot(y_test, label='test')
                plt.plot(y_pred, label='pred')
                plt.title('Epoch ' + str(e) + ', Batch ' + str(i))
                plt.legend()
                plt.show()
```

运行结果展示：

```
MSE Train: 6.6596134e-05
MSE Test: 0.0057475227
```

股价真实值和预测值的效果图如图 2.13 所示。

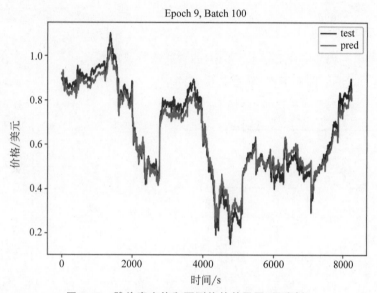

图 2.13　股价真实值和预测值的效果图（见彩插）

1. 感知机

感知机作为神经网络起源的算法，学习感知机的构造也是学习通往神经网络的一种重要思想。感知机接收多个信号，输出一个信号，图 2.14 所示是一个接收两个输入信号感知机的例子。x_1，x_2 为输入信号，y 是输出信号，w_1，w_2 是权重。图中的圆圈称为"神经元"或"节点"。输入信号被送往神经元时，会分别乘以固定的权重（$w_1 x_1$，$w_2 x_2$）。神经元会计算传送过来的信号总和，只有当总和超过某个阈值时，才会输出 1。这也被称为"神经元被激活"，阈值用 θ 表示。

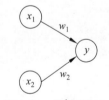

图 2.14　信号感知机

上述原理用表达式表示为

$$y = \begin{cases} 0, & w_1 x_1 + w_2 x_2 \leqslant \theta \\ 1, & w_1 x_1 + w_2 x_2 > \theta \end{cases}$$

2. 简单逻辑电路

知道上面概念后，那如何用感知机解决简单的问题呢？这里首先以逻辑电路为题材思考一下与门（AND gate）。与门是有两个输入和一个输出的门电路。图 2.15 这种输入信号和输出信号的对应表称为"真值表"。与门仅在两个输入均为 1 时输出 1，其他时候则输出 0。

下面考虑用感知机表示与门。需要做的是确定能满足图 2.14 中真值表的 w_1、w_2、θ 的值。那么，设定什么样的值，才能制作出满足图 2.14 中条件的感知机呢？实际上，满足图 2.15 条件的参数选择方法有无数多个。比如，当 $(w_1, w_2, \theta) = (0.5, 0.5, 0.7)$ 时，可以满足图中条件。此外，当 (w_1, w_2, θ) 为 $(0.5, 0.5, 0.8)$ 或者 $(1.0, 1.0, 1.0)$ 时，同样也满足与门的条件。设

定这样的参数后,仅当 x_1 和 x_2 同时为 1 时,信号的加权总和才会超过给定的阈值 θ。

```
def AND(x1, x2):
  w1, w2, theta = 0.5, 0.5, 0.7
  tmp = x1 * w1 + x2 * w2
  if tmp <= theta:
    return 0
  elif tmp > theta:
    return 1
```

同理,也可以实现与非门、或门。那么,能否实现异或门?

首先看一下异或门的真值表,如图 2.16 所示。

x_1	x_2	y
0	0	0
1	0	0
0	1	0
1	1	1

图 2.15 与门真值表

x_1	x_2	y
0	0	0
1	0	1
0	1	1
1	1	0

图 2.16 异或门的真值表

将图 2.16 在 x_1Ox_2 坐标系上标示出来。其中三角表示结果为 1,圆圈表示结果为 0,如图 2.17 所示。

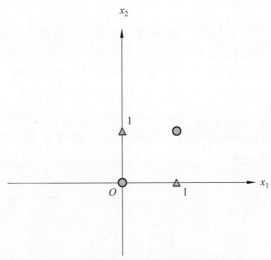

图 2.17 图 2.16 所示真值表的坐标系图

显然,无法用一条直线将圆圈与三角分开,即无法通过一层感知机实现异或门。这种空间称为非线性空间,可以用多层感知机实现。

3. 神经网络

一般而言,我们称两层以上的感知机构成的非线性空间为神经网络。

先从定义符号开始。请看图 2.18。图 2.18 中只突出显示了从输入层神经元 x_2 到后一

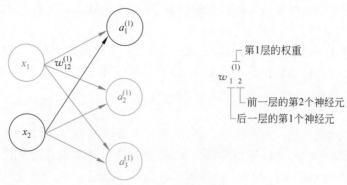

图 2.18　权重的符号

层的神经元 $a_1^{(1)}$ 的权重。

如图 2.18 所示,权重和隐藏层的神经元的右上角有一个"(1)",它表示权重和神经元的层号(即第 1 层的权重、第 1 层的神经元)。此外,权重的右下角有两个数字,它们是后一层的神经元和前一层的神经元的索引号。比如,$w_{12}^{(1)}$ 表示前一层的第 2 个神经元 x_2 到后一层的第 1 个神经元 $a_1^{(1)}$ 的权重。权重右下角按照"后一层的索引号、前一层的索引号"的顺序排列。

其中 $a_1^{(1)} = w_{11}^{(1)} x_1 + w_{12}^{(1)} x_2$,由此可以将第一层的结果用式 $\boldsymbol{A}^{(1)} = \boldsymbol{X}\boldsymbol{W}^{(1)}$ 表示,其中大写字母斜粗体表示矩阵。

这样,我们只需在后面继续增加神经元和网络的层数。通过输入训练数据,得到输出,并计算损失函数(如均方误差、交叉熵误差等)。将损失函数对权重求梯度,通过不断更新权重(更新方法包括:随机梯度下降法(SGD)、Momentum、AdaGrad、Adam 等),最终可达到较高的正确率。

2.3　信息处理

现阶段,我国正处于信息工程技术发展的关键阶段,对技术的发展要给予高度的重视和关注,要把信息工程技术创新融入我国的各个产业和领域中,真正发挥信息工程技术的核心作用,协调信息工程技术的发展战略,使之真正把信息处理优势应用于社会,弥补产业结构和经济转型带来的缺陷。信息工程技术能使社会结构信息化、企业管理网络化、经济发展数字化,这促进信息工程技术融入我国经济社会的发展,同时也成为经济建设和国家发展的重要战略。

信息工程技术在发展中还缺乏基础性的保障,从技术发展、产业调整、结构转型、模式升级等策略看看,信息工程技术产业的基础相对薄弱,因此要完善信息工程技术发展的标准,建立基础技术发展的平台,发挥信息工程基础技术的作用,把基础技术应用于社会发展,提高基础技术发展的质量,以保证今后技术创新与产业发展的可持续性[13]。

信息工程技术人才是信息技术发展的基石,同时也是技术更新和产品研发的关键。

信息作为人与外界交互的通信的信号量,既不是物质,也不是能量,而是人们在适应、感知外部环境时所做出的协调,与外部环境交换内容的总称。信息是反映一切事物属性及动

态的消息、情报、指令、数据和信号所包含的内容,能用来消除不确定性的东西,是一个事件发生概率的对数的负值。

采集信息并使用某些方法和设备对它进行处理加工,使之成为有用信息并发布出去的过程,称为信息处理。信息处理的过程主要包括信息的获取、存储、加工、发布和表示。

2.3.1　通信信息处理

传统意义上,通信就是信息的传输。在现代社会,经济高速发展,广阔的经济前景离不开通信的发展。近几十年,全球通信迅猛发展,信息和通信越来越成为现代社会的"命脉"。作为社会发展的基础设施和发展经济的基本要素,通信受到人们的高度重视。

通信的目的是传递消息中所包含的信息。消息是客观物质运动或主观思维活动,以及事件发生状态的一种反映。人类的社会活动以及物质的形态和变化都会产生信息。一般地,消息(message)是信息(information)的载体,信息是消息中所包含的有效内容,例如语言、文字、图像、颜色、符号、数据、公式等都是消息。在此基础上,可以将"通信"认为是"信息的传输"或"消息的传输"。

实现通信的方式和手段有很多,如古时代的烽火台、鱼传尺素、飞鸽传书、击鼓传令,以及现代社会的电话、广播、电视、因特网、计算机通信等,这些都是消息传递的方式和信息交流的手段。

在电通信系统中,消息的传递是通过电信号实现的。例如,摩尔斯电码是以金属线连接发报机和收报机,通信电码以点、划符号的组合形式传送信息。电通信方式由于具有迅速、准确、可靠且不受时间、地点、距离限制的特点,因此得到飞速发展和广泛应用。

1. 通信系统分类及常用调制方式

通信系统定义:用电信号(或光信号)传输信息的系统。图 2.19 描述了一般通信系统的组成,反映了通信系统的共性。

通信的目的是传输信息。通信系统的作用是将信息从信源发送到一个或多个目的地。来自信源的消息(如语言、文字、图像或数据等)在发送端先由末端设备变换成电信号,然后经发送设备编码、调制、放大或发射后,把基带信号变换成适合在信道中传输的形式;经信道传输,在接收端经接收设备反变换恢复成消息,提供给收信者。

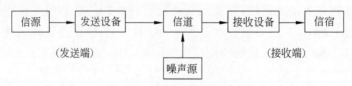

图 2.19　通信系统一般模型

根据调制方式的不同,通信系统可分为基带传输系统和带通传输系统。基带传输是指直接传送未经调制的信号,如有线广播;带通传输系统是将信号调制后再传输。表 2.1 列出了常见的调制方式[14]。

2. 信号与分析

信号的传输和变换是通信系统研究的根本问题。实际信号通常是不确定的、随机的,通信中的噪声也是随机的,所以对随机信号的研究很重要。

表 2.1　常见的调制方式

调 制 方 式		
连续信号调制	线性调制	常规双边带调幅 AM
		双边带调幅 DSB
		单边带调幅 SSB
		残留边带调幅 VSB
	非线性调制	频率调制 FM
		相位调制 PM
	数字调制	振幅键控 ASK
		频移键控 FSK
		相移键控 PSK、DPSK、QPSK
		其他数字调制 QAM、MSK
脉冲调制	脉冲模拟调制	脉冲幅度调制 PAM
		脉冲宽度调制 PDM(PWM)
		脉冲相位调制 PPM
	脉冲数字调制	脉码调制 PCM
		增量调制 DM
		差分脉码调制 DPCM
		其他语音编码方式 ADPCM

1) 确定性信号

通信系统中传输的信号通常是时间的函数,由傅里叶变换可知信号也可表示成频率的函数,即在频域进行表示。

2) 随机信号

信号通过通信信道时,通常会受到噪声的干扰,因噪声是随机变化的,所以信号就成为与时间有关的随机信号。此外,信道自身的特性也不是固定的,有很大的随机性。从数学角度看,这种特性通常看作一种随机过程。随机变量虽是随机的,但不是完全无规律的。通过长时间的观察可以发现其统计规律,即随机变量 X 与其取值 x 之间的关系,通常使用概率分布函数 $F_X(x)$ 描述其特性。分布函数的微分即随机变量的概率密度。

$$f_X(x) = \frac{\mathrm{d}F_X(x)}{\mathrm{d}x}$$

常用的随机变量分布有正态分布、均匀分布、瑞利(Rayleigh)分布。通信系统中常见的几种高斯随机信号有高斯白噪声信号、带限高斯噪声信号、窄带随机过程。

随机过程是时刻 t 的所有随机变量的集合。随机过程的统计特性通常以一维分布函数、数学期望以及方差、协方差函数和相关函数表征[15]。

3. 通信信道建模

信道是一种物理媒质,将来自发送设备的信号传送到接收端。建立一个能反映传输媒质特性的数学模型是有必要的。通信信道的数学模型可用于信道编码器、译码器、调制器及解调器的设计。影响信道特性的因素分为外部因素(加性噪声)和内部因素(其他噪声和干扰源),因此常将信道分为以下三种类型[16]。

1)加性噪声信道

加性噪声信道是最常用、最主要的信道模型。发送信号 $s(t)$ 被加性随机噪声过程 $n(t)$ 恶化,噪声统计地表征为高斯噪声过程。加性噪声模型具有简单、适用面广、数学上易于处理的特点。

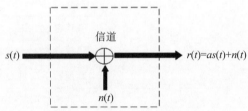

图 2.20　加性噪声信道模型

2)线性滤波器信道

线性滤波器信道,即带有加性噪声的线性滤波器,适用于对传输信号带宽有限制的信道,采用滤波器保证传输信号不超过规定的带宽限制。

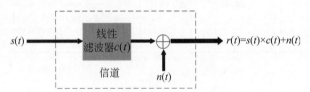

图 2.21　线性滤波器信道模型

3)线性时变滤波器信道

考虑到发送信号的时变多径效应(如水声信道、电离层无线信道等),提出线性时变滤波器信道模型,该滤波器可以表示为时变信道冲激相应 $c(\tau,t)$,即信道在 $t-\tau$ 时刻加入冲激,而在 t 时刻响应。

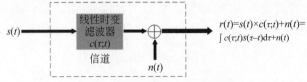

图 2.22　线性时变滤波器信道模型

例如,对于移动通信中的多径传播,其时变冲激响应为

$$c(\tau,t) = \sum_{k=1}^{L} a_k(t)\delta(t-\tau_k)$$

接收信号为

$$r(t) = \sum_{k=1}^{L} a_k(t)s(t-\tau_k) + n(t)$$

4. 信号编码

在无线通信领域,信道编码的应用越来越广泛,信道编码技术能有效提升信号传输的质量。

通信系统的编码方式分为信源编码与信道编码。信源编码的作用一是将模拟信号转化为数字信号,即 AD 变换;二是对数据进行压缩,在保证通信质量的前提下,尽可能通过对信源的压缩,减少信源的冗余度,提高通信效率,保证通信的有效性。信道编码是按照一定规则给传输的信息码元添加一定的校验位,以此提高数字信号的抗干扰能力,提高通信系统的可靠性。

下面介绍三种应用于 5G 移动通信系统中的信道编码技术。

1) LDPC 码

LDPC 码作为线性分组码的主要形式,检验矩阵是其主要特征,存在较少的非零元素。所谓的规则 LDPC 码,主要指列重与行重均匀或者不变的情况,否则是非规则 LDPC 码。在实际应用中,非规则 LDPC 码的性能更加可靠。利用 Tanner 图也能表示 LDPC 码,在该图中路径长度是边的数量[15]。终止节点和起始节点重合时则形成环,Tanner 图的周长是其最短环长,对 LDPC 码的译码性能产生影响。在设置 LDPC 码 Tanner 图时,应避免短环的存在。消息传递译码算法是 LDPC 码中的常用算法形式,其具有并行的特点,其中软判决译码和硬判决译码是两种主要形式。较低的错误平层,是 LDPC 码的主要优势,而且能并行实现译码算法,当通信系统对容量和传输速率要求较高时,能够发挥其关键作用。在 IEEE 802.16e 和 DVB-S 系列标准中,LDPC 码的应用较为常见。在 eMBB 场景中,应用 LDPC 码能有效提升数据传输的可靠性。

2) Polar 码

在 5G eMBB 场景控制信道中,最常用的编码方案就是 Polar 码,其具有较低的复杂度。信道极化的应用,是 Polar 码的基本形式,信道分裂和信道合并是其主要构成。极化信道的可靠性受 Polar 码构造的直接影响,密度进化、巴氏参数和高斯近似等,是度量极化信道可靠性的常用方法。在二进制删除信道中,巴氏参数的应用较多,能有效保障计算的精确性,同时可降低复杂程度。在任意二进制输入对称信道中,密度进化法的应用较多,需要较为复杂的计算方法。高斯近似算法能实现对密度进化算法的有效简化,避免由于计算方法过于复杂而对系统性能造成的影响。在 5G 中应用 Polar 码时,其码率灵活性、码长和信道依赖性是研究的重点。

3) Turbo 码

卷积码编码器是 Turbo 码编码器的主要类型,在交织器中进行输入序列随机化处理后,进入分量编码器中,通过删除和复接等操作能实现编码器的有效输出。在当前移动通信系统和中短码长中,Turbo 码的应用能起到良好的作用,对 Turbo 码的理论研究也更加广泛,译码性能和吞吐率是 Turbo 码应用中重点关注的内容[17-18]。

5. 信道估计

信道估计就是从接收端信号中估计假定的信道模型的模型参数。如果信道是线性的,

信道估计即对系统的冲激响应进行估计。信道估计是信道对输入信号影响的一种数学表示，信道估计的效果以某种估计误差的大小衡量。通过信道估计，接收机可以得到信道的冲激响应，从而为相干解调提供信道状态信息（Channel State Information，CSI）。

无线传输环境包含很多不确定性，信号在传播过程中会受到各类干扰，到达接收端时，信号的幅度、相位和频率都会发生变化，而信道估计和信道均衡的作用就是尽可能恢复出信号。因此，一个良好的估计和均衡算法对于接收端的性能来说至关重要，决定了信号最终的解出率。

信道估计按照信道估计先验算法可分为基于参考信号的信道估计最小二乘（LS）法、最小均方误差（MMSE）、盲/半盲信道估计算法。

1）LS 信道估计

LS 信道估计算法，就是采用最小二乘（Least Square，LS）法为准则的信道估计方法，属于线性回归方法，其基本原理是使接收信号与原始发送信号之差的平方达到最小。接收信号为

$$Y = XH + Z$$

其中，信道向量矩阵为 H；噪声矩阵为 Z，满足 $E\{Z[k]\}=0$，$\mathrm{var}\{Z[k]\}=\sigma^2$。记 $\widetilde{H}_{\mathrm{LS}}$ 是信道向量 H 的 LS 估计量。LS 信道估计代价函数如下：

$$J(\widetilde{H}_{\mathrm{LS}}) = \|Y - X\widetilde{H}_{\mathrm{LS}}\|$$

求偏导得到使该式最小化的 LS 估计量，即 $\dfrac{\partial J(\widetilde{H}_{\mathrm{LS}})}{\partial \widetilde{H}_{\mathrm{LS}}} = 0 \Rightarrow \widetilde{H}_{\mathrm{LS}} = X^{-1}Y$。

2）MMSE 信道估计算法

最小均方误差估计算法即 MMSE 信道估计算法，相当于对 LS 估计算法的一个修正。设置一个修正矩阵 W，定义 MMSE 估计为 $\widetilde{H}_{\mathrm{MMSE}} = W\widetilde{H}_{\mathrm{LS}}$。通过调整修正矩阵 W 最小化 MSE。MMSE 算法的实际计算量庞大，提出了 LMMSE 算法来减小 MMSE 带来的计算量，但仍然摆脱不了矩阵求逆的负担[19]。

6. 信息量及其度量

衡量通信系统的传输能力，需要对其传输信息的多少进行定量描述。关键是度量消息中所含的信息量。

假设 $P(x)$ 为消息发生的概率，I 为消息中所含的信息量，则 $P(x)$ 和 I 之间的关系应反映以下规律：

（1）消息中所含的信息量是该消息出现的概率的函数，即

$$I = I[P(x)]$$

（2）$P(x)$ 越小，I 越大；$P(x)$ 越大，I 越小；当 $P(x)=1$ 时，$I=0$。

（3）信息具有相加性。相互独立事件构成的消息，其信息量等于各事件信息量之和，即

$$I[P(x_1)P(x_2)\cdots] = I[P(x_1)] + I[P(x_1)] + \cdots$$

基于以上 3 点，x 中所含的信息量为

$$I = \log_a \frac{1}{P(x)} = -\log_a P(x)$$

信息量的单位与式中对数的底有关。若 $a=2$，则信息量的单位为比特(bit)；若 $a=e$，则信息量的单位为奈特(nat)；若 $a=10$，则信息量的单位为哈莱特(Hartley)。常用的单位为比特，这时有

$$I=\log_2 \frac{1}{P(x)}=-\log_2 P(x) \quad \text{（bit）}$$

2.3.2　计算信息处理

计算机系统可分为硬件和软件两部分，见表 2.2。

表 2.2　计算机系统

		处理系统（主机）	
计算机系统	硬件系统	存储系统	
		外部设备	输入设备
			输出设备
	软件系统	系统软件	操作系统
			编程语言
			工具软件
		应用软件	办公软件
			其他应用软件

构建信息系统是计算机最大的应用。对于计算机系统，信息处理即"计算过程"。一个信息系统一般包含以下 6 个要素[20]。

(1) 硬件，即计算机。

(2) 程序，控制硬件完成相关工作。

(3) 数据，利用计算机对数据进行处理，得到有用的信息。

(4) 用户，进行软件设计，信息管理等。

(5) 过程，或处理，完成处理任务。

(6) 通信，反映在信息与用户之间、硬件与软件之间，或者不同计算机之间。

随着计算机技术和互联网技术的快速发展和普及，当前网络信息呈现出爆炸式的增长，做好网络信息的筛选，提高网络信息的安全是当前计算机信息行业必须解决的问题。特别是大数据时代背景下，对网络信息的处理都是借助计算机技术，但是由于各种因素的影响，许多网络信息都得不到快速有效的处理，从而造成网络信息拥堵，所以提高计算机信息处理水平十分重要，也是大数据背景下进行海量信息处理的重要措施。

下面为大数据在计算机信息处理中的几种主要技术。

1. 云计算技术

大数据时代背景下，信息数据数量不断增加，传统的计算机硬件设备水平已无法满足当前海量信息数据的需要，因此加强对新的硬件设备的开发已经成为当前计算机信息处理技术发展的重要方向。随着信息技术的快速发展和应用，对计算机的硬件和软件标准也不断

提高,云数据的出现和发展,不仅弥补了大数据时代下的技术空白,也有效满足了当前海量信息数据的存储要求,因此,云计算技术在信息处理中起到重要的作用[21]。云计算技术不仅具有强大的存储功能,还能提高计算机信息数据的处理效率,帮助计算机快速应对和处理庞大的信息,从而更加准确和快速地挖掘出有用的信息,为企业的经营和发展提供更高价值的信息数据。计算机云计算模型如图 2.23 所示。

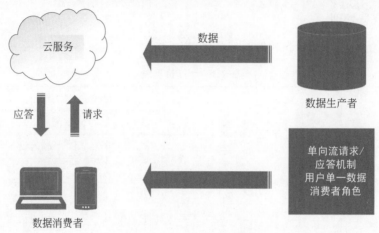

图 2.23　计算机云计算模型

2. 分布式存储技术

在大数据处理过程中,最常用的存储技术是分布式存储技术,因此大数据技术背景下,加强对分布式存储技术的应用至关重要。随着大数据时代的到来,当前网络上的数据十分庞大,并且不断快速增长,通过借助分布式存储技术,可以有效解决传统计算机存储的不足,有效地提高用户对网络资源的利用。分布式存储技术,主要借助高速网络专线的作用,从而形成多个数据库来进行数据管理,所以每个数据都可以运用一个系统结构,并且还可以运用总分式的管理方式,确定不同数据之间的逻辑关系,为做好数据的分类处理提供基础。此外,分布式存储技术还可以解决数据的存储问题,因为分布式存储技术使用了多个服务器,可以有效提高整体的存储效率,从而解决由于网络资源不足而导致的存储失败问题。

3. 智能边缘计算

随着接入无线网的智能设备数量快速增长,边缘数据量已达到 ZB 级别,给核心网络带宽造成巨大压力;与此同时,无人驾驶、位置识别、增强现实、虚拟现实等众多新兴应用的出现对网络延迟、抖动、数据安全等提出更高的要求。传统云计算在以上方面表现乏力,于是边缘计算(EC)应运而生。边缘计算能在网络的边缘提供轻量级的云计算和存储能力。

边缘计算架构中,在靠近数据源头位置部署海量的智能节点,这些智能节点具有存储能力并且能处理轻量级别的任务,类似"微云",在靠近用户的"低云端"为人们提供智能服务。由于它无论在物理层面还是网络层面都更加靠近用户,因此在响应速度方面远远超过传统云计算。云计算架构中,待处理的数据需全部上传到云计算中心,庞大的数据量给网络带宽造成无法忽视的压力,这也成为云计算发展的瓶颈[22]。边缘计算的出现解决了这一问题,边缘计算架构中,用户待处理的数据不再全部上传到云计算中心,通过部署在网络边缘的智能节点,用户的问题得以快速解决,同时大大减轻了网络带宽的压力,并且大幅降低了网络边缘端智能设备的能耗。计算机边缘计算模型如图 2.24 所示。

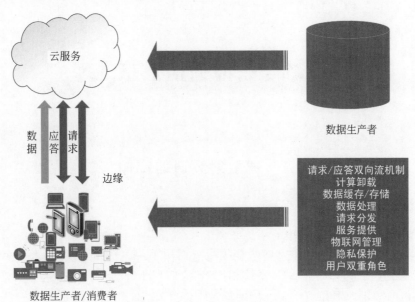

图 2.24　计算机边缘计算模型

第3章 智能通信信息处理

3.1 智能射频通信传输

3.1.1 信道模型

1. 5G信道测量与模型综述

5G移动通信系统已经在2022年大规模投入商用了,其目标是为任何人和事物提供随时随地的高速连接。与第四代(4G)系统相比,它应实现1000倍的系统容量、100倍的数据速率、3~5倍的频谱效率和10~100倍的能效。如今在5G领域依然进行着一些前沿技术研究,如海量多输入多输出通信、车对车通信、高速列车通信、毫米波/太赫兹通信等。这些技术的提出均引入了新的信道特征,并对5G信道建模提出了新的要求。此外,5G系统应适应于广泛的场景,诸如室内、城市、郊区、农村地区都对5G信道建模提出了新的要求,概括如下。

宽频率范围:新的5G信道模型应支持较宽的频率范围,例如,350MHz至100000MHz。在较高频带的模型,高于6GHz的情况下,应保持与较低频带下的模型兼容,例如,低于6GHz。

宽带宽:新的5G信道模型应具有支持大信道带宽的能力,例如,500MHz至4000MHz。

多种场景:新的5G信道模型应能够支持室内、城市、郊区、农村、高速列车(HST)等场景。

双向三维(3D)建模:一个新的5G信道模型应该提供全3D建模,包括精确的3D天线建模和3D传播建模。

平滑时间演变:新的5G信道模型必须随时间平滑演进,包括参数漂移和集群淡入淡出,这对于支持5G通信的移动性和波束跟踪非常重要。

空间一致性:空间一致性意味着两个位置接近的发射机或接收机应具有相似的信道特性,包括大尺度参数(LSP)、小尺度参数(SSP)、视线/非视线(LoS/NLoS)条件和室内/室外状态在内的信道状态应作为位置的函数以连续和现实的方式变化。

频率相关性和频率一致性:一个新的5G信道模型的参数和统计数据应随着频率平滑变化。相邻频率处的信道参数和统计应具有强相关性。

大规模MIMO:新的5G信道模型必须支持海量MIMO,即球面波阵面和阵列非平稳性必须适当建模。

高移动性:新的5G信道模型应支持高移动性场景,比如HST场景,列车速度甚至超过

500km/h。该模型应能够捕获高移动性信道的某些特性,例如多普勒频率和非平稳性。此外,渠道模型必须在各种 HST 场景中可靠地工作,包括开放空间、高架桥、路堑、丘陵地形、隧道、车站场景等。

2. 大规模 MIMO 信道特征及模型

大规模 MIMO 是指在一端或两端配备数百甚至上千个天线,大量天线使得大量 MIMO 信道在整个阵列中表现出非平稳特性,这与传统 MIMO 信道的情况明显不同。如图 3.1 所示,视距(LoS)到达角(AoA)在整个 7.3m 线性阵列中,从 100°逐渐变为 80°,这表明平面波假设或远场假设在大规模 MIMO 系统中无效。

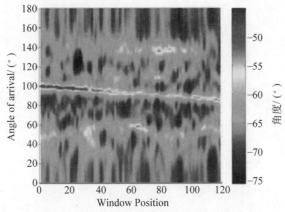

图 3.1 LoS 情况下阵列上的 APS(见彩插)

此外,测量结果表明,传播环境中的簇可以沿着阵列出现和消失。某些群集在整个阵列上可见,而其他群集仅在阵列的一部分上可见。除线性阵列,其他形式的大型天线阵列也被报道在大量的 MIMO 信道测量中。在文献[23]中,测量在 15GHz 下进行,带宽为 4GHz。采用一个虚拟的 $40×40$(1600 个阵元)平面天线阵列,并将其划分为若干 $7×7$ 的子阵列,以研究大规模 MIMO 信道在阵列上的非平稳特性。测量结果表明,K 因子、延迟扩展、方位角到达扩展(AASA)和仰角到达扩展(EASA)在阵列平面上具有清晰边界的块中变化。还可以观察到穿过阵列孔径的簇的生灭行为。

在室内办公室环境中同样进行了测量,文献[24]在 11GHz、16GHz、28GHz 和 38GHz 频带的室内办公室环境中,使用矢量网络分析仪(VNA)和大型虚拟均匀矩形阵列(URA)进行测量。元件间距设置为半波长,四个毫米波波段的阵列元件总数为 $51×51$、$76×76$、$91×91$ 和 $121×121$。采用空间交替广义期望最大化(SAGE)算法提取多径分量(MPC)参数。验证和分析了大量 MIMO 传播特性,包括球面波面、簇的出现和消失,以及参数在阵列上的漂移。延迟分布、AAS、EAS 随 TX 位置变化如图 3.2 所示。

除天线阵列上的信道非平稳性,阵列结构对大规模 MIMO 系统性能的影响同样值得关注。文献[25-26]中的测量是在校园中以 2.6GHz 和 50MHz 的带宽进行的。在这些测量中使用了虚拟均匀线阵(ULA)和均匀圆阵(UCA)。UCA 实例图和 ULA 实例图如图 3.3 所示。ULA 和 UCA 都包含 128 个天线单元,单元间隔为半波长。ULA 的天线沿着 7.3 米的线展开。UCA 的天线分布在直径和高度均约为 30cm 的圆柱体中。与使用 UCA 的信道相

现代智能信息处理

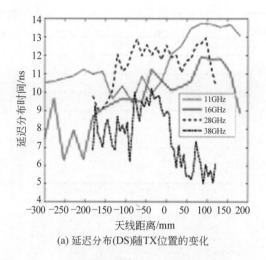

(a) 延迟分布(DS)随TX位置的变化

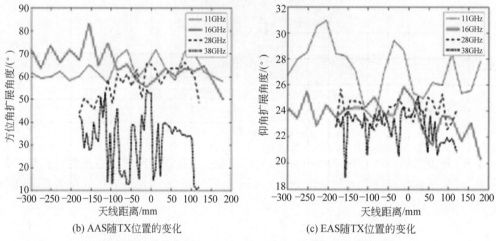

(b) AAS随TX位置的变化　　　　(c) EAS随TX位置的变化

图 3.2　延迟分布（DS）、AAS、EAS 随 TX 位置的变化（见彩插）

比,使用 ULA 的信道表现出更显著的阵列非平稳性和更好的用户去相关性,并且可以实现更高的和速率容量。此外,两种情况下的大规模 MIMO 信道都具有比传统 MIMO 信道更好的空间分离性、用户信道正交性和信道稳定性。

(a) UCA　　　　　　　(b) ULA

图 3.3　UCA 实例图和 ULA 实例图

此外,有研究表明,与 LoS 情况下的信道相比,具有丰富散射的非视距(NLoS)情况下的信道表现出更好的空间分离和用户信道正交性。在文献[27]中,测量是在 5.8GHz、100MHz 带宽的室内食堂环境中进行的,总共使用了 64 个天线,并重新排列成 3 种不同的阵列形状,即 25cm×28cm 的正方形紧凑二维(2D)矩形阵、2m 长的大孔径线阵和 6m 长的超大孔径线阵。测量结果表明,该阵列具有最大的孔径,该设置提供了最佳的用户正交性,并实现了接近独立同分布信道。观察到阵列之间的显著功率变化,并且具有最大孔径的线性阵列显示出最大功率变化。注意,对于紧凑的 2D 阵列,甚至观察到大于 10dB 的功率变化。与 UCA 和矩形阵列相比,ULA 的大孔径带来更好的空间分离和用户正交性等优点。然而,ULA 仅在一维上具有角分辨率。UCA 和矩形阵列可以在二维上分辨波。此外,从实用的角度看,尺寸较小的天线阵列更容易部署。在"Spread NLoS"和"楼梯前的自由空间"场景中,归一化特征值与用户数量关系如图 3.4 所示。

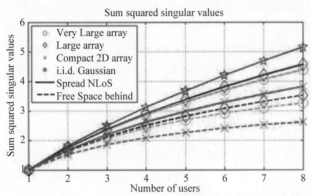

图 3.4　在"Spread NLoS"和"楼梯前的自由空间"场景中,归一化特征值与用户数量关系

在大规模 MIMO 信道中,由于天线阵列的尺寸较大,发射机/接收机与集群之间的距离可能短于瑞利距离,定义为 $2L/\lambda$,其中 L 是天线阵列的孔径尺寸,λ 是波长。因此,远场条件未被满足。应考虑球面波阵面,而不是平面波阵面。此外,大规模 MIMO 信道具有显著的阵列非平稳性。具体来说,不同的天线可以看到不同的簇集。诸如功率和延迟之类的路径参数可能在不同的天线上漂移。在大规模 MIMO 信道建模中,应解决所有上述挑战。

大多数大规模 MIMO 信道模型都是基于成熟的几何的随机模型(GBSM),如文献[28]提出的载频为 GHz 量级的大规模多输入多输出(MIMO)通信系统的三维宽带双簇信道非平稳理论模型;文献[29]提出的非平稳宽带多共焦椭圆二维信道模型;文献[30]提出的非平稳多环信道模型等。

当天线的数量很大时,发射机(集群)和接收机之间的距离 D 可能不大于瑞利距离 $2L^2/\lambda$,其中 L 是天线阵列的尺寸,λ 是载波波长。在这种情况下,球面波阵面的影响是显著的。其次,簇的出现和消失可以发生在阵列轴上。结果,每个天线可以具有其自己的可观察簇集合。在诸如 SCM 扩展模型、COST 2100 信道模型、METIS GBSM 之类的大多数高级 GBSM 中尚未考虑这一点。

3. 车联网信道特征及模型

1)通道特征

近年来,智能交通系统(ITS)作为解决交通拥堵和道路安全问题的有前途的解决方案受

到广泛的关注和期望,因此,作为 ITS 最重要的技术支持之一,车载通信受到学术界和工业界的广泛关注。通过在车辆、交通基础设施和基站(BS)之间建立可靠和高效的通信链路,可以为许多智能交通应用提供必要的信息交互,例如自动驾驶、碰撞避免、路线优化等。

对于车辆通信,通常认为最典型的部件是车辆到车辆(V2V)链路。值得注意的是,与一般蜂窝通信相比,V2V 通信链路具有许多特殊属性,例如天线高度低、时变严重,以及来自车辆的大量局部散射体。这些差异导致 V2V 信道是高度动态的并且易受各种传播环境的影响。因此,了解 V2V 信道的传播机制和信道特性是 V2V 通信系统设计和评估的关键前提。在这一领域已经有一些有价值的研究:如文献[31]综述了车辆通信的传播和信道建模领域的最新发展,文献[32]模拟了一种停车场的 5GHz V2V 信道特性,文献[33]模拟了卡车作为障碍物对农村和公路场景中车对车通信的影响等。将车辆通信以及车辆信道建模与其他类型的无线通信区分开的最重要的特征是:

(1)通信发生的不同环境。

(2)不同通信类型的组合,V2V、车辆对基础设施(V2I)和车辆对行人(V2P)通信。

(3)影响车辆通信的静态和移动的物体。

这些特征共同导致复杂的传播环境,这是建模的一个挑战。图 3.5 显示了在典型的城市环境中,由于动态环境、低天线高度和车辆的高机动性,小规模和大规模信号统计数据如何快速变化。从图 3.6 所示的传播特性看,环境的累积特性导致信号从发射器传播到接收器,并与大量周围物体相互作用。即使对于单次反弹(例如,第一阶)反射和衍射,在接收器处产生的射线的数量也很大。目标的高密度与通信车辆及其周围环境的高移动性相结合,表明捕获车辆信道的特性远非微不足道。

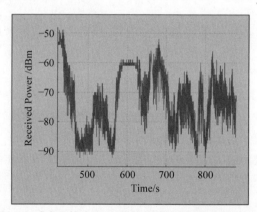

图 3.5 城市环境中 V2V 通信的 5.9GHz 接收功率测量

虽然许多现有的移动的信道模型已经广泛用于蜂窝系统,但是由于前面提到的车辆信道的独特特征,它们通常不太适合于车辆系统。举一个例子:发射机和接收机天线的相对高度的差异可能导致显著不同的信号传播行为。车辆通信中的操作频率和通信距离也不同于蜂窝系统中的操作频率和通信距离。车辆通信系统预期在 5.9GHz 和短距离(10~500m)上操作,而当前部署的蜂窝系统在 700~2100MHz 的范围在长距离(高达数十千米)上操作。

截至目前,全球的学者在各种场景下进行了一系列 V2V 信道测量,如开放式高速公路、郊区、校园、十字路口等测量结果表明,V2V 信道的衰落幅度在这些普通场景下最适合

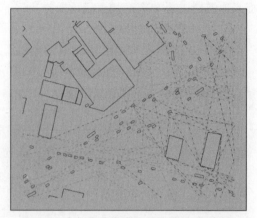

图 3.6　城市区域传播机制的模拟（见彩插）

Nakagami 分布，在高速公路和城市中进行的测量表明，V2V 信道的衰落幅度与 Weibull 分布的拟合比，与 Nakagami 分布的拟合更好。当车辆在较短距离内移动时，由于 LoS 路径较强，衰落幅度趋于 Rician 分布；当两车距离增大时，LoS 路径变弱，衰落幅度趋于 Rayleigh 分布。此外，时延扩展作为信道的关键参数之一，描述了时延在平均时延附近的扩展，反映了信道的多径丰富度。根据不同的传播场景和流量，V2V 信道的均方根（RMS）延迟扩展范围从几十纳秒到几百纳秒。参考文献表明 RMS 延迟扩展可以用对数正态分布拟合。也许 V2V 信道和传统蜂窝信道之间的最大区别是多普勒扩展。V2V 信道由于快速变化的环境和发射机与接收机之间的高相对速度而通常具有大的多普勒扩展。相同的中心频率和车辆速度，大的多普勒频移到 1100 Hz 或更高版本造成反射接近车辆 V2V 通道测量，在交通拥堵的情况下进行仿真结果的条件下，发现交通标志、卡车和桥梁，而不是其他车辆造成的多径传播。

　　2）通道模型

　　由于独特的传播条件，V2V 信道与蜂窝通信信道相比表现出非常不同的传播特性。在 V2V 通信中，发射机和接收机都相对较低，并且被大量散射体包围。发射机和接收机以及散射体可能会移动，导致较大的多普勒频移，并使信道不稳定。高速公路、城市峡谷等传播环境也会对河道特性产生较大影响。在 V2V 信道建模中，必须仔细考虑所有上述传播条件。

　　早期的 V2V 信道模型是 2D GBSM，例如双环模型。双环模型假设发射机和接收机被位于两个规则环上的大量局部散射体包围。从模型的几何结构出发，可以得到时间自相关函数（ACF）和多普勒功率谱密度（PSD）等统计特性的解析解。一种改进的 V2V 信道的负载模型如图 3.7 所示。该模型考虑了 LoS、单次反弹和双次反弹分量，既适用于微小区，也适用于宏小区。通过使用多个散射环，窄带双环模型被扩展为宽带模型，其中 Cheng 等通过组合双环模型和椭圆模型提出自适应 V2V 模型，如图 3.8 所示。通过改变不同传播分量的功率比例，该模型可以适应广泛的 V2V 场景，如宏小区、微小区和微微小区。Wu H 在 multiring 模型基础上提出一种协作 MIMO 信道模型。通过调整一些关键参数，该模型可适应 12 种混合场景，即 4 种物理场景（宏观、微观、微微小区和室内场景）乘以 3 种应用场景（BS、MS

和继电器合作),并能捕捉当地散射的影响密度频道统计数据。

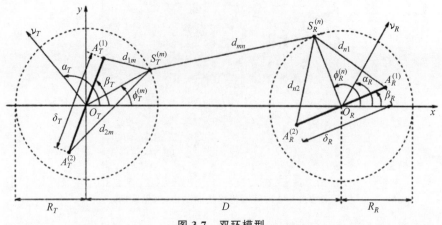

图 3.7 双环模型

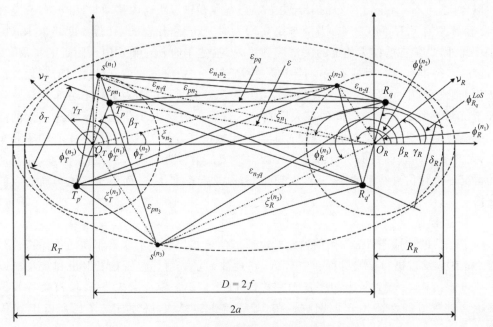

图 3.8 组合型自适应双环模型

2D V2V 模型假设波在水平面内传播,更适合某些场景,例如农村地区。然而,在城市场景中,发射器和接收器位置接近,并且波可能从高层建筑物衍射和反射。因此,必须考虑水平面和垂直平面中的波传播。Zajic 和 Stüber 提出一种基于 3D 双圆柱体的 V2V 通道模型,如图 3.9 所示。其中假设散射体位于两个圆柱体的表面上。Yuan 等将工作扩展到 3D 非静态模型,该模型结合了 LoS 组件、双球面模型和多个共焦椭圆柱模型,使用 von Mises-Fisher 分布描述方位角和仰角。Zajic 和 Stüber 提议的 3D 模型被认为比 2D 模型更通用、更真实,并且可以适应广泛的 V2V 场景。

非几何随机模型(NGSM),如抽头延迟线(TDL)模型也用于 V2V 信道建模。在 TDL

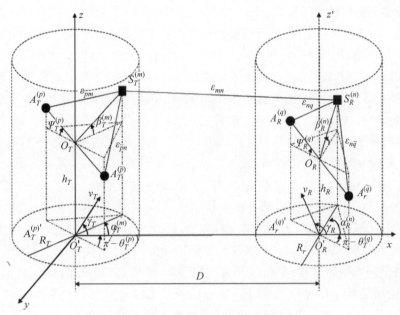

图 3.9 3D 双圆柱体的 V2V 通道模型

模型中,信道脉冲响应(CIR)由线性有限脉冲响应(FIR)滤波器表示。TDL 模型的每个抽头由具有不可分辨延迟的多个 MPC 组成。抽头权重通过随机过程建模,振幅遵循 Reyleigh、Rician 或 Weibull 分布。早期基于 TDL 的 V2V 模型是根据 Acosta－Marum 和 Ingram 在城市和高速公路上进行的一系列测量结果开发的。然而,这些模型基于 WSS 假设,不能表示 V2V 通道的非平稳性,这可能导致系统性能预测的错误结果。文献[32]提出了非平稳相关散射 TDL 信道模型。为了对 V2V 信道的非平稳性进行建模,诸如延迟和功率的参数被建模为时变的。路径的生存期用一个"持续过程"建模,它由一个一阶两状态马尔可夫链控制。进一步的数据分析表明,V2V 信道既不满足 WSS 假设,也不满足经典的 US 假设。文献[33]基于测量结果,给出了模型的抽头相关性。TDL 模型结构简单,计算复杂度远低于 GBSM 模型。然而,GBSM 模型由于具有复杂的几何结构,可以通过调整大量参数配置表示真实的传播环境,因此比 TDL 模型更具通用性。确定性模型(如 RT 模型)也被用于 V2V 渠道建模。Reichardt 等使用 RT 模型研究了天线位置对飞行器的影响。通过重建虚拟传播环境,并在 GO 和 UTD 理论的帮助下,RT 模型可以在模拟和测量结果之间实现良好的一致性。一般而言,RT 模型可以提供准确的和特定场地的模拟,但通常具有较大的计算复杂性。

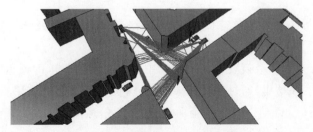

图 3.10 通过 RT 模型模拟城市交叉口场景(见彩插)

4. 6G 信道测量与模型探索

在应用需求方面,从 1G 到 4G 无线通信网络的主要演进是通信移动的和宽带化,而 5G 则从 4G 的移动宽带(MBB)扩展到增强型 MBB(eMBB)加上物联网。物联网还包括大规模机器类通信(mMTC)和超可靠低时延通信(uRLLC)。从 2020 年开始,5G 无线通信网络在全球范围内展开部署。然而,5G 将无法满足未来网络的所有要求。因此,6G 无线通信网络应当着手开始研究,并计划在 2030 年后部署。

5G 主要集中于 eMBB、mMTC 和 uRLLC,6G 无线通信网络有望进一步增强 MBB,扩大物联网的边界和覆盖范围,使网络/设备更加智能,同时有希望引入几种其他应用场景,例如长距离和高移动性通信、极低功率通信、空-空-地-海一体化网络、人工智能赋能网络等在新应用需求的推动下,6G 不得不引入新的技术要求和性能指标。5G 的峰值数据速率为 20GB/s,而 6G 网络由于使用太赫兹和光无线频段,数据速率可达到 $1\sim10$TB/s。在高频带的帮助下,用户体验的数据速率可以达到每秒千兆字节的水平。区域流量容量可超过 1GB/s/m^2。应用 AI 提供更好的网络管理,频谱效率可以提升 $3\sim5$ 倍,而能效相比 5G 可以提升 10 倍左右。由于使用了极其异构的网络(HetNets)、多样化的通信场景和高频带的大带宽,连接密度将增加 $10\sim100$ 倍。由于超高速飞行器、无人机和卫星的运动,机动性将支持高于 1000km/h。延迟预计低于 1ms。此外,还应引入其他重要的性能指标,例如成本效益、安全容量、覆盖范围、智能化水平等,更全面地评估 6G 网络。

为了满足这些应用需求和性能指标,6G 通信网络将发生新的范式转变,并依赖于新的使能技术。新的范式转变可以概括为全球覆盖、全频谱、全应用和强安全或内生安全。为了提供全球覆盖,6G 无线通信网络将从 1G$\sim$5G 的地面通信网络扩展到包括卫星、无人机、地面超密集网络(UDN)、地下通信、海上通信和水声通信在内的空-空-地-海一体化网络。为了提供更高的数据速率,将充分利用所有频谱,包括低于 6GHz、毫米波、太赫兹和光学无线频段。借助 AI 和大数据技术,将关键技术和应用高度融合,赋能全应用。此外,AI 还可以实现网络、缓存和计算资源的动态协调,以提高网络性能。最后但并非最不重要的是,6G 的发展趋势是在开发时实现强大或内置的网络安全,包括物理层和网络层安全。这与 1G$\sim$5G 的发展策略截然不同,1G$\sim$5G 的发展策略是先让网络运转起来,再考虑网络是否安全,如何提高网络安全。

支持 6G 的技术旨在大幅提高总容量,该总容量近似为 HetNets 上不同类型信道的香农链路容量的总和(考虑干扰),可以通过增加信号带宽、信号功率、空间/时间/频率域中的信道数量、HetNet 或覆盖的数量,以及减少干扰和噪声来增加总容量,从而增加信号干扰加噪声比。

为了利用这些新趋势和使能技术实现 6G 网络,需要深入研究 6G 无线信道,因为无线信道是 6G 网络的系统设计、网络优化和性能评估的基础。

6G 无线信道存在于多个频段和多个场景中。每个单独通道的通道探测器和通道特性显示出很大的差异。在这里,通过在所有频谱、全球覆盖场景和全应用场景下对 6G 信道进行分组,对不同类型的 6G 信道进行了全面调查。6G 信道测量结果和特性总结如表 3.1 所示,同时,图 3.11 展示了不同类型的 6G 无线信道[75]。

表 3.1　6G 信道测量结果和特性总结

无 线 信 道	主 要 频 段	信 道 特 征
毫米波/太赫兹信道	26/28，32，38/39，60，主要在 380～780nm	大带宽，高方向性；路径损失严重；阻塞效应
光无线信道	主要在 380～780nm	依赖 LoS 信道；主要在室内应用
卫星通信信道	C，S，L，X，Ku 等频段	受天气影响严重；超大多普勒频移和多普勒扩散；覆盖范围大
无人机信道	2，2.4 以及 5.8GHz	3D 随机轨道（仰角大、高移动性、高机动性、机身阴影等）
海上通信信道	2.4、5.8GHz	稀疏度高，时间不平稳，受海上气候影响大
水下通信信道	2～32kHz	信号传输损耗大，多径效应严重
车联网信道	Sub 6GHz，毫米波频段	多普勒频移和多普勒扩散严重；非平稳性；受车辆速度影响
工业互联网信道	Sub 6GHz	LoS 损耗大、NLoS 效果不好

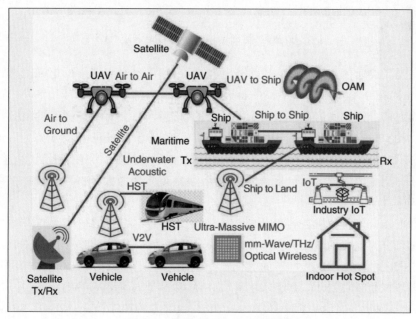

图 3.11　不同类型的 6G 无线信道

首先是毫米波/太赫兹信道。一般来说，毫米波指的是 30～300GHz 频段，太赫兹指的是 0.1～10THz 频段。因此，100～300GHz 波段与毫米波和太赫兹波段具有一些共同的特点，如大带宽、高方向性、大路径损耗、阻塞效应、大气吸收和更多的漫射散射。虽然毫米波被应用于以几千兆赫兹带宽实现高达几百米的千兆字节每秒级传输数据速率，但已知太赫兹信道以几十千兆赫兹带宽实现了高达几十米的千兆字节每秒级传输数据速率。太赫兹波段比毫米波波段表现出更严重的路径损耗、大气吸收和漫射/散射。毫米波信道在一些典型的频段，如 26/28-、32-、38/39-、60-、73GHz，已经得到很好的研究，尽管毫米波信道的测量仍

然需要 MIMO 天线、高动态（如 V2V）和室外环境。图 3.12 显示了实测的 28GHz 毫米波 V2V 信道，它是从实际信道测量中获得的[31]。LoS 功率和总功率在 2000 张快照中变化，这验证了信道的非平稳性。但毫米波信道测深仪和测量未来依旧充满挑战。目前大多数太赫兹信道测量都在 300GHz 频段附近。300GHz 以上的信道特性尚不清楚，需要未来进行广泛的信道测量。

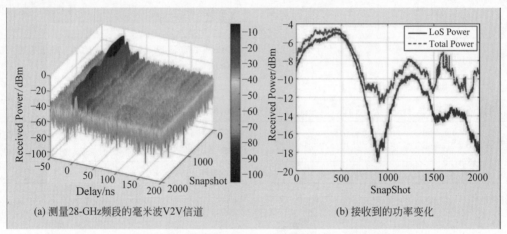

(a) 测量28-GHz频段的毫米波V2V信道　　　　(b) 接收到的功率变化

图 3.12　28GHz 波段的毫米波 V2V 通道变化（见彩插）

其次是光无线通信。光无线波段是指载频为红外、可见光和紫外的电磁光谱，分别对应 780～106nm，380～780nm 和 10～380nm 范围的波长。它们可用于室内、室外、地下和水下场景的无线通信。光无线信道表现出一些独特的信道特性，如对不同材料的复杂散射特性、发射/接收端的非线性光电特性、背景噪声效应等。信道场景可进一步分类为有向 LoS、无向 LoS、无向 NLoS、跟踪等。光无线与传统频段的主要区别在于没有多径衰落、多普勒效应和带宽调节。测量的信道参数包括信道冲激响应/信道传递函数、路径损耗、阴影衰落、RMS 时延扩展等。

卫星通信以其可行的服务和较低的成本成为无线通信系统的研究热点。一般来说，卫星通信轨道可分为地球同步轨道和非地球静止轨道。圆形地球同步轨道（GEO）位于地球赤道上空 35786km 处，遵循地球自转的方向。根据卫星与地球的距离，非地球静止轨道可进一步分为低地球轨道（LEO）、中地球轨道（MEO）和高地球轨道（HEO）。通常应用的频带是 Ku(12～18GHz)、K(18～26.5GHz)、Ka(26.5～40GHz) 和 V(40～75GHz) 频带。卫星通信信道很大程度上受到天气动态的影响，包括雨、云、雾、雪等。雨是衰减的主要来源，尤其在 10GHz 以上的频段。此外，卫星通信信道还表现出极大的多普勒频移和多普勒扩展、频率依赖性、覆盖范围大、通信距离远等特点。由于距离很长，信道可以看作视距传输，多径效应可以忽略不计。同时，需要高发射功率和高天线增益来对抗长距离和高频段造成的高路径损耗。

同时，无人机在民用和军用方面的应用越来越多。无人机信道具有三维展开、高机动性、时空非平稳性、机体遮蔽等独特的信道特性。一般来说，无人机信道可分为空对空和空对地两种。两种类型的飞行器用于航道测量，即小型/中型有人驾驶飞机和无人机。第一种信道测量是昂贵的,第二种信道测量可大大降低成本。我们进行了窄带和宽带信道的测量,其中大部分在 2-GHz、2.4-GHz 和 5.8-GHz 频段。所测量的环境包括城市、郊区、农村和开阔地带。测量的信道参数包括路径损耗、阴影衰落、RMS 时延扩展、K 因子、幅度概率密度函数(PDF)/累积分布函数(CDF)等。

V2V/HST 通道同样值得关注。以往的 HST 通信系统主要是面向移动通信铁路的全球系统和面向铁路的长期演进系统。5G 网络应用于 HST,可提高服务质量。未来,超 HST 的速度有望超过 500km/h,由此产生切换频繁快速、多普勒扩展大等问题。毫米波/太赫兹和 Massive MIMO 是 HST 通信系统中潜在的关键技术。学术界和工业界的多个团队和研究人员已经进行了一些初步的 HST 环境信道测量,包括开放空间、丘陵地形、高架桥、隧道、路堑、车站和车内车载网络是面向 uRLLC 场景的 5G/6G 典型行业垂直应用。这些通道包括 V2V、车辆到基础设施和车辆到行人通道,通常被称为车辆到一切。亚 6-GHz 频段的 V2V 信道得到广泛的研究,而毫米波的 V2V 信道需要更多的测量。文献[33]给出了目前毫米波 V2V 通道测量的概况。总之,在 28-GHz,38-GHz,60-GHz,73-GHz 和 77-GHz 波段测量了 V2V 通道。它们都在两侧配置了单个天线。所测量的环境包括高速公路、城市街道、空旷地带、大学校园、停车场等。具有高移动性的毫米波、V2V MIMO 甚至 Massive MIMO 信道测量是未来的发展方向。如何以有效和低成本的方式衡量这些仍然是一个开放的问题。

最后是工业互联网信道。在工业物联网环境中,各种机器人、传感器和机械设备需要以健壮和高效的方式进行大规模连接。工业物联网信道表现出许多新的信道特性,如变化的路径损耗、随机波动、非视距传播、大量散射体和多移动性等。在工业物联网环境中,只有很少的信道测量是在当前的物联网标准中进行的,这些环境主要在 Sub-6GHz 频段。然而,在工业物联网环境中,对于未来具有高传输数据速率的大规模连接来说,毫米波段的信道测量也是有希望的。

3.1.2　信道估计

1. 深度学习信道估计

由于大规模 MIM 的各种理论增益的实现很大程度上依赖于信道状态信息(CSI)的质量,因此信道估计是实际大规模多输入多输出(MIMO)系统中的关键问题之一。在现有的信道估计中,最小二乘(LS)和最小均方误差(MMSE)是两种最常用的信道估计方法。LS 相对简单,易于实现,但其性能并不令人满意。另外,如果有准确的信道相关矩阵(CCM),MMSE 可以对 LS 估计进行改进。然而,由于矩阵求逆运算,MMSE 估计的复杂度远高于 LS 估计。为了降低硬件和能源成本,在实际的大规模 MIMO 系统中通常采用混合模拟-数字(HAD)结构,即多天线阵列通过模拟域的移相器仅连接到有限数量的射频(RF)链。使用 HAD,信道估计变得更加困难,因为在 BS 处接收的信号只是原始信号的几个线性组合。如果使用 LS,由于 RF 链的数量有限,一次只能估计天线的部分信道,因此需要多次估计,二者本身的局限性放在如今的通信系统中难免显得有些乏力。

由于深度学习(DL)在在线预测过程中具有良好的性能和较低的复杂度,因此它已经被应用于许多无线通信问题,如频谱感知、资源管理、波束形成、信号检测、信道估计等。例如,

文献[211]中定制的 DNN 在频谱感知中显著优于能量检测;文献[212]提出一种用于资源管理的 DNN,它的性能与迭代优化算法相当;文献[213]提出一种基于无监督学习的波束形成网络,用于智能可重构曲面辅助 Massive MIMO 系统;正交频分复用系统中的信道估计和信号检测已经由 DNN 联合执行等。

基于 DL 的大规模 MIMO 信道估计方法大致分为两种。在第一类中,"深度展开"方法展开了各种迭代优化算法,并通过插入可学习参数提高它们的估计性能。AMP 算法被展开为用于毫米波信道估计的级联神经网络,其中去噪器由 DNN 学习。由于 DL 的强大功能,该方法可优于一系列传统的基于降噪放大器的算法。文献[214]将迭代收缩阈值算法应用于求解稀疏线性逆问题,并以 Massive MIMO 信道估计为例进行了研究。然而,"展开"仅适用于结构简单的迭代算法,计算复杂度也较高。在第二类中,DL 用于直接学习从可用的信道相关信息到 CSI 的映射,以提高性能或降低复杂度。文献[215]提出一种 DNN 来改进 HAD Massive MIMO 系统的粗估计,利用频域和时域的信道相关性进一步提高性能。在下行 Massive MIMO 系统中,通过将导频信号和信道估计器与自动编码器联合训练,进一步提高了估计性能。在文献[29]中,图神经网络已经被用于 Massive MIMO 信道跟踪。

尽管 DL 取得了巨大的成功,但 DNN 嵌入式无线通信系统通常被认为是信号发送/接收的黑匣子。目前只有数值和实验研究表明 DL 在学习无线系统关键功能部件方面具有强大的能力,而对于 DL 方法应用于通信领域的优劣几乎没有分析解释。为了进一步提高性能并扩展到不同的环境,需要理解为什么 DL 方法能在广泛的任务中获得惊人的性能。此外,DL 方法对无线通信系统的限制对于更好地理解哪些场景适合 DL 嵌入式通信系统也是非常重要的。另一个重要的问题是,在无线通信领域,新出现的数据驱动的 DL 方法与传统的专家设计的算法相比有什么优点。此外,DL 方法颠覆了传统的信号处理方法,在缺乏专家知识的情况下仍然可以获得令人满意的性能。到目前为止,关于 DL 方法如何从数据中学习以及专家知识的缺乏如何影响 DL 嵌入式通信系统的研究还很少。

目前已有大量文献论述了 DL 方法很适用于信道估计工作,在通信系统中部署 RELU DNN 已经变得越来越普遍。RELU DNNs 在实际应用中的成功要求全面了解它们在信道估计中的行为,为进一步开发基于 DL 的估计理论提供指导和启发。接下来以一个例子说明建立在 RELU DNN 上的 DL 估计的性能,并与传统 LS 方法及 LMMSE 方法进行比较。

2. 信号模型

这里考虑一个在基站(BS)有 D 根天线,在用户侧有单根天线的 SIMO 通信系统。假设上行链路信道具有块衰落,即信道参数在块内是固定的,但因块而异。在基站估计信道的传统方法是使用上行链路导频。设 τ 为 $|\tau|^2 = 1$ 的发射导频符号。在 BS 处接收的符号可以由下面的 $d \times 1$ 向量表示:

$$X = \tau h + n \tag{3.1.1}$$

其中,h 表示用户和 BS 之间的 $d \times 1$ 随机信道向量,n 是具有零均值和元素方差 σ_n^2 的 $d \times 1$ 高斯白噪声向量。假定信道向量 H 均值为零,协方差矩阵 $\zeta = \mathbb{E}\{hh^{\mathrm{T}}\}$。

3. 传统信道估计

信道估计的目标是尽可能准确地从接收信号向量 x 中提取信道向量 h。传统的估计方法都是基于 3.1.1 节中的信号模型。其中,使用最小二乘算法估计 h 可表示为

$$h_{LS} = \frac{1}{\tau}x = h + \frac{1}{\tau}n \tag{3.1.2}$$

对应的均方误差(MSE)可表示为

$$J_{LS} = \mathbb{E}\left\{\|h - h_{LS}\|_2^2\right\} = \frac{d}{1/\sigma_n^2} \tag{3.1.3}$$

如 MSE 表达式所示,LS 估计器的性能与定义为 $1/\sigma_n^2$ 的信噪比成反比。

使用线性最小均方误差(LMMSE)估计 h 可表示为

$$h_{LMMSE} = \boldsymbol{\Xi}\left(\boldsymbol{\Xi} + \frac{\sigma_n^2}{\tau^2}\boldsymbol{I}_d\right)^{-1}h_{LS} \tag{3.1.4}$$

对应的 MSE 可表示为

$$J_{LMMSE} = \text{tr}\left\{\boldsymbol{\Xi}\left(\boldsymbol{I}_d + \frac{1}{\sigma_n^2}\boldsymbol{\Xi}\right)^{-1}\right\} \leqslant J_{LS} \tag{3.1.5}$$

顺带一提,MMSE 估计 h 可表示为

$$h_{MMSE} = \mathbb{E}\{h \mid x\} \tag{3.1.6}$$

通常,MMSE 估计器不同于 LMMSE 估计器。只有在某些特殊情况下,当 x 和 h 是线性模型的联合高斯分布时,才有 $h_{MMSE} = h_{LMMSE}$。因此,LS 和 LMMSE 估计器可以很好地解决线性模型的信道估计。然而,由于 LS 和 LMMSE 估计量都是线性的,所以它们对非线性模型的估计性能明显下降。LMMSE 估计器利用信道统计信息可以提高估计精度,但对信道统计信息的不完备性很敏感。相反,LS 估计器由于对信道统计量没有先验要求而易于实现,但这种简单性是以相对较低的精度为代价的。

4. DL 信道估计

近年来,DL 估计器已成为无线通信系统中解决信道估计问题的一种很有前途的替代方法。DL 估计器优良的泛化能力和强大的学习能力使其成为不完善和干扰破坏系统中信道估计的有力工具。下面以一个 Attention-Aided 深度学习信道估计框架进行介绍。

现有的基于 DL 的信道估计方法很少能充分利用信道的分布特性。在实践中,基站通常位于较高的高度,周围散射很少,因此每个用户在基站的入射信号的角扩展很窄。因此,在整个角度空间中对应不同用户的信道的全局分布可以被看作许多局部分布的组成,其中每个局部分布代表小角度区域内的信道。由于窄的角分布,以及通道路径的角范围有限,某一个角区域包含的通道情况比整个角空间少得多,使得局部分布比全局分布简单得多。另外,如果将整个角空间分割成不同的角区域,则不同的局部分布可以很好地区分开。在这种情况下,经典的"分而治之"策略,即通过解决一个复杂的主问题的一系列简化的子问题来解决它,是非常合适的。具体而言,整个角空间的信道估计可视为主要问题,不同小角区域的信道估计可视为不同的子问题。Attention-Aided 深度学习信道估计框架就是基于此进行研究的。它有以下几个特点:

针对 Massive MIMO 系统,提出一种基于注意力辅助 DL 的信道估计框架,仿真结果表明,该框架比无注意力的信道估计框架具有更好的性能。据作者所知,这是首次将注意力机制引入基于 DL 的信道估计中,同时是首次将 Attention-Aided 这一机制引入基于 DL 的信道估计中。

文献[216]将上述框架扩展到具有 HAD 的场景,并提出一种嵌入方法,将注意力机制

有效地集成到全连通神经网络(FNN)中,扩大了该方法的应用范围。

根据结果,Attention-Aided 的性能增益主要来自信道的窄角扩展特性。因此,只要信道分布具有一定的可分离性,该方法就可以推广到除信道估计外的许多其他问题,如多用户波束形成、FDD 下行信道预测等。

5. 系统模型

考虑一个单小区 Massive MIMO 系统,其中基站配置一个 N 天线均匀线阵(ULA),K 个单天线用户随机分布在相应基站的小区中,如图 3.13 所示。

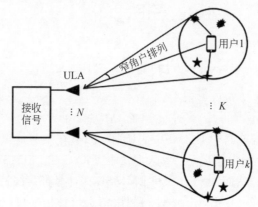

图 3.13　大规模 MIMO 系统

6. 信号模型

从用户 k 到 BS 的上行链路信道可以表示为

$$\boldsymbol{h}_k = \frac{1}{\sqrt{N_p}}\sum_{i=1}^{N_p} \alpha_{ki}\boldsymbol{a}(\theta_{ki}), \boldsymbol{h}_k \in \mathbb{C}^{N\times1} \qquad (3.1.7)$$

其中 N_P 是路径数,α_{ki} 和 θ_{ki} 分别是来自第 k 个用户的第 i 条路径的 BS 处的复增益和到达角(AOA)。为了更好地理解这种信道特性,可通过以下步骤将原始信道转换为角域:

$$\boldsymbol{x}_k = \boldsymbol{f}\boldsymbol{h}_k \in \mathbb{C}^{N\times1} \qquad (3.1.8)$$

其中 $\boldsymbol{x}_k$ 表示用户 k 的角域通道,$\boldsymbol{f} \in \mathbb{C}^{N\times1}$ 是移位型离散傅里叶转换矩阵,其中第 n 行由以下公式给出:

$$\boldsymbol{f}_n = \frac{1}{\sqrt{N}}\left[1, e^{-j\pi\eta_n}, \cdots, e^{-j\pi\eta_n(N-1)}\right] \qquad (3.1.9)$$

由于窄角扩展假设,角域信道表现出空间聚类稀疏结构,具体如图 3.13 右半部分所示,X_k 只有几个重要元素出现在一个簇中。如果利用得当,这种稀疏结构可以提高估计性能,减少估计开销。

在上行链路训练过程中,不同用户发送正交导频序列。将第 k 个用户的导频序列表示为 $\boldsymbol{p}_k \in \mathbb{C}^{1\times L_p}$,其中 $L_p \geqslant k$ 为导频序列的长度。注意,由于 L_p 相对较小,导频训练阶段的信道被假定为不变,因此在 BS 处的叠加接收信号可表示为

$$\boldsymbol{Y} = \sum_{k=1}^{K} \boldsymbol{h}_k \boldsymbol{p}_k + \boldsymbol{N}, \boldsymbol{Y} \in \mathbb{C}^{N\times L_p} \qquad (3.1.10)$$

其中,$\boldsymbol{N}$ 表示方差 σ^2 的零均值加性高斯白噪声。在不丧失通用性的前提下,将导频序

列的功率固定为单位,通过改变噪声方差调整发射信噪比。同时,$\boldsymbol{P}_i\boldsymbol{P}^{H_j}=0$($i$ 不等于 j),$\boldsymbol{P}_i\boldsymbol{p}_j^H=1$($i$ 等于 j)。利用导频序列的正交性,可以得到用户 k 信道的 LS 估计:

$$\hat{\boldsymbol{h}}_k = \boldsymbol{Yp}_k^H = \boldsymbol{h}_k + \tilde{\boldsymbol{n}}_k \in \mathbb{C}^{N\times 1} \tag{3.1.11}$$

其中:

$$\tilde{\boldsymbol{n}}_k \triangleq \boldsymbol{Np}_k^H \tag{3.1.12}$$

它表示用户 k 的有效噪声。

上面提到过,传统方法要么精度低要么开销大,因此这里我们考虑 DL 的方法进行信道估计。

7. Attention-Aided 信道估计框架

由于信道参数可以在角域内规范地表示,因此在该框架中,网络的输入和输出都在角域内。在仿真中,我们发现更稀疏的角域输入和输出可以得到比原来更好的信道估计性能。一旦获得角域信道估计,就可以很容易地恢复原始信道估计。此外,由于现有的 DL 库还不能很好地支持复杂的训练,所以实部和虚部必须分开处理。为了提高训练效率,我们还对输入进行了标准的归一化预处理。

Attention-Aided 信道估计框架如图 3.14 所示,Conv1D 层的输入被组织为 (F,C) 维特征矩阵,其中 C 表示信道的数目,F 表示每个信道中的特征数目。然后,卷积运算在输入特征矩阵上以一定的步幅滑动 C 滤波器,以获得输出特征矩阵,即下一层的输入。

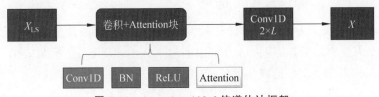

图 3.14　Attention-Aided 信道估计框架

具体地,每个滤波器包含 (L,C) 维可训练权重矩阵和标量偏置项,其中 L 表示滤波器大小。当滤波器位于特征矩阵的某一位置时,计算特征矩阵的相应块与滤波器的权重矩阵之间的互相关,并添加偏置以获得该位置的卷积输出。在所提出的信道估计网络中,使用 NB 卷积块和输出 Conv1D 层细化 LS 粗信道估计。如图 3.14 所示,在每个卷积块中,在 Conv1D 层之后插入用于防止梯度爆炸或消失的批归一化(BN)层和 ReLU 激活函数。此外,在第一块中的 Conv1D 层具有 F 个尺寸为 L_1 的滤波器,并且在接下来的 N_b-1 块中的 Conv1D 层有 F 个尺寸为 L_h 的滤波器。通过仿真可以确定 N_b 和 F 的最佳值。最后,输出 Conv1D 层具有大小为 L_o 的 2 个滤波器,分别对应信道预测的实部和虚部。步幅设置为 S,所有 Conv1D 层填充零,以保持特征矩阵的维数 n 不变。

为了有效地利用信道的分布特性,在网络结构设计中引入了注意力机制。在最初的 CNN 中,所有的特征都被用于具有同等重要性的所有数据样本。然而,在实际应用中,某些特征对某些数据样本来说肯定比其他特征更重要或更有信息量,尤其对于像窄角扩展信道这样高度可分离的数据。例如,关键特征只用于处理特定角度区域的信道分布,而对于距离较远的另一个区域的信道估计可能是无用的,甚至是破坏性的。

如图 3.15 所示,将原始特征矩阵乘以通道式的关注图,得到关注模块中的重新加权的

特征矩阵,对当前数据样本更重要或更有信息量的特征给予更多的 attention。在注意力映射的学习过程中,首先对原始特征矩阵 $\boldsymbol{Z}_O$ 进行全局平均池化,将全局信息嵌入 $(1,c)$ 维压缩特征矩阵 $\boldsymbol{Z}$ 中。

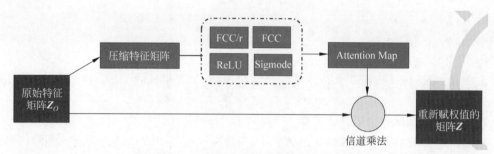

图 3.15　**Attention-Aided 信道估计框架结构**

具体来说,$\boldsymbol{Z}$ 的第 c 个元素由以下公式给出:

$$z_c = \sum_{f=1}^{F} [\boldsymbol{Z}_O]_{f,c} / F \tag{3.1.13}$$

然后,由基于 $\boldsymbol{Z}$ 的专用注意力网络预测 $(1,c)$ 维注意力图 m。注意,网络包含两个完全连接的(FC)层。第一层含有 C/R 神经元的 FC 层,随后是 ReLU 激活。第二层含有 C 神经元,经过 Sigmoid 函数激活,它将 m 的元素限制在 $0\sim1$。

$$f_{\text{Sigmoid}}(x) = 1/(1 + \mathrm{e}^{-x}) \tag{3.1.14}$$

随后进行网络训练。为了训练所设计的网络,使用真实角域信道 x 和预测角域信道 x 之间的 MSE 作为损失函数,该损失函数可以通过下式给出,其中下标 i 表示一个小批处理中的第 i 个数据样本,$n=500$ 是该小批处理的大小。

$$\text{MSE}_{\text{Loss}} = \frac{1}{n} \sum_{i=1}^{n} \| \hat{\boldsymbol{x}}_i - \boldsymbol{x}_i \|^2 \tag{3.1.15}$$

为了平衡训练复杂度和测试性能,根据所采用的信道和传输模型生成总共 20 万个数据样本。然后,将生成的数据集按 3:1:1 的比例拆分为训练集、验证集和测试集。为了加快训练开始时的损失收敛速度,减少训练结束时的损失振荡,如果在连续 10 个历元内验证损失不减小,则学习速率将衰减至 1/10。此外,为了防止过拟合和加快训练过程,采用了 25 个周期的早期停止。

接下来进行复杂度分析。用两个指标度量复杂度,即所需的浮点操作数和参数总数。简洁起见,计算浮点操作数时只考虑乘法运算,一次复数乘法计算为四次实数乘法;计算参数时忽略 BN 层的权重和偏差,一个复数参数计算为两个实数参数。在分析神经网络的复杂度时,由于网络训练只需执行一次,且实际中 BS 通常具有足够的计算能力,因此忽略了离线训练阶段,而将重点放在在线测试阶段。使用 Attention-Aided 信道估计框架,Conv1D 层和第 L 层 FC 的浮点操作数分别为 LFCC 和 $N_{L-1} N_L$,其中 N_L 表示第 L 层 FC 中的神经元数量。CNN 的浮点操作总数可计算为 $(2L_1 F + 2L_O F + L_H F^2 (N_B - 1))n$。至于参数的总数,Conv1D 层和第 1 层 FC 层分别包含 LCC 和 N_{L-1} 个 N_L 参数,CNN 总共包含 $2(L_1 + L_0)F + L_H (N_B - 1)F^2$ 个参数,注意力模块的附加参数个数为 $N_B F^2$。

接下来对所提出方法进行仿真,同时,将与以下几个基线算法进行比较:MMSE 算法、

FNN、没有 attention 的 CNN。

$$\hat{\boldsymbol{h}}_{\mathrm{MMSE}} = \boldsymbol{R}_{hh}(\boldsymbol{R}_{hh} + \boldsymbol{I}/\mathrm{SNR})^{-1}\,\hat{\boldsymbol{h}}_{\mathrm{LS}} \tag{3.1.16}$$

MMSE 将整个角空间分割成多个 3° 角区域,并仅用平均 AOAS 在该区域内的信道样本估计每个区域的专用信道相关矩阵(CCM)。在一个信道样本的测试过程中,首先估计其所属的角度区域,然后选择相应的 CCM 进行信道细化。与对所有信道样本使用单个 CCM 相比,使用多个 CCM 匹配不同的角度区域可以有效利用信道的窄角扩展特性,显著提高性能。实际上可以看作"分而治之"政策的人工实施,即信道样本按其角度区域"分割",由不同的对应CCM"征服"。

FNN 结构由 3 个 FC 层组成,分别有 512、1024 和 256 个神经元,每两个 FC 层之间插入一个 BN 层。前两个 FC 层的激活功能是 ReLU,最后一个 FC 层不使用激活。

没有 attention 的 CNN 具有同样的 CNN 结构,但去掉了所有的注意力模块。

仿真参数如表 3.2 所示。

表 3.2　仿真参数

参数	值	参数	值
N	128	Δ_{θ}	5°
M	32	α_i	$CN(0,1)$
N_p	20	SNR	20dB
θ_i	$u[0,2\pi]$		

如图 3.16 所示,CNN 的结构主要由卷积块数 N_B 和每个 Conv1D 层的滤波器数 F 决定,注意可以提高不同卷积块数和滤波器数的 CNNs 的性能,两层注意辅助 CNN 的性能甚至优于无注意的四层 CNN,说明了注意机制的优越性。一般来说,卷积块越多,能力越强,网络的性能越好。然而,在有足够的滤波器的情况下,如果滤波器数量不断增加,注意力辅助 CNN 的性能提高是微乎其微的,有时甚至会对没有注意力的 CNN 造成损害。此外,更深更广的 CNNs 也有更重的计算和存储负担。为了在性能和复杂度之间取得平衡,我们选择为每个 Conv1D 层使用四个卷积块和 96 个滤波器。

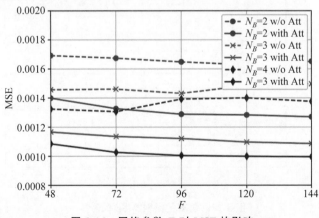

图 3.16　网络参数 F 对 MSE 的影响

如图 3.17 所示,所有基于 DL 的方法都可以细化和提高 LS 粗估计的信道质量。随着信噪比的增加,模糊神经网络的性能改善程度降低,而 CNN 由于利用了输入数据的局部相关性,在各种信噪比下的性能明显优于 LS。然后,在注意的辅助下,CNN 的 MSE 进一步适度降低。此外,注意机制的性能增益随信噪比的增加而增加。当信噪比为 0 dB 时,CNN 的 MSE 为不注意 CNN 的 89.55%,当信噪比为 20 dB 时,其 MSE 下降到 71.83%。其原因是角域信道的窄角扩展特性更加暴露,更容易被利用,噪声更小,从而放大了注意力的好处。对于 MMSE,MMSE 单机的性能提高不大,而 MMSE 3°由于充分利用了信道的窄角扩展特性,性能提高得更好。然而,所提出的注意辅助 CNN 仍略微优于 MMSE 3°,显示出其优越性。

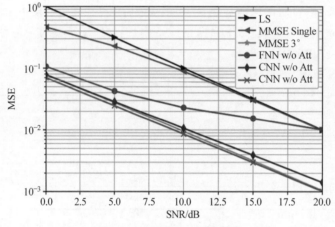

图 3.17　SNR 对 MSE 的影响

如图 3.18 所示,attention CNN 的性能接近 MMSE 3°,并在不同角度扩展下持续显著优于 LS。随着角扩展的增加,在这两种情况下,由于信道估计问题变得更加复杂,所以所有算法的性能都在下降,角域信道的稀疏性较小。此外,由于渠道分布的不可分离性,注意力的性能增益也会下降,这使得注意力机制更难实现"分而治之"的策略。

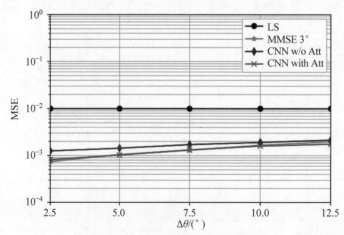

图 3.18　角度扩展对 MSE 的影响

如图 3.19 所示,所有算法的性能都随着 n 的增加而提高。由于角域信道的功率泄漏与天线数成反比,因此更多天线引起的信道稀疏性增加可以简化信道估计。attention CNN 的性能接近 MMSE 3°,而更稀疏的信道可以放大注意力的性能增益。

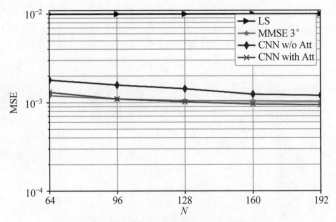

图 3.19　天线数目和射频链比对 MSE 的影响

在不同信噪比的情况下,本模型的整体性能如图 3.20 所示。

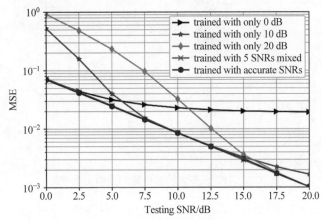

图 3.20　不同信噪比下的整体性能

4. RIS 辅助无线通信系统信道估计

如今,5G 依旧大规模商用,6G 技术处于开始探讨之际,实现超可靠无线通信的根本挑战来自由于用户移动性而产生的定时无线信道。解决这一难题的传统方法要么通过利用各种调制、编码和分集技术补偿信道衰落,要么通过自适应功率/速率控制和波束形成技术来适应信道衰落。然而,它们不仅需要额外的开销,而且对大量随机无线信道的控制有限,从而使实现大容量和超可靠无线通信的最终障碍无法克服。

在此背景下,智能反射面/智能超表面(IRS/RIS)成为 5G/6G 无线通信系统中实现智能和可重构无线信道/无线传播环境的一种新范式[34]。一般来说,IRS 是一个由大量无源反射元件组成的平面,每个无源反射元件能独立地对入射信号产生可控的幅度和/或相位变化。通过在无线网络中密集部署 IRS,并巧妙地协调它们的反射,可以灵活地重新配置发射机和

接收机之间的信号传播/无线信道,以实现期望的实现和/或分配,从而为从根本上解决无线信道衰落损伤和干扰问题提供了一种新的手段,并有可能实现无线通信容量和可靠性的飞跃性提高。如图 3.21 所示,IRS 在无线信道重构中具有多种功能,如通过智能反射产生虚拟视距链路以绕过收发信机之间的障碍物,向期望方向增加额外的信号路径以改善信道秩条件,通过将瑞利/快衰落转换为莱斯/慢衰落以获得超高可靠性,抑制/消除同信道/小区间干扰等。

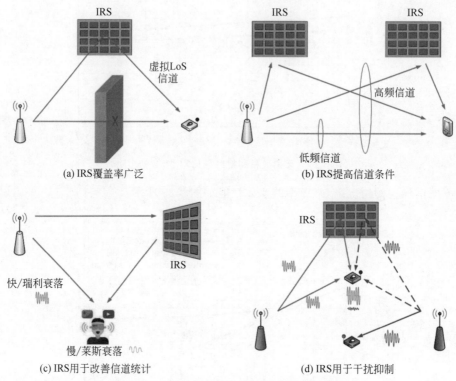

图 3.21 IRS 用于无线信道重配置的主要功能

IRS 不仅在概念上具有吸引力,而且在实现上也具有各种实际优势。首先,其反射元件(例如,低成本印刷偶极子)仅被动反射撞击信号,而不需要任何发射射频(RF)链,因此与传统有源天线阵列或最近提出的有源表面相比,可以以低数量级的硬件/能量成本实现/操作。此外,IRS 工作在全双工(FD)模式下,没有任何天线噪声放大和自干扰,因此与传统的有源继电器相比具有竞争优势,例如:半双工(HD)中继遭受低频谱效率以及 FD 中继需要复杂的技术用于自干扰消除。此外,由于 IRS 通常具有低轮廓、轻质量和保形几何形状,因此它可以安装到环境物体上/从环境物体上移除以进行部署/替换。最后,IRS 在无线网络中充当辅助设备,并且可以透明地集成到其中,从而提供了很大的灵活性和与现有无线系统的兼容性(例如蜂窝或 WiFi)。

由于上述优点,IRS 适合在无线网络中大规模部署,以显著提高其频谱和能量效率。因此,可以预见,IRS 将导致无线系统/网络设计的基本范式转变,即从没有 IRS 的现有 M-MIMO 系统到新的 IRS-aided 小型/中型 MIMO 系统,以及从现有的异构无线网络到未来新的 IRS-aided 混合网络,如图 3.21 所示[94]。

一方面,与利用数十个甚至数百个有源天线直接生成锐波束的 M-MIMO 不同,IRS 辅助 MIMO 系统通过利用 IRS 的大孔径经由智能无源反射创建细粒度反射波束,允许 BS 配备显著更少的天线而不损害用户的服务质量(QoS)。因此,系统硬件成本和能量消耗可以显著降低,特别是对于将来迁移到更高频带的无线系统。另一方面,尽管现有无线网络依赖于由宏和小 BS/AP、中继、分布式天线等组成的异构多层架构,但它们都是在网络中生成新信号的活动节点,因此需要在它们之间进行复杂的协调和干扰管理,以便实现通过部署更多活动节点来增强网络空间容量的前提。然而,这种方法不可避免地加重了网络操作开销,并且将来可能不能有效地维持无线网络容量增长。如图 3.22 所示,将 IRS 集成到无线网络中将把现有的仅具有有源组件的异构网络转变为包括以智能方式协同工作的有源和无源组件的新的混合架构。由于 IRS 与它们的有源对应物相比成本低得多,因此它们可以以甚至更低的成本更密集地部署在无线网络中,在给定混合网络中部署的有源 BS 和无源 IRS 的总成本的情况下优化设置有源 BS 和无源 IRS 之间的比率,可以实现随成本缩放的可持续网络容量。

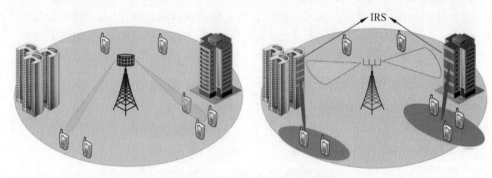

(a) M-MIMO系统与IRS辅助的MIMO系统

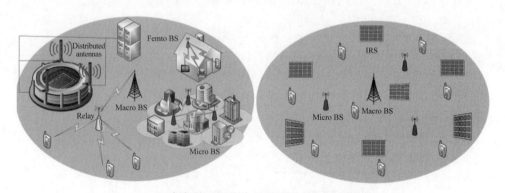

(b) 复杂型无线网络与IRS辅助的复杂的无线网络

图 3.22　使用 IRS 的无线系统/网络设计的潜在范式转变

IRS 辅助的未来无线网络具有各种有前途的应用。例如,IRS 对于非常易受梗阻影响的毫米波和 THz 通信中的覆盖扩展特别有用。此外,在小区边缘部署 IRS 不仅有助于提高小区边缘用户的期望信号功率,而且有利于抑制邻小区对小区边缘用户的同频干扰。此外,为了提高从 AP 到无线设备的同时无线信息和功率传输(SWIPT)的效率,在智能办公室/家庭中,IRS 的大孔径可以通过反射波束成形到附近设备来补偿远距离的显著功率损耗。在室内环境中,IRS 还可以附着到天花板、墙壁、家具,甚至附着到绘画/装饰后面,以帮助实现

增强的覆盖和高容量热点,这对于智能工厂、体育场、购物中心、机场等中的 eMBB 和 mMTC 应用特别有吸引力。具体地,对于通常在每个时刻只有一小部分设备活动用于通信的 mMTC 场景,IRS 可以通过利用其额外的可控路径有效地提高设备活动检测的准确性和效率,特别是当大量设备分布在不同的传播条件下时。在室外环境中,IRS 可涂覆在建筑物正面、灯柱、广告牌,甚至高速移动车辆的表面上,以支持各种应用,例如,URLLC 通过有效补偿多普勒和延迟扩展效应,用于远程控制和智能运输。例如,通过利用 IRS 将通常随机的无线信道转变为更确定的无线信道,可以极大地提高通信可靠性,从而有助于减少分组重传并最小化对于 URLLC 应用来说关键的延迟。因此,IRS 是一项颠覆性技术,可以使我们当前的“哑”环境智能化,这可能使 5G/6G 中的许多垂直行业受益,如交通、制造、智慧城市等。最近,IRS 被认为是未来 6G 生态系统的一项有前途的技术。此外,工业界对实施和商业化类似于国际遥感系统的技术以创造新的价值链的兴趣高涨,与此同时,已经启动了几个试点项目以推进这一新领域的研究。值得注意的是在文献[217]中已经存在类似于 IRS 的其他术语,例如智能墙、智能反射阵列和可重新配置的元表面/智能表面(RIS)、大型智能表面/天线(LISA)、RFocus 等,尽管术语不同,但基本上基于相同的无源和可调反射/折射表面原理。

3.2　智能可见光通信传输

3.2.1　信号调制编码

1. 开关键控(On-Off Keying,OOK)

在早期的可见光通信中,OOK 调制的大部分工作都是利用 LED。在该调制方式中,光源闪烁即可编码。通过打开、关闭 LED 分别传输数据位 1 和数据位 0,这是调制光信号最基本的形式。开关键控调制如图 3.23 所示。在关闭状态下,LED 不是完全关闭,而是光强度降低。OOK 的优点包括简单性和易于实现,但在传输过程中也会受噪声和多径发散的影响[35]。

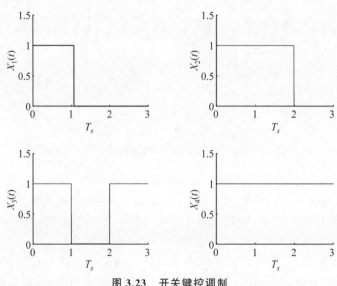

图 3.23　开关键控调制

典型 OOK 波形如图 3.24 所示,表达式为

$$S_{\mathrm{OOK}}(t) = \begin{cases} s(t)\cos(2\pi f_c t) & s(t) = 1, f_c = 1 \\ 0 & s(t) = 0 \end{cases} \tag{3.2.1}$$

其中 $s(t)$ 为基带矩形波信号;$\cos(2\pi f_c t)$ 为载波信号,载波在二进制基带信号 $s(t)$ 下控制变化,以单极性不归零码序列控制正弦载波的开启与关闭。

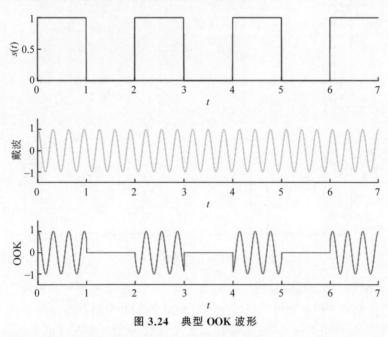

图 3.24　典型 OOK 波形

OOK 信号调制原理框图如图 3.25 所示,该调制方式通过乘法器和开关电路实现。状态为"0"时,载波被截断,传输信道上无载波传送;状态为"1"时,载波被接通[36]。

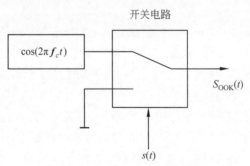

图 3.25　OOK 信号调制原理框图

2. 脉冲调制

脉冲位置调制(Pulse Position Modulation,PPM)所携带的信息是由光脉冲所在的位置表示的。当帧传输 n 比特信息时,帧长有 $M = 2^n$ 个时隙,光脉冲所在的时隙位置信息代表了信号数据。

一个 k 比特信号源 S 经过 M 进制 PPM 调制($M = 2^n$),这种调制由 M 个符号组成,每个符号的持续时间一样[37]。如图 3.26 所示的 PPM,$M = 8$,一个 PPM 符号包含的信息比特

数是 3。从信息比特到 PPM 符号的映射看作将各 PPM 调制符号一对一地分配给 3bit 的信息序列。3bit 的信息序列映射到 4 个 8-PPM 符号,信息序列的值代表 8-PPM 符号中脉冲所在的位置。

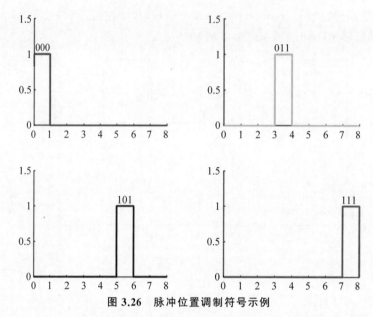

图 3.26 脉冲位置调制符号示例

PPM 调制在可见光无线通信中应用的原因有:一是不需要对脉冲的幅度和极性控制,仅需根据符号控制脉冲位置就能实现调制,且 PPM 的调制和解调的复杂度低,电路实现简单,对改善通信系统有很大的作用;二是在发送光源最小光功率下可以实现高数据传输速率,在光无线通信系统中广泛应用。相比 OOK 调制,PPM 调制有更高的数据传输率,但收发机结构较 OOK 收发机复杂。

3. 正交频分复用

正交频分复用(Orthogonal Frequency Division Multiplexing,OFDM)技术由于能够有效地对抗符号间干扰和多径衰落,因此在可见光通信中得到了广泛应用。在 OFDM 中,信道被划分为多个正交子载波,数据以通过子载波调制的并行子流发送[38],因此很有必要深入研究 OFDM 对 VLC 系统的作用。

可见光 OFDM 系统的基带模型如图 3.27 所示,在发送端,首先对串行的输入数据流进行串/并(S/P)转换,将单路高速的数据转化为多路低速率数据流,然后经过调制器将数据映射成频域信号。为了方便信道估计,NLOS 链路中所有符号的子载波全部加入导频符号。经过 IFFT 变换分配对应的时域位置,数据由频域信号变换成时域信号,完成 OFDM 调制。将时域信号插入循环前缀后经过并/串(P/S)转换、直流偏置,最终发送给 LED 灯光源。在接收端,由 PD 将光信号转化成电信号,随后经过相应的解调过程,恢复出原始信号[39]。

在可见光通信系统中,非对称限幅光 OFDM(ACO-OFDM)调制技术最常用。

在 ACO-OFDM 调制过程中,要在 IFFT 变换之前实现两次信号转换,第一次是对偶数子载波数据全置零,仅在奇数子载波上发送数据;第二次是数据要满足 Hermitian 对称,如向量 $\boldsymbol{S} = [S_0, S_1, \cdots, X_{N/2-1}, S_{N/2}, S*_{N/2}, S*_{N/2-1}, \cdots, S*_1, S*_0]$。两次转换后进行

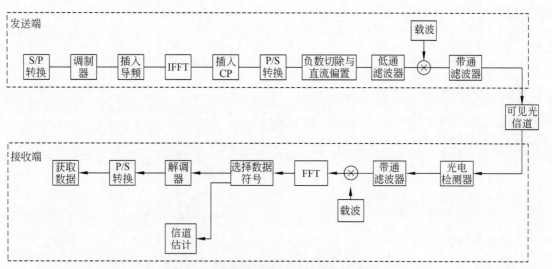

图 3.27　可见光 OFDM 系统的基带模型

IFFT 变换得到全实信号,再经过限幅后得到非负的实信号。在接收端只需采取奇数子载波上的数据进行解调。

经过处理的信号 $S(m)$ 在经过变换之后使信号从频域变换到时域,IFFT 后的时域信号的第 n 个采样值 $S(m)$ 为

$$s_n = \frac{1}{N} \sum_{m=0}^{N-1} S(m) \exp\left(\frac{-j 2\pi nm}{N}\right) \tag{3.2.2}$$

N 为 ACO-OFDM 系统子载波的个数。ACO-OFDM 的传输比特速率 $R_{b-\text{ACD}}$ 为

$$R_{b-\text{ACD}} = \frac{(N/4)\log_2 M}{T_s} \tag{3.2.3}$$

可推出 ACO-OFDM 系统的频带利用率为

$$\eta_{\text{ACO}} = \frac{R_{b-\text{ACO}}}{B} = \frac{(N/4)\log_2 M}{T_s} \frac{T_s}{N+1} = \frac{N}{4(N+1)} \log_2 M \approx \frac{1}{4}\log_2 M \tag{3.2.4}$$

光信号经过 VLC 多径信道传输后,被 PD 检测到并转换为电信号,表示为

$$y(m) = \gamma h(m) \otimes s_n(m) + n(m) \tag{3.2.5}$$

式中,γ 为光电转换因子,假设 $\gamma = 1\text{A/W}$;$n(m)$ 为背景光与电路热噪声之和,独立于信号且服从高斯分布的加性高斯白噪声。假设噪声单边功率谱密度为 N_0,经过 A/D 转换和 S/P 转换后删除 CP,由于 CP 的长度大于或等于信道冲激响应的长度,因此式(3.2.5)中线性卷积变为循环卷积,可得到

$$\boldsymbol{y} = \gamma \tilde{\boldsymbol{h}}^* \boldsymbol{s}_n + \boldsymbol{n} \tag{3.2.6}$$

式中,$\boldsymbol{s}_n$ 和 $\boldsymbol{y}$ 分别为长度为 N 的发送和接收符号向量,$\boldsymbol{n}$ 为噪声,$\tilde{\boldsymbol{h}}$ 为多径向量 $\boldsymbol{h}$ 所对应的循环矩阵[40]。

限幅时不会使传输的信号产生失真,只是幅度上较原始信号减小一半,FFT 变换后的信号为 $S_c(m)$:

$$S(m) = \sum_{n=0}^{N-1} s_n \exp\left(\frac{-j2\pi nm}{N}\right) \tag{3.2.7}$$

$$S(m) = \sum_{\substack{s_n=0 \\ s_n>0}}^{N/2-2}\left\{ s_n\exp\left(\frac{-\mathrm{j}2\pi nm}{N}\right) + s_{n+N/2}\exp\left(\frac{-\mathrm{j}2\pi(n+N/2)m}{N}\right)\right\} +$$

$$\sum_{\substack{n=0 \\ s_n<0}}^{N/2-2}\left\{ s_n\exp\left(\frac{-\mathrm{j}2\pi nm}{N}\right) + s_{n+N/2}\exp\left(\frac{-\mathrm{j}2\pi(n+N/2)m}{N}\right)\right\} \tag{3.2.8}$$

$$S(m) = 2\sum_{\substack{n=0 \\ s_n>0}}^{N/2-2} s_n\exp\left(\frac{-\mathrm{j}2\pi nm}{N}\right) + 2\sum_{\substack{n=0 \\ s_n<0}}^{N/2-2} s_n\exp\left(\frac{-\mathrm{j}2\pi nm}{N}\right) \tag{3.2.9}$$

$$S_c(m) = \sum_{n=0}^{N/2-2} s_n\exp\left(\frac{-\mathrm{j}2\pi nm}{N}\right) + \sum_{n=0}^{N/2-2}(s_n+N/2)\exp\left(\frac{-\mathrm{j}/2\pi(n+N/2)m}{N}\right)$$

$$= \frac{S(m)}{2} \tag{3.2.10}$$

4. 色移键控

相比于其他调制方式,色移键控(Color Shift Keying,CSK)调制技术是通过可见光的不同颜色代表不同的传输信息,比如000用红色表示,001用蓝色表示,010用绿色表示,011用黄色表示[41-42]。接收模块识别出可见光不同的颜色再解调为对应的二进制码组,由此可以避免单色光源因强度闪烁带来的非线性问题对系统性能的影响。在传输的过程中通过可见光的快速转换得到最终的白光,从而在数据传输的过程中达到稳定照明的目的[43],图3.28为色移键控调制方式的通信系统模型。

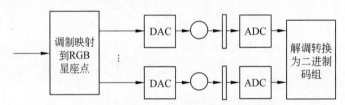

图3.28　色移键控调制方式的通信系统模型

人类视觉可感受可见光中的蓝色短波、绿色中波和红色长波,这3种频带的波长最后经过大脑被识别为颜色。CSK利用红、绿、蓝3种颜色的强度调制信号,CSK调制依赖颜色空间色度图如图3.29所示。

可见光通信系统在数据发射端分两步完成光信号的调制过程:首先使可见光颜色调制,将二进制数据流根据不同的阶数分为不同的码组;其次将每个码组根据映射关系映射到色度图上,找到码组对应的颜色,得到颜色点的坐标值(x,y)。理论上,三原色(RGB)可以合成自然界出现的所有颜色,由此形成XYZ测色系统。X、Y、Z的光谱分别为$\bar{x}(\lambda)$、$\bar{y}(\lambda)$、$\bar{z}(\lambda)$,那么,对于光谱分布为$S(\lambda)$的某些色光,可以利用公式计算出所含R、G、B 3种颜色的强度大小。

$$\begin{cases} X = \displaystyle\int S(\lambda)\,\bar{x}(\lambda)\mathrm{d}\lambda \\[2mm] Y = \displaystyle\int S(\lambda)\,\bar{y}(\lambda)\mathrm{d}\lambda \\[2mm] Z = \displaystyle\int S(\lambda)\,\bar{z}(\lambda)\mathrm{d}\lambda \end{cases} \tag{3.2.11}$$

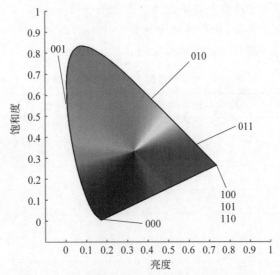

图 3.29 CSK 调制依赖颜色空间色度图(见彩插)

对上述 3 种颜色的强度进行归一化处理,按照 3 种颜色比例大小映射到图 3.29。

$$\begin{cases} x = \dfrac{X}{X+Y+Z} \\[2mm] y = \dfrac{X}{X+Y+Z} \\[2mm] z = 1 - x - y \end{cases} \tag{3.2.12}$$

由此可见,在色度图的第一象限可以找到所有颜色,每种颜色都可以用二维坐标 (x,y) 表示。

色移键控调制技术采用颜色的变化进行通信,因此可以控制可见光通信系统中的光功率大小恒定来解决传统调制技术中 LED 的闪烁问题,即

$$\begin{cases} x_t = P_i x_i + P_j x_j + P_k x_k \\ y_t = P_i y_i + P_j y_j + P_k y_k \\ P_i + P_j + P_k = 1 \end{cases} \tag{3.2.13}$$

P_i、P_j、P_k 分别为 RGB 三色灯 LED 的功率。通过式(3.2.13)可以计算得到 RGB 三色 LED 灯的功率 P_i、P_j、P_k。

经过可见光信道,光信号被光电探测器接收。在可见光通信场景中,影响光信号准确率的因素有很多。此处采用高斯白噪声信道模型,其中信道干扰的特征是加性噪声。设 T_R、T_G、T_B 分别表示各 PD 处的强度输出。因此,接收到的强度可以表示为

$$\begin{cases} R_R = T_R + n_R \\ R_G = T_G + n_G \\ R_B = T_B + n_B \end{cases} \tag{3.2.14}$$

其中,R_R、R_G、R_B 为光电检测器接收到的信号强度,n_R、n_G、n_B 为在光信道传输过程中所叠加的噪声强度。光电检测器可以提取每个颜色通道的强度,基于式(3.2.12)和 R_R、R_G、R_B 可以计算出 (x,y)。通过得到的 (x,y) 与调制时的码组与星座点间的映射关系,可以将所得的 (x,y) 解调成对应的二进制码组,得到传输信息。

色度图把人眼可感知的所有颜色映射到两个色度参数 x 和 y，IEEE 802.15.7 在 x-y 色度图的频谱中指定了 7 个频带，并且将每个频带的中心波长频点作为色移键控调制方式的可选顶点。可见光谱 7 个波段的详细数据见表 3.3。

表 3.3　可见光谱的 7 个波段的详细数据

波长/nm	编码码组	中心/nm	(x, y)
380~478	000	429	(0.169, 0.007)
478~540	001	509	(0.011, 0.573)
540~588	010	564	(0.402, 0.597)
588~633	011	611	(0.669, 0.331)
633~679	100	656	(0.729, 0.271)
679~726	101	703	(0.734, 0.265)
726~780	110	753	(0.734, 0.265)

表 3.4 提供了为 VLC 提出的 4 种主要调制方案之间的比较。OFDM 和 CSK 更适用于 VLC 接入网络中的高数据速率应用，OOK 与脉冲调制适合调光支持的应用。

表 3.4　4 种调制方案对比

调制方式	数据速率	调光支持	闪烁问题
开关键控	低至中等	是	高
脉冲调制	中等	是	低
正交频分复用	高	否	低
色移键控	高	否	低

3.2.2　信道建模

在通信系统中，信道是连接发送端与接收端的通信设备，目的是将信号从发射端发送到接收端，是通信系统不可或缺的重要组成部分。按照传输媒质的不同，信道可以分为两大类：有线（wired）信道和无线（wireless）信道。无线信道利用电磁波在空间中的传播传输信号，有线信道则利用人造的传导电或光信号的媒体传输信号。光也是一种电磁波，它可以在空间中传播，因此上述两大类信道适用于光信道。有线信道是平稳的、可预测的；无线信道则是随机的，不易分析的。信道特性随机变化的信道简称随参信道；信道的特性基本上不随时间变化或者变化极慢极小，简称恒参信道。对于无线通信来说，信道状态是时变的，信道状态信息不易精确得知，正因为这些不确定的信道参数，准恢复发射信号的过程变得困难。

可见光通信信道的衰落特性取决于光波的传播环境，信号在不同的传播环境传输，其传播特性也不相同。无线可见光的通信环境主要包括地形、建筑物、大气条件、太阳光和背景光干扰、通信体移动速度等情况。光信号在复杂的通信环境下进行传播主要表现为以下几种方式：反射、绕射和散射。

反射：当光信号到达墙壁及其他物体表面时，会产生反射现象。对于可见光通信系统来说，反射又可以分为镜面反射和漫反射。光信号在传播中的反射现象是产生多径效应的主要因素。

绕射：通信系统中接收机与发射机之间若存在具有尖锐边缘的物体时，光信号会绕过此边缘从而发生光的绕射。

散射：散射产生于粗糙物体表面、小物体或其他不规则的物体表面。

可见光系统模型分为数据发射端、可见光信道、数据接收端 3 部分。数据发射端包括数据处理模块和光信号发射器，光信号发射器一般为发光二极管。数据接收端包含光信号接收器和译码解调模块，光信号接收器一般为光检器，可见光在传输过程中会遇到各种各样的噪声，如高斯噪声、瑞利噪声、椒盐噪声等，噪声会影响传输信号的准确性，而我们一般研究的是高斯白噪声。图 3.30 是一个简单的可见光通信系统模型。

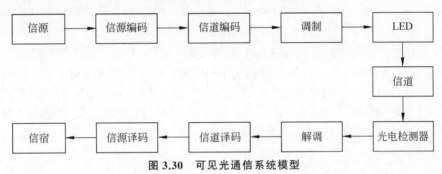

图 3.30　可见光通信系统模型

在数据发送端，数据处理模块对传输数据进行预处理，对信息进行调制与编码后发送，而后通过数模（D/A）转换模块将数字信号转换成光信号，然后通过发光二极管将该光信号发射到光信道中。在可见光信道传输过程中，光信号会受到不同程度的噪声干扰。最后光信号到达接收端，通过 PD 将可见光信号转换为电信号，接着按照编码和调制方式进行解调和译码，转换为数字信号，最后得到原始序列数据信息。

评价通信系统的主要性能指标是有效性和可靠性。有效性是指传输一定的信息量所消耗的信道资源的多少，信道的资源包括信道的带宽和时间；而可靠性是指信息传输的精确程度。根据香农公式，信道容量一定时可靠性和有效性之间可以互换。

在可见光通信中，信道的特性受诸多因素影响，最常见的影响因素有阴影效应、多径效应等，而可见光信道的特性对 VLC 系统的设计有重要作用，可见光无线信道模型是分析系统性能和系统资源调度的基础，建立有效和被认可的信道模型对无线通信的研究将起至关重要的作用。在可见光通信中，VLC 系统信道模型如图 3.31 所示。

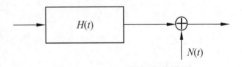

图 3.31　VLC 系统信道模型

发射机发出的信号 $X(t)$ 和接收机所接收到的可见光信号 $Y(t)$ 之间的关系如式（3.2.15）所示。

$$Y(t) = \eta X(t) \otimes h(t) + N(t) \tag{3.2.15}$$

其中,η 是光信号到达接收机的光电转换效率;$X(t)$ 是发射机发出的光信号,并且光信号为非负实数;$h(t)$ 是可见光通信系统信道增益;$N(t)$ 是系统中的噪声,一般为加性高斯白噪声;$\otimes$ 代表卷积。

在室内可见光环境下,可见光通信信道是线性时不变的,信道的全部特性可以通过其冲击响应 $h(t)$ 表征。在特定的环境中,可见光信号从光发射机经过直射、多次反射到达光接收机,系统的冲击响应可以表示为一个无穷求和表达式:

$$h(t;S;R) = \sum_{k=0}^{\infty} h^k(t;S;R) \tag{3.2.16}$$

其中,$h^k(t;S;R)$ 表示经过 k 次反射后的路径冲击响应。$k=0$ 时,$h^0(t;S;R)$ 表示直射链路(Light of Sight,LoS)的冲击响应。

在 VLC 系统中,发射机发出的可见光信号到达接收机的路径各有不同。路径分为 LoS 和反射链路(Non-Line-of-Sight,NLOS),图 3.32 是直射链路和反射链路到达接收机的示意图。从 LED 光源发射出的可见光直接被接收机的 PD 接收,称为直射链路;反射链路是 LED 光源发射出的可见光经过墙壁、家具、地面等障碍物,发生漫反射后到达接收机。接收机接收的可见光信号大部分以直射链路的方式接收,但是直射链路非常容易受到室内障碍物的影响,从而造成光信号阻断,产生阴影效应。而反射链路由于发生漫反射的物体不同,导致到达接收机的距离不一致,继而产生多径效应,该效应不但会对传输的信号造成干扰,而且一定程度上会降低系统的通信速率。

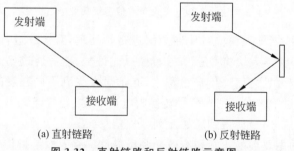

(a) 直射链路　　　　　　　　　　(b) 反射链路

图 3.32　直射链路和反射链路示意图

图 3.32 所示的室内可见光通信链路模型,直射路径的冲击响应可通过朗伯辐射模型进行计算[44]:

$$h^0(t,S,R) = \frac{(n+1)A_R}{2\pi L^2} \cos^n(\varphi)\cos(\theta)\,\mathrm{rect}\left(\frac{\theta}{FoV}\right)\delta\left(t - \frac{L}{c}\right) \tag{3.2.17}$$

朗伯辐射模型如图 3.33 所示,矩形函数 $\mathrm{rect}(x)$ 定义为

$$\mathrm{rect}(x) = \begin{cases} 1 & 0 \leqslant x \leqslant 1 \\ 0 & x > 1 \end{cases} \tag{3.2.18}$$

式(3.2.17)中,n 为朗伯辐射指数,L 为光发射机与光接收机之间的距离,φ 为光发射机到接收机的出射角,θ 为光信号到达接收机时的入射角,$\mathrm{rect}(x)$ 为矩形函数,$\delta(x)$ 为狄拉克函数,c 为真空中的光速。

当入射角 θ 大于接收机 PD 的视角(Field of View,FoV)时,接收机无法接收到光信号。在没有任何光束整形组件时,灯辐射模型可以视为遵循朗伯辐射模型,其辐射强度计算公式如下：

$$R(f) = \begin{cases} \dfrac{n+1}{2p}\cos^n f \\ 0 \end{cases} \tag{3.2.19}$$

式中，$R(f)$为辐射强度，n为 LED 光源的朗伯指数，f为光线出射方向相较于光源法线的夹角，n的计算公式为[45]：

$$n = -\frac{\ln(2)}{\ln(\cos(\Phi_{1/2}))} \tag{3.2.20}$$

$\Phi_{1/2}$表示 LED 发射机的半功率角。半功率角是指发光强度值为轴向发光强度一半的角度，用于表征光源发出光束的集中性和方向性。当 LED 发射机半功率角较小时，朗伯指数 n 值较大，光源发出的光束越集中、方向性越强；当 LED 发射机半功率角较大时，朗伯指数 n 值较小，光源发出的光束越分散、方向性越弱。当 $n=1$ 时，光源可以看作是一个纯粹的朗伯漫射器；当 $n>1$ 时，LED 会显示出更高的定向性。LED 光束范围与半功率角 $\Phi_{1/2}$ 之间的关系如图 3.33 所示。

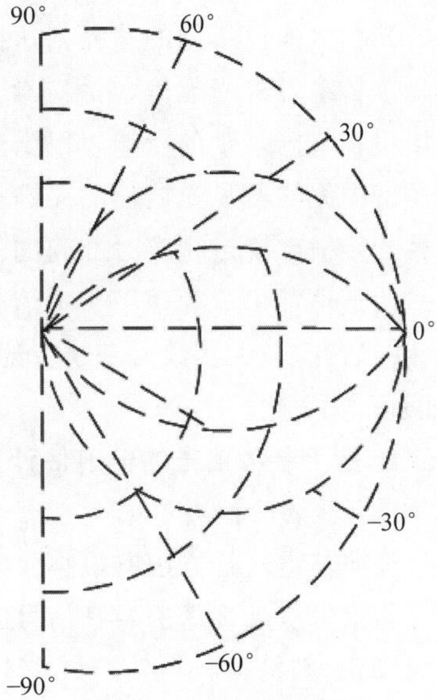

同时，多次反射路径的冲击响应可以通过递归方式进行计算：

$$h^k(t,S,R) = \int_S h^0(t,S,\{r_s,\phi,\mathrm{FoV},A_R\}) \\ \otimes h^{(k-1)}(t,\{r_s,\phi,m\},R) \tag{3.2.21}$$

式中，$\int$ 表示对所有反射元的积分，$h^0(t)$为 LoS 下的脉冲响应，$h^{k-1}(t)$是经过 $k-1$ 次反射后的脉冲响应。当 $k=1$ 时，系统的脉冲响应为[46]：

图 3.33　朗伯辐射模型

$$\sum_{i=1}^{N_{r\phi}} \frac{(m+1)\rho A_R \Delta A}{2\pi^2 D_1^2 D_2^2} \cos^m(\varphi)\cos(\theta)\cos(\beta)\,\mathrm{rect}\left(\frac{\theta}{\mathrm{FoV}}\right)\delta\left(t - \frac{D_1 + D_2}{c}\right) \tag{3.2.22}$$

直射链路即发射机到接收机经 0 次反射的冲击响应 $h^0(t,S,R)$，非直达径即经一次或多次反射后系统冲击响应之和 $\sum_{k=1}^{\infty} h^k(t,S,R)$。在室内可见光通信系统中，在发射机和接收机间不存在遮挡的情况下，非直达径的影响基本可以忽略不计，可见光的传播信道以直射路径为主。

3.2.3　信道估计

数据传输过程中发射机和接收机之间的传播路径非常复杂，可见光通信系统的性能会受到较大的影响。有线信道固定并可预见，而无线信道具有较大随机特性，因此需要对无线信道进行估计。

信道估计技术就是估计信号从发射端到接收端之间的信道情况，了解信号所在的通信

环境,基于发送端的信息,在接收端对接收到的信息利用信道估计算法,高概率重构原始信号,系统通信性能的好坏很大程度上取决于信道估计的准确性。因此,信道估计算法的研究是一项具有重要意义的工作。

针对室内可见光通信系统,该系统的传播环境是一个密闭的空间。从理论上分析表明,LED 光源为非方向性的散射光,发射机和接收机之间通常也存在多条光信号的传输路径。光信号在通过不同的传输路径到达接收机时,也存在不同的传输时延。传输时延的差异将导致不同路径上光信号叠加后产生信号强度的随机变化,上述就是光信号的多径效应[42]。LED 光源在兼顾通信的同时,通常也用作照明。因此,室内环境中的多个不同 LED 光源发出的光信号经过不同的路径到达接收机,导致多径效应将更加显著,严重影响光信号的准确接收。传统红外光通信中,由于红外光的传播速率较低,多径效应对系统的影响不显著。鉴于用户在室内活动的影响,可见光信号在室内的传播环境并不是一成不变的。信道估计技术是室内无线可见光通信的关键技术之一,为有效对抗多径衰落传输的影响,极有必要对光信号的传播环境进行实时准确的估计。

信道估计可分为基于参考信号的信道估计算法、盲信道估计算法。在可见光通信信道估计的研究中,大多数是基于上述成熟的无线通信信道估计算法,研究也是基于室内可见光通信场景。

1. 基于参考信号的信道估计算法

1) LS 估计算法

经典信道估计方法有最小二乘(Least Squares,LS)估计算法。

假设发送端发送的导频信号为 $\boldsymbol{X}$,接收端到的导频信号为 $\boldsymbol{Y}$,$\boldsymbol{H}$ 为导频处的信道矩阵,$\boldsymbol{N}$ 为噪声,则可得:

$$\boldsymbol{Y} = \boldsymbol{H}\boldsymbol{X} + \boldsymbol{N} \tag{3.2.23}$$

LS 算法的主要目的是使估计值和原始信号的平方差误值最小。假设经过信道估计之后的估计值为 $\boldsymbol{H}_{\mathrm{LS}}$,则平方误差函数为

$$\boldsymbol{Z} = \|\boldsymbol{Y} - \boldsymbol{X}\hat{\boldsymbol{H}}_{\mathrm{LS}}\|^2 = (\boldsymbol{Y} - \boldsymbol{X}\hat{\boldsymbol{H}}_{\mathrm{LS}})^{\mathrm{H}}(\boldsymbol{Y} - \boldsymbol{X}\hat{\boldsymbol{H}}_{\mathrm{LS}}) \tag{3.2.24}$$

式中,$\|\cdot\|$ 表示 2 范数,$(\cdot)^{\mathrm{H}}$ 为共轭转置。当平方误差取最小值时,所得的结果就是估计值 $\hat{\boldsymbol{H}}$,即

$$\hat{\boldsymbol{H}}_{\mathrm{LS}} = \arg\min\{\boldsymbol{Z}\} \tag{3.2.25}$$

对式(3.2.24)中的 $\boldsymbol{Z}$ 求偏导,令导数为 $0^{[47]}$:

$$\frac{\partial \boldsymbol{Z}}{\partial \hat{\boldsymbol{H}}_{\mathrm{LS}}} = \frac{\partial (\boldsymbol{Y} - \boldsymbol{X}\hat{\boldsymbol{H}}_{\mathrm{LS}})^{\mathrm{H}}(\boldsymbol{Y} - \boldsymbol{X}\hat{\boldsymbol{H}}_{\mathrm{LS}})}{\partial \hat{\boldsymbol{H}}_{\mathrm{LS}}} = 0 \tag{3.2.26}$$

则信道估计值的表达式为

$$\hat{\boldsymbol{H}}_{\mathrm{LS}} = \boldsymbol{X}^{-1}\boldsymbol{Y} = \boldsymbol{H} + \boldsymbol{X}^{-1}\boldsymbol{N} \tag{3.2.27}$$

由信道估计值 $\hat{\boldsymbol{H}}_{\mathrm{LS}}$ 可知,LS 信道估计算法的最大优点是通俗易懂,结构简单,计算量小。但由于 LS 估计算法包含噪声,所以噪声干扰对信道估计值 $\hat{\boldsymbol{H}}_{\mathrm{LS}}$ 的影响比较大。信道噪声较大,信噪比较低时,估计的准确性大大降低,从而影响信道的参数估计结果。

2）MMSE 算法

MMSE 算法基于最小均方误差准则，即使估计值与实际值的最小均方误差最小。当系统噪声较大时，可以用线性估计器对 LS 算法的信道估计值进一步平滑，令

$$\hat{H}_{\text{MMSE}} = W\hat{H}_{\text{LS}} \tag{3.2.28}$$

其中，W 为线性加权矩阵，选择 MMSE 准则为最优估计准则，则 $W = \text{argmin}\{\text{MSE}\}$，其中，

$$
\begin{aligned}
\text{MSE} &= E\left[(H - \hat{H}_{\text{LS}})(H - \hat{H}_{\text{LS}})^{\text{H}}\right] \\
&= E\left[(H - WY)(H - WY)^{\text{H}}\right]
\end{aligned} \tag{3.2.29}
$$

为了求出 W 的最小值，对其求偏导数：

$$\frac{\partial \text{MSE}}{\partial W} = \frac{\partial E\left[(H - WY)(H - WY)^{\text{H}}\right]}{\partial W} \tag{3.2.30}$$

化简后得

$$W = E\left[HY^{\text{H}}\right]E\left[[YY^{\text{H}}]\right]^{-1} = R_{HY}R_{yy}^{-1} \tag{3.2.31}$$

其中，R_{HY} 为接收信号与信道冲激响应的互相关系数，R_{YY} 为接收信号的自相关系数。若信号与信道中的噪声互不相关，那么 R_{HY}、R_{YY} 可分别写成：

$$R_{HY} = E\left[HH^{\text{H}}X^{\text{H}} + H\eta\right] = E\left[HH^{\text{H}}X^{\text{H}}\right] = R_{HH}X^{\text{H}} \tag{3.2.32}$$

$$R_{YY} = E\left[(XH + \eta)(XH + \eta)^{\text{H}}\right] = XR_{HH}X^{\text{H}} + \sigma^2 I \tag{3.2.33}$$

其中，σ^2 为噪声方差，I 为单位矩阵，R_{HH} 表示信道冲激响应的自相关函数。MMSE 估计算法的最终表达式为

$$\hat{H}_{\text{MMSE}} = R_{HY}R_{YY}^{-1}\hat{H}_{\text{LS}} = R_{HH}(R_{HH} + \sigma^2(X^{\text{H}}X^{-1})^{-1}\hat{H}_{\text{LS}} \tag{3.2.34}$$

由于发射符号 X 是等概率地随机选取自星座点，因此有

$$E\left[(XX^{\text{H}})^{-1}\right] = E\left[1/x_k \mid^2\right]I_N \tag{3.2.35}$$

化简后可得：

$$\hat{H}_{\text{MMSE}} = R_{HH}\left(R_{HH} + \frac{\beta}{\text{SNR}}I_N\right)^{-1}\hat{H}_{\text{LS}} \tag{3.2.36}$$

其中，信道冲激响应的自相关函数 R_{HH} 的求法一般有以下 3 种。

（1）对功率时延谱进行傅里叶反变换，这样就能得到频域自相关函数。

（2）简化为固定模型求解自相关函数，但换一种信道可能就不再适用了。

（3）通过仿真得到自相关函数，此方法求得较准确的自相关函数，适用范围较广。

3）基于 SVD 分解的 MMSE 估计算法

MMSE 算法的复杂度较高，为进一步简化预算，对信道冲激响应的自相关矩阵 R_{HH} 进行奇异值分解（Singular Value Decomposition，SVD）如下：

$$R_{HH} = U\Lambda U^{\text{H}} \tag{3.2.37}$$

其中，U 为酉矩阵，且仅有奇异向量；Λ 为对角阵，其对角线上的 N 个元素为矩阵 R_{HH} 的特征值，并且从大到小排列 $\lambda_1 \geqslant \lambda_2 \geqslant \cdots \geqslant \lambda_N$，代入式（3.2.37）可得

$$
\begin{aligned}
\hat{H}_{\text{MMSE}} &= U\left[\Lambda\left(\Lambda + \frac{\beta}{\text{SNR}}I_N\right)\right]U^{\text{H}}\hat{H}_{\text{LS}} \\
&= U\left[\text{diag}\left[\frac{\lambda_1}{\lambda_1 + \frac{\beta}{\text{SNR}}}, \frac{\lambda_2}{\lambda_2 + \frac{\beta}{\text{SNR}}}, \cdots, \frac{\lambda_N}{\lambda_N + \frac{\beta}{\text{SNR}}}\right]\right]U^{\text{H}}\hat{H}_{\text{LS}}
\end{aligned} \tag{3.2.38}
$$

由于经 SVD 分解后特征值即代表该项所占权重,因此可以只取矩阵 $\boldsymbol{R}_{HH}$ 的前 M 大的特征值 $\lambda_1,\lambda_2,\cdots,\lambda_M$,其余置零,即

$$\hat{\boldsymbol{H}}_{\mathrm{SVD}}=\boldsymbol{U}\begin{bmatrix} \Delta_M & 0 \\ 0 & 0 \end{bmatrix}\boldsymbol{U}^{\mathrm{H}}\hat{\boldsymbol{H}}_{\mathrm{LS}} \tag{3.2.39}$$

其中 $\boldsymbol{\Delta}M$ 是 $\boldsymbol{\Delta}$ 的 M 阶左上角矩阵,可表示为

$$\boldsymbol{\Delta}_M=\mathrm{diag}\left[\frac{\lambda_1}{\lambda_1+\dfrac{\beta}{\mathrm{SNR}}},\frac{\lambda_2}{\lambda_2+\dfrac{\beta}{\mathrm{SNR}}},\cdots,\frac{\lambda_N}{\lambda_M+\dfrac{\beta}{\mathrm{SNR}}}\right] \tag{3.2.40}$$

基于 SVD 的 MMSE 估计算法将矩阵的自相关函数、求逆运算转换为矩阵的 SVD 分解,提取矩阵一部分关键特征值,降低了 MMSE 信道估计算法的复杂度。与此同时,基于 SVD 分解的 MMSE 信道估计算法也存在一些缺点,例如将稀疏矩阵补全为稠密矩阵后,进行奇异值分解时, 耗时较长[48];在信道估计开始前,信道冲激响应的自相关矩阵 $\boldsymbol{R}_{HH}$ 和噪声方差 σ_n^2 是未知的,接收端就需要提前进行仿真统计,算法在工程实际应用中受到一定的限制。

4)基于导频估计

OFDM 系统使用插入导频的方法进行信道估计。导频是在子载波上调制收发端已知的信息,导频的作用就是估计当前的信道特性。系统同时发送多个不同频的子载波,一次发送若干子载波算是发送了一个 OFDM 符号,然后隔一定的时间发送下一个 OFDM 符号。在数据实际传输过程中,为提高数据的传输率,用于信道估计的导频信号数量越少越好。导频根据插入方式的不同可分为块状导频、梳状导频和混合导频,如图 3.34 所示,图中黑色圆圈表示导频信号,白色圆圈表示数据信号。

接收端收到导频信号后使用算法对信道特性进行估计,从而知道导频位置处信道的幅度衰减、相位等特性信息,使用插值算法在时域插值出后续 OFDM 符号周期内的信道特性。当接收端收到后一个 OFDM 符号时,使用估计到的信道特性对当前接收到的数据进行相应的补偿,持续到下一次导频信号的来临,最后使用最新的导频信号更新当前的信道特性。

(1) 梳状导频。如图 3.34(a)所示,在 OFDM 系统中,每个 OFDM 符号里采用部分子载波作为导频符号。该导频方式信道特性变化快,显然相邻的 OFDM 符号共同使用一个信道特性的方案是不可行的。考虑在每个 OFDM 符号中都加入导频信号,导频信号虽然占据了时间轴上的每一刻,但它在频率轴上只是选了几个频率来插入导频信息,并没有占据频率轴上的所有子载波频率。在每个 OFDM 符号周期内,使用若干子载波作为导频用,当接收端接收到 OFDM 符号后,使用估计算法估计导频位置处的信道特性,然后使用插值算法在频域插值出其余子载波处的信道特性,进而恢复出原信号。该导频方案在时域上连续,可以较好地追踪和估计时变信道,特别是在时变信道,信道估计的优势更加明显。其缺点是,导频信号在频域上离散分布,并不是插入所有的频率上,因此频率选择性较敏感,频率选择性衰落信道的估计性能不够理想。

(2) 块状导频。如图 3.34(b)所示,每列代表了一个 OFDM 符号,4 列小圆圈被认为是一个 OFDM 数据帧。若在一个数据帧内信道特性基本不变,那么该信道就是慢衰落信道,块状导频就适用于慢衰落信道。块状导频是在所有的子载波上都放置导频信号,且在频域

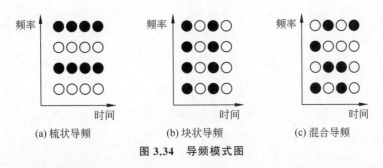

图 3.34　导频模式图

内连续插入,因此在频率选择性衰落信道中具有不错的估计性能,在频率选择性较强的信道情况下,信道的估计性能更优。由于块状导频模式在时域上不连续,因此,时变信道的估计性能不理想。

(3) 混合导频。如图 3.34(c)所示,混合导频在时域和频域上是离散分布的。该导频模式是以上两种导频模式的综合,在时间和频率两个方向上间隔插入。混合导频的优势是可以在噪声影响很大、信噪比较小的情况下得到较精确的信道信息。其缺点是该导频方式的结构较块状导频和梳状导频复杂,在信道估计中计算的复杂度也会增加。

5) 压缩感知信道估计

压缩感知就是数据信号在采样过程中同时对信号进行压缩。相比于传统的奈奎施特采样,它有两个优势:一是可以以较低的采样频率降低人力、物力成本;二是摆脱了奈奎施特采样定理对数据的严格要求,以随机不等间距方式进行采样,使频率泄露均匀地分布在整个频域,从而有了恢复原信号的可能。

稀疏表示是压缩感知的基础,它将一个信号中的信息表示成一组很小的实数或复数,数学上可表示为

$$X = \Phi S \tag{3.2.41}$$

X 是长度为 N 的原始信号,Φ 为变换域下的观测矩阵,S 为 K 稀疏信号。

将压缩感知技术应用到信道估计中,不仅可以减少导频的使用个数,而且可为室内可见光通信系统提供准确高速的链路性能。压缩感知数学表达式如式(3.2.42)所示,压缩感知模型如图 3.35 所示。

$$Y_{M\times1} = \Phi_{M\times N} X_{N\times1} \tag{3.2.42}$$

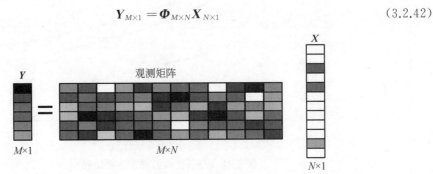

图 3.35　压缩感知模型(见彩插)

如图 3.36 所示,可见信道只有 5 条路径具有能量,可见光通信系统在时域上是标准的稀疏信道且稀疏度为 5。室内可见光在 NLOS 链路下为标准的时域稀疏信道,满足压缩感知

技术前提条件。VLC 系统时域信号呈现稀疏性,结合压缩感知技术做信道估计,系统的误码率可进一步降低。

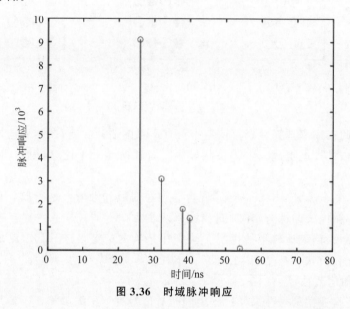

图 3.36　时域脉冲响应

　　如图 3.37 所示,使用最小二乘法、压缩感知算法、奇异值分解算法进行信道估计,可得到导频数量与误差的性能比较。从图中可知,3 种估计方案在导频数量增加的情况下,误差均逐渐下降,信道估计越来越准确。此外,从图中还可得到,压缩感知算法相比于其他两种算法,信道估计更精确,性能更优。

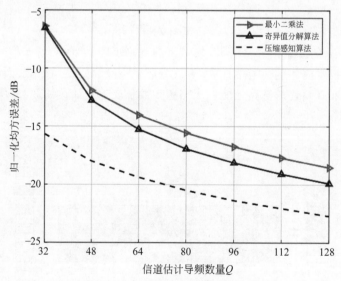

图 3.37　归一化均方误差性能比较

2. 盲信道估计算法

　　盲信道估计算法直接利用发射、接收信号的统计信息进行信道估计,在 OFDM 系统中大致可分为统计型方法及确定型方法两类。统计型方法主要利用了发送信号和接收信号二阶统计特性,如相关函数、相关矩阵等。常用的算法有直接法[49],子空间分解法等[50-52]。直接法通过选取接收信号自相关矩阵的一部分进行简单的变换完成信道估计,利用的是循环前缀的冗余性与循环性。为了进一步提高估计精度,可对输入信号的自相关矩阵进行 Cholesky 分解[53],以利用更多的输入信号自相关矩阵的信息。但是该方法会使得运算量大幅提升,且如果产生了非正定的自相关函数,就不能进行 Cholesky 分解,使得算法失效。子空间分解法是研究较多的方法,通常可分为两类:一类利用信号子空间和噪声子空间的正交性,通过正交性原理求得冲激响应的解,另一类利用了输出信号的循环平稳特性[54]。相比而言,后一种方法的估计复杂度较低,但是估计精度有所下降。确定型方法大多通过发送的信息序列自身的特性或通信系统固有的特征进行信道估计,其中最大似然信道估计算法比较常用[55]。

盲信道估计算法由于无须使用参考信息,因此节省了一定的带宽,但是算法计算量大,估计准确性受传输信号的统计特性影响,收敛速度慢;且当信道快速变化时,信道估计精度下降,从而影响多径信号的恢复和解调。

3.2.4 可见光组网

可见光组网是可见光通信技术在通信实际需求中的应用。可见光通信系统通过在 LED 电路中嵌入数据控制和芯片,集体封装作为网络的无线访问接入点(Access Point,AP)。将信号通过 LED 发射的可见光传输到信道,使得终端能在可见光覆盖的范围内随时接入,实现终端与 AP 之间的通信。当 AP 的可见光覆盖范围内存在多个终端时,运用合适的组网协议,AP 与这些终端即构成一个小型、独立的可见光组网系统。介于可见光通信视距传输及单光源有限的覆盖范围,若在某场景中仅存在一个 AP,则无法保证终端在发生移动的情况下与 AP 保持视距通信。在实际应用场景中,多个 AP 和多个终端是同时存在的。为此,AP 与 AP 之间、AP 与终端之间均可通信是极有必要的,即构成一个完整的可见光组网系统。

光组网与基于射频(Radio Frequency,RF)的 WiFi 相比,可见光组网具有无电磁干扰、传输速率高、成本低、数据安全性高和节能环保等优势。当多设备同时连接 WiFi 时,会发生带宽被争抢的状况,也会造成流量阻塞,影响通信系统性能;但是,可见光的带宽是 RF 的 1 万倍以上,且不会与 RF 发生冲突,可以有效地解决阻塞问题。在实际应用中,可见光组网可以与生活中的一些带有 LED 的设备相结合,如交通信号灯、LED 显示屏等,可实现智慧交通、导航等应用[56]。可见光组网凭借无电磁干扰、易集成和大带宽等优点,在高速无线传输、高危环境通信以及水下通信等领域具有发展潜力。可见光组网的优势可总结如下。

1)带宽大且无须授权

可见光具有约 360THz(420~780THz)的超宽频谱资源,远远大于 RF 的频谱带宽(3kHz~300GHz),并且带宽使用不受限制,不需要申请授权,大大解决了频谱资源不足的问题[57]。相反,RF 频谱资源极为短缺,由国家协调分配,需要申请并获得批准后才能使用。

2)无电磁干扰

相比于 RF,可见光不会产生电磁辐射,也不会受到电磁干扰或者干扰设备。因此,可见光组网非常适用于对电磁干扰敏感或需要消除电磁干扰的特殊场所,如医院、矿井、军事基地、高压变电站等特殊场景。此外,可见光信号与 RF 信号互不干扰,使得可见光组网可以

在已有 WiFi 的基础上部署。

3）数据安全性高

可见光通信的特点是视距传输且无穿透性,因此,在实际应用过程中,一旦被物体遮挡,立即中断。相比于传统无线通信系统,可见光组网系统会被限制在一定区域范围内,这样可以防止信息泄露或被其他区域的人窃取,提高信息数据的安全性、保密性。

4）高速通信

可见光通信具备高速传输信息的能力,传输速率可达 50Gb/s,更有研究表明,可见光通信能在 5m 内提供高达 100Gb/s 的数据速率[58]。然而,截至目前,WiFi 的传输速率最高只能达到 1Gb/s。可见光组网凭借可见光通信高速传输的研究基础,未来在高速通信领域将具有很大的发展潜力。

5）节能环保

可见光组网使用 LED 作为信号源,不会对人体产生辐射,只要不是长时间盯着光源看,那么 LED 产生的可见光对人体是无害的。同时,由于 LED 具备功效高、成本低、寿命长等优势[59],可见光组网系统基于 LED 进行通信,可在真正意义上实现绿色环保和节能减排,并且可降低部署成本。

可见光组网凭借上述优点,被业界认为是无线通信领域未来的重要研究方向,有望成为 5G/6G 的重要组成部分,具有很大的研究与应用价值。但是目前将可见光组网应用于具体的实际场景中依然存在许多技术难题,主要包括以下几点。

（1）现有可见光组网的架构多为混合异构方式,即仅在下行链路使用可见光进行传输,上行链路则多使用 RF 或红外通信,系统定向性差,无法快速准确地判断用户移动方向,水平动态切换难以实现,造成组网模型实际应用困难。

（2）介于可见光传输的固有特性,可见光组网的实现涉及多种协议和机制,目前仍然没有出现一套统一、完整和可靠的组网协议,对可见光组网的管控研究带来挑战。

（3）要实现可见光组网,必须先解决全双工通信问题。然而,大部分可见光网络化研究主要集中在以可见光为传输信号的下行链路研究方面,上行链路的相关研究较少。

综上所述,目前针对可见光通信的研究,多集中在点到点通信的速率提升和带宽扩展等阶段,对可见光组网的研究也仅停留在理论探索阶段,可见光组网的应用研究仍有待推进。同时,介于单个 AP 的覆盖范围有限,因此非常有必要部署密集的无线 AP,通过对 AP 和终端进行有效组网,实现在具体应用环境下的可见光高速、稳定通信,对推进可见光通信的实用和扩展具有重大意义。此外,可见光组网凭借其诸多优点,非常有可能在特殊通信场景中发挥优势,并成为 5G/6G 的有力补充和室内无线局域网的中坚力量。

1. 多址接入技术

多址接入技术是指在同一信道中采用特定的信道复用技术可以使多个用户同时在一个系统中进行通信,以此实现多个用户共享网络资源。为解决网络中多用户在信道中同时进行通信发生信息冲突,造成信息丢失或通信失败,引入可见光的正交接入技术,以使用户之间的冲突尽可能小,并使信道利用率最大化。

1）时分多址

时分多址(TDMA)是一种时分的多址技术,它在一个宽带的无线载波上,将时间分成周期性且没有重叠的帧,再将每一帧分割成若干相同的时隙,每个时隙作为一个通信信道分配给一个用户。在时分多址系统内,用户按一定的时隙分配原则,在信道上向基站发送信号,在上行链路中完成多址访问。同时,基站发向各个移动台的信号都按顺序安排在预定的时隙中传输,各移动台在指定的时隙内接收信号,并在合路的信号中把发给它的信号区分出来。

2) 码分多址

码分多址(CDMA)系统为用户分配了各自特定的地址码,利用公共信道传输信息。码分多址系统的地址码具有准正交性,在时域、频域、空域上都可以重叠。系统的接收端必须有完全的本地地址码,用来对接收的信号进行相关检测。码分多址在原理上主要依靠编码的正交性,主要实现方法可以简单归纳为编码、混合、分离 3 个步骤。其原理如图 3.38 所示。CDMA 技术具有很多优点,例如抗多径干扰能力强、保密性强、抗干扰能力强等。

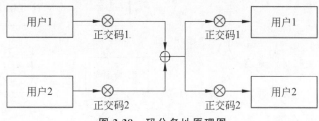

图 3.38 码分多址原理图

3) 频分多址

频分多址(FDMA)将信道划分为若干不重叠的频带,每个频带都被称为一个子信道,再把划分好的子信道分配给系统内的用户。为了防止信号重叠,在信道之间留一个未使用的频带进行分离。每个子信道都有其对应的载波频率。拿下行链路来说,发送端利用有用信号和载波频率相乘的方法,将有用信号搬移到不同的高频处,使多个有用信号同时发送成为可能。接收机上可以应用与载波频率一致的 BPF 滤除其他的干扰信号,提取有用信号。OFDM 系统与常规光学系统的比较见表 3.5。

表 3.5 OFDM 系统与常规光学系统的比较

OFDM 系统	双极性	电场携带信息	接收机本地振荡器	相干接收
可见光系统	单极性	光强携带信息	无接收机本地振荡器	直接检测

4) 空分多址

空分多址(SDMA)的基本原理是将空间分割成不同的区域从而形成不同的子信道,再基于发送信号的空间特性,在子信道中使用扩频码进行多用户的通信[60]。对于室内 VLC,以阵列天线为基础的 SDMA,对 LED 提出更高的要求,即要实现这一点,需要调整 LED 的照射角和光束角,并且会随着用户位置信息的变化而引起室内光线分布的变化,从而影响照明体验。

2. 可见光组网

在可见光通信中,VLC 链路作为下行链路,而上行链路由其他通信方式进行补充,实现稳定的全双工通信。VLC 系统主要拓扑结构可分为点对点及点对多点,对 VLC 点对点通

信技术研究相对成熟,而对点对多点的组网结构的研究尚未成熟。基于 VLC 系统的高速高容量传输的特性,VLC 组网对分担室内网络压力有很大帮助。基于室内 VLC 组网的基本架构大概分为同构网及异构网两种,如图 3.39 所示为双向 VLC 组网基本拓扑架构。

另一种 VLC 组网方式为与 RF 等技术组成异构网络,如图 3.40 所示为 VLC/RF 异构组网基本架构。

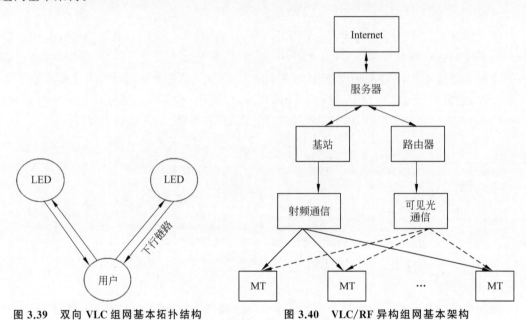

图 3.39 双向 VLC 组网基本拓扑结构   图 3.40 VLC/RF 异构组网基本架构

普通室内场景中 VLC 异构组网架构设计方案见表 3.6[61]。

表 3.6 普通室内场景中 VLC 异构组网架构设计方案

架 构 设 计	应 用 范 围	架 构 特 点
上行 WiFi,下行 VLC	小型室内场景局域接入网	提供额外带宽满足网络流量的增长非对称架构,下行链路不稳定[62]
上行 WiFi,下行 VLC+WiFi	中型办公环境局域接入网	WiFi 热点部署方便,信号覆盖范围仍局限性较大,下行链路异构互补[63]
上行 Femto,下行 VLC+Femto	大型室内广域接入网	信号覆盖范围广,Femto 基站部署成本较高,下行链路异构互补[64]
下行 nVLC 基站+上行 nRF 基站	超大型室内广域接入网	覆盖范围广,信号强度大,部署基站成本高,上下行链路稳定[65]
基于带宽聚合的 VLC+RF 架构	融合度增加的室内接入网	架构总体融合度增加[66]

采用红外光通信(Infrared Communication)和 WiFi 作为上行链路,VLC 和 WiFi 作为下行链路。光链路被遮挡可切换到 WiFi 链路。必要时关闭 WiFi 热点,由 VLC 与红外光通信组成全光网络,用于电磁干扰敏感的特殊室内场景,如图 3.41 所示。

在网络架构中,所有 LED 使用各向同性的朗伯光源,即观察者在任意方向观看朗伯光

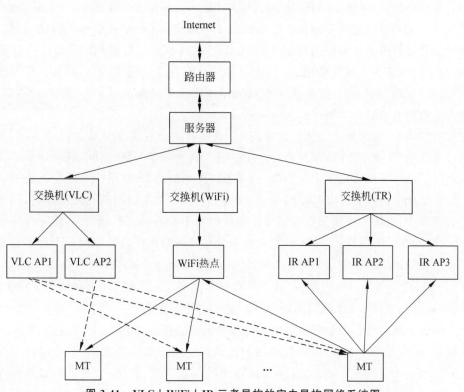

图 3.41　VLC＋WiFi＋IR 三者异构的室内异构网络系统图

源所感知的光照亮度都是相同的[67]。用户移动设备为多模终端,采用光电探测器接收 VLC 信号[68]。

3.3　智能无人机通信传输

3.3.1　无人机通信的发展

2014 年 5 月,5G 白皮书提出"信息随心至,万物触手及"的愿景并预测随之而来的 5G 之花的盛放。然而,处于 4G 中的人们还无法想象 1Gb/s 的高传输速率,毫秒级别的低时延,每平方千米百万连接的广覆盖,以及 500km/h 的高移动性将要如何实现。直至 2020 年 5G 在全国范围内成功商用,人们才体验到 5G 网络中数据传输的高带宽、低时延、广覆盖和大连接等优势,这也极大促进了车联网、自动驾驶等技术的快速发展。5G 的蓬勃发展使人类生活更便捷、多姿多彩,但同时也使数据传输呈指数级增长。互联网业,工业界和学术界均开展了对下一代移动互联网的研究。

2021 年 6 月 6 日,IMT−2030(6G)推进组发布了 6G 白皮书,指出"6G 将在 5G 基础上实现万物互联到万物智联的跃迁",并提出了"万物智联,数字孪生"的美好愿景。然而,从"广覆盖,大连接"的"互联"跃迁到"沉浸化,智慧化,全域化"的"智联"是一个严峻挑战。由于 6G 技术将实现"空、天、地、海"一体化无缝覆盖,这就需要拓展更高频段的频谱,并高效利用低、中、高全频谱资源,需要诸如智能反射面、太赫兹频段的应用、反向散射技术、无蜂窝大

规模多入多出（Multiple Input Multiple Output，MIMO）等技术来促进6G的发展。因此，有必要增加一定的基础设施并对原基础设施做出一定的改变。虽然通信相关的基础设施经过增加或改良后可以满足日常民用的基本需求，但是特殊场景的数据和能量传输往往比较集中，仅使用地面设备会显得捉襟见肘，而且会有损无线设备的使用寿命，例如：重大假期商场促销活动的无线资源分配，灾后重建和救援无线资源调度和山区及农村传感器实时检测等场景需要使用空中设备以增强无线传输效果。

经过前期研究，目前被广泛认可的潜在6G关键技术主要有太赫兹频段的应用、分布式超维度天线技术、智能反射面，以及网络内生的嵌入式智能等。因此，6G的商用需要在前期对目前地面基站等基础设施做出相应改变，如天线阵列的增加，网络内层处理系统的优化配置等。尽管基础通信设施可以基本满足日常的通信负荷，然而当出现突发情况时，或在非常规的临时场景中，仅依靠地面无线通信设施便显得力不从心，比如：重大自然灾害的网络重建，偏远地区的临时通信部署，重大节假日聚集活动现场的无线资源分配等。为了有效提升这些场景中无线通信的质量，可以通过部署无人机（Unmanned Aerial Vehicle，UAV）辅助通信[69]。无人机作为小型飞行设备，其本身具有的诸多优点可使6G移动通信变得更便捷。因此，无人机辅助通信是6G移动网络中不可或缺的潜在技术[70]。

无人机由于具有通信质量好、机动性强、成本低廉等优点，因此已广泛应用到5G/6G技术和物联网中，例如，无人机可以作为基站和地面或空中无线设备通信，而且可以作为中继节点实现信号的中继和放大，从而延伸无线网络的覆盖范围；此外，无人机可以作为移动电源为地面或空中无线设备提供能量支持[71]。随着无人机使用场景井喷式增加，多无人机协作通信引起许多学者的研究兴趣[72]。然而，由于无人机本身机载能量有限，而且无人机悬停或飞行都将造成一定的能量损耗，因此有必要合理调度及分配相应的资源，以提高无人机通信能量的利用效率。

无人机作为小型飞行器在实现6G"空、天、地、海"全球立体深度覆盖中的空域覆盖起到重要作用[73]。基于其自身的多功能、高移动、易部署和低成本等优势，无人机可以被用作空域辅助通信平台，如在高密度通信用户场景下，可以部署无人机作为临时基站或者中继来辅助无线通信，增加用户容量。此外，无人机也可以作为具有高移动性的终端用户，在环境监测等场景中负责数据采集。具体而言，无人机辅助通信具有如下优势：

（1）视距信道[74]：无人机可以悬停或盘旋在空中，因而与地面用户间的信道主要为直射链路，如图3.42所示。由于可以通过直射链路而无需折射或散射，无人机与地面通信设备间的信道条件质量高、衰减小。因此，通过无人机辅助，可以有效提升接收端的信噪比，进而实现高质量通信。

（2）高移动性[75]：无人机作为小型飞行器，可以通过遥控终端进行控制。由于空中并无遮挡且其自身的位置不固定，因此可以实时调整部署以实现应急通信。此外，对于一些非突发但临时的应用场景，无人机通信也可以方便快捷地部署。

（3）低成本组网[76]：无人机可以灵活部署，通常应用于复杂多变的场景及环境。由多架无人机组成的蜂群可以在不同的应用场景下构建稳定的通信网络，如图3.43所示，并且可以多次再部署。因而，可以利用无人机进行低成本临时组网，以应对不同类型的需求。

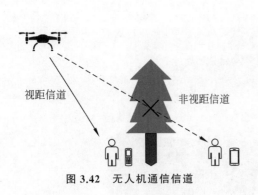

图 3.42 无人机通信信道

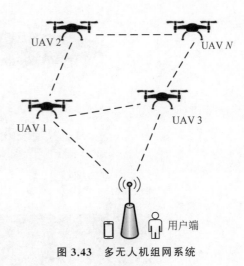

图 3.43 多无人机组网系统

3.3.2 无人机应用现状

中国是全球无人机生产的大国,2018 年年初我国已有的无人机相关企业已经增长到 1300 余家,出口量达世界使用总量的 70%,同时由无人机制造、输出带来的国家 GDP 增长也达到 360 余亿,占据国家总收入的 0.04%。作为无人机的产出大头,我国无人机的使用和发展也初具模型,了解无人机、摸清目前各行业中无人机的应用现状并积极探索未来发展的可能性和可行度,才能更好地利用无人机特性协助我国各行业突破发展。

我国在 5G 中开展了卫星互联网的建设[77],这也为 6G 的演进带来便捷。目前商用的 5G 移动通信致力于实现人、物和车之间的互联,并解决高信息并发的超低时延、超大用户带宽和超广域覆盖的问题。然而,随着物联网应用的深入,5G 所提供的传输时延、覆盖范围、传输速率以及运算能力仍无法满足未来的需求。因而,6G 移动通信将具备更低的传输时延以保障信息传送的实时性,更广域的覆盖范围以实现"空天地海"全维度的泛在互联,更快的传输速率以实现流畅的用户体验,并从外挂式的人工智能进化为嵌入式的内生智能。本节首先介绍无人机在星地融合网络架构中的部署方案,然后对无人机在 6G 移动网络中所承担的角色进行具体论述。

1. 星地融合网络架构中无人机的应用

6G 移动通信的根本需求不仅包括以通信功能为主的集智能、感知、安全于一体的移动通信网络建设,还要实现以人为中心的、多种网络相互融合的空天地海无缝覆盖[78]。其中,无人机可应用于空基网络,联合卫星、地面设施和海上通信用户,实现复杂场景中的多维度覆盖、随时接入与安全连接,具体框架如图 3.44 所示。

该网络由天基网、空基网、海基网和地基网组成。其中,地基网主要指地面的通信设备,包括地面的互联网和无线设备。天基网由与地面相对静止的绕地卫星组成。空基网由临时部署的无人机、飞艇等组成,这些设备可以为地面或海面的海基用户提供中继服务,将信息转发至天基卫星。海基网是指海上平台或在海上运行的舰艇、渔船等设备。由于远离陆地,海上平台在现有的地面基站通信范畴内大多处于失联状态,而通过无人机的部署,便可实现海基与陆地控制中心间的通信。

87

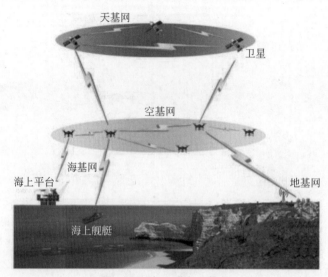

图 3.44 空天地海一体化

无人机在 6G 移动通信中主要具有空基网层面的通信功能。通过在不同场景中部署无人机,可以实现在无线通信网络层面的拓展,由地基网的基础通信拓展至空基网,进而可以与天基网的卫星或海基网络进行互联,满足 6G 全域覆盖、场景互联的宏观需求。在空基网络中,无人机较飞艇、气球等设备具有更灵活的操控性。同时,空基网中的无人机也可以通过配置多天线阵列、智能反射面[79]等收发装置实现对信息传输更有效的控制。此外,空地链路大概率为视距通信链路,因而收发两端的功率衰减会更小,接收端的信噪比也更高,这将显著提升用户的传输速率。另外,由于无人机具有实时、便捷部署的优势,可以利用无人机实现基站的临时部署,以满足在突发或临时情况下密集用户的无线通信需求。

2. 智能无人机辅助地面移动通信的主要功能

无人机凭借其自身的高移动、易部署、视距信道等特性[80],在 6G 移动通信中将起到重要的作用。地基网和海基网中通常存在大量移动设备,在某些特殊情况下,仅依靠地面基站无法满足移动设备的通信需求。本节通过介绍无人机在 6G 场景中的潜在应用对其重要性进行阐述。在 6G 移动通信网络中,列举一些无人机的应用场景如下。

(1)智能无人机全息投影系统:作为 6G 愿景之一的"全息通信",是在虚拟现实和增强现实技术之上拓展出的高保真扩展现实。由于全息投影系统需要保证用户从各个角度都能实现高保真扩展现实投影的效果,因此该系统需要多点实施投影并且各个投影点间相互配合,加之声效和其他感官效应,便可使用户体验到全息投影的高保真拓展效果。在该场景中,利用无人机部署各个投影点可以使整个系统更灵活地部署,并且可缩短全息投影的部署时间,给用户带来更加多维保真的视觉体验。

(2)智能无人机中继网络:6G 移动通信中的一个典型场景是"空天地海"无缝全球深度立体覆盖。目前,尽管 5G 已经致力于陆地移动通信基站的泛在覆盖,但是海面用户仍处于与外界孤立的状态。因此,6G 需要解决海平面的无线覆盖问题。将无人机作为中继引入海基网通信中,可以保证石油作业的海上平台、海面作业的渔船舰艇等海基通信用户与外界的信息畅通。无人机中继系统如图 3.45 所示。此外,由于海上平台、渔船、舰艇的位置和活动范围具有临时性,利用高效、低价、可实时部署的无人机作为中继节点实现与外界互联也具有更高的性价比。

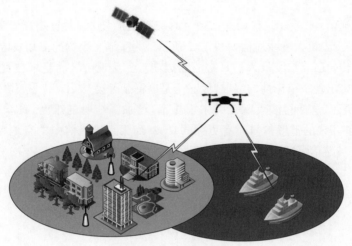

图 3.45　无人机中继系统

(3) 智能无人机数据采集：无人机具有灵活移动的优势,能飞入无人区并实现远程操控。在野外大面积森林、盆地、冰川、平原等诸多不适宜以人工方式进行数据收集与监测的场景下,可以通过部署无人机,对其飞行轨迹进行优化设计来实现数据的灵活采集。无人机数据采集如图 3.46 所示。同时,受益于 6G 移动网络的大通信带宽和高传输速率等特性,无人机可以在更短的时间内实现高效的数据采集,这也从另一方面克服了无人机续航时间短所造成的采集时间不足的问题。

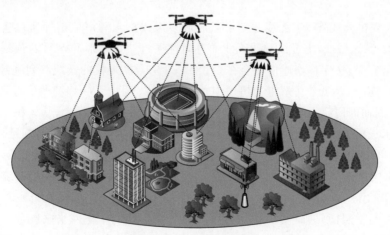

图 3.46　无人机数据采集

2. 6G 智能无人机通信的关键技术及进展

6G 是在 5G 的基础上,对其现有的超低时延、海量连接、超大带宽等场景需求进行拓展,以实现更高的峰值传输速率、更快的用户体验速率、更低的传输时延、更多的接入用户、更大的移动承载性和更高的频谱效率。这些指标的飞跃需要技术的全面革新来支持,目前得到

业界广泛认可的 6G 关键技术主要包括太赫兹、超大规模天线阵列、6G 网络内生智能、智能反射面、智能边缘计算等。因此,本节就 6G 关键技术在智能无人机辅助通信中的应用进行探究。

(1) 太赫兹通信:作为 6G 移动通信中最具突破性的技术,太赫兹被评为改变未来的关键技术之一[81]。无人机太赫兹通信如图 3.47 所示。为了满足数据的爆炸式增长,单纯利用现有频段进行无线传输已无法满足人们日常的数据需求。从现阶段的毫米波到未来的太赫兹,无线通信可用频带出现了革命性的突破,传输速率也将显著提升。太赫兹频段为 $0.1 \sim 10\text{THz}$,频率更高,波长更短,这使得波束赋形的主瓣更窄,增加了窃听的难度,具有更高的安全性。但是,太赫兹较前几代的低频信号具有更大的衰减,而无人机通信中的空地视距信道将会极大程度地减弱太赫兹信号的衰减,从而保证通信质量。

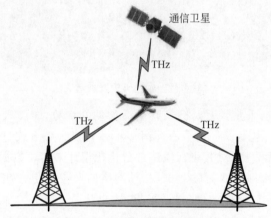

图 3.47　无人机太赫兹通信

(2) 超大规模天线阵列:无线通信可以通过多天线技术利用信道性质以实现用户接收端的功率增益[82]。另外,也可以利用天线的方向性通过波束赋形和信号的预编码有效抑制窃听保证通信安全。6G 移动通信将会在 5G 的 $256 \sim 1024$ 规模的天线阵列基础上更大规模地对其进行扩充,预计单个基站将会超过 10000 根天线。由于 6G 移动通信将采用太赫兹频段进行传输,因而即便超大规模天线阵列在天线数目量级上十分巨大,其体积也不会过于庞大,例如,纳米级的天线可以在 1mm^2 内嵌入 1024 个工作在 1THz 的阵列单元[83],这也更有利于其装载到载荷受限的无人机平台上用于信号的接收与转发。

(3) 网络内生人工智能驱动:区别于现已商用的 5G 网络中依靠外接系统实现人工智能的方式[84],6G 将采用网络内生智能这一概念。6G 移动通信中,以人为核心将智能化贯彻到网络中的每个层面,进而实现高度灵活具有自主性的"智"化网络来服务每个用户。天基网、空基网和地基网都可以独立地接入 6G 智能网络,将智能化贯穿于整个网络的各个层面。在智能化的 6G 网络中,基于无人机的辅助通信可以通过网络、业务和用户的相关数据自主学习并管理和控制其飞行轨迹等特征,以实现"无人"驾驶的飞行目标,并通过多维感知和大数据计算等手段实现多元网络的融合。

(4) 智能反射面:智能反射面可以通过软件编程控制信号反射的幅值和相位,实现无线信道的自重构[85]。智能反射面由多个低功耗的无源反射组件组成,这些反射组件可以通过外加的电压和相位驱动使其可以操控反射出去的信号,进而实现对波束赋形信号传输的全面控制。由于智能反射面不需要射频转发等功能,因而能耗较低。同时,智能反射面结构简单,便于安装在其他物体表面,如无人机空中平台等。搭载了智能反射面的无人机通信平台如图 3.48 所示,通过空中智能反射面可将接收信号反射至被遮挡屏蔽的用户终端,以提升无线通信质量。另外,通过直射与反射信号叠加,搭载智能反射面的无人机还可以带来更高的信道增益。

图 3.48　无人机结合智能反射面的应用

（5）智能边缘计算:纵观计算模式发展史,从中心化的大型机计算时代,到分布式的个人终端计算时代,再到大数据云计算时代,中心式计算和分布式计算交替发展。在未来的 6G 移动通信中,由于网络更侧重内生的智能运算能力,未来的网络将采用智能云计算与智能边缘计算相融合的方法,使计算系统更扁平化,同时采用区块链分布式存储等去中心化技术实现对用户数据隐私的保护[86]。应用智能化边缘计算的无人机平台可以不依托中心控制系统,而是结合周围的环境,进行实时的智能化计算控制,其具体应用场景如图 3.49 所示。基站可以将计算任务分配至无人机,无人机可以合理地将计算任务卸载至各个拥有计算能力的终端用户,进而实现智能化边缘计算。

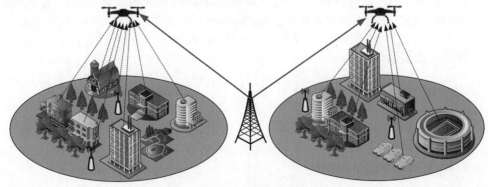

图 3.49　无人机结合边缘计算

(6) 分布式区块链网络：在 6G 移动通信网络中，物联网和车联网等部署将会随时随地产生海量数据。然而，由于无线通信的开放性，超密集网络中用户的安全保障尤为重要。区块链技术通过将用户数据分布式存储于各个用户终端从而保证数据无法被非法篡改，因此可以保障网络数据的有效性。其具体场景如图 3.50 所示。在超密集异构网络中可以通过部署无人机作为分布式区块链网络的节点，以实现用户信息安全、高效地存储与传输。然而，当网络规模增大到一定程度时，数据索引将会产生较大的时延，并且用户数据的存储也需要更大的空间，这也是未来无人机分布式区块链网络将面临的挑战。

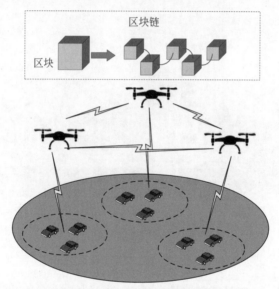

图 3.50　无人机结合区块链的应用

(7) 通信感知一体化：无人机凭借其良好的高移动性和易部署性在军事应用中占有重要地位，如无人机侦查与攻击。此外，民用无人机的日益普及使得禁飞区的空域管理也更加困难。因此，军事方面对敌方恶意的无人机侦查行动和民事中对非法无人机的跟踪等都是亟待解决的问题。相较于图像感知系统，雷达探测受天气等环境变化的影响更小，也更具稳定性。因此，在未来的 6G 移动通信网络中，可以将雷达系统与基站通信系统进行有机结合，通过雷达探测监控完成重要信息的安全传输。

综上所述，6G 移动通信网络将会产生海量数据，而上述提及的太赫兹通信、超大规模天线阵列和智能反射面等技术将会有效保证 6G 网络中无人机节点的高速海量数据传输。

3.3.3　智能无人机通信技术

无人驾驶飞机简称"无人机"，英文缩写为 UAV，是利用无线电遥控设备和自备的程序控制装置操纵的不载人飞机，或者由地面链路计算机完全地或间歇地自主地操作。当前，国内外无人机相关技术飞速发展，无人机系统种类繁多、用途广，特点鲜明，致使其在尺寸、质量、航程、航时、飞行高度、飞行速度、任务等多方面都有较大差异。由于无人机的多样性，出于不同的考量会有不同的分类方法。

按飞行平台构型分类，无人机可分为固定翼无人机、旋翼无人机、无人飞艇、伞翼无人机、扑翼无人机等。

按用途分类,无人机可分为军用无人机和民用无人机。军用无人机可分为侦察无人机、诱饵无人机、电子对抗无人机、通信中继无人机、无人战斗机以及靶机等;民用无人机可分为巡查/监视无人机、农用无人机、气象无人机、勘探无人机以及测绘无人机等。

按民航法规规定的尺度分类,无人机可分为微型无人机、轻型无人机、小型无人机,以及大型无人机。无人机尺度分类见表 3.7。

表 3.7 无人机尺度分类

机 型	空机质量	机 型	空机质量
微型无人机	≤7kg	小型无人机	≤5700kg
轻型无人机	7kg<～≤116kg	大型无人机	>5700kg

按活动半径分类,无人机可分为超近程无人机、近程无人机、短程无人机、中程无人机和远程无人机。无人机活动半径分类见表 3.8。

表 3.8 无人机活动半径分类

机 型	活动半径	机 型	活动半径
超近程无人机	15km 内	中程无人机	200～800km
近程无人机	15～50km	远程无人机	大于 800km
短程无人机	50～200km		

按任务高度分类,无人机可以分为超低空无人机、低空无人机、中空无人机、高空无人机和超高空无人机。无人机任务高度见表 3.9。

表 3.9 无人机任务高度

机 型	任务高度	机 型	任务高度
超低空无人机	0～100m	高空无人机	7000～18000m
低空无人机	100～1000m	超高空无人机	大于 18000m
中空无人机	1000～7000m		

1. 无人机通信和航空通信

UAVs 在大小和结构上各不相同。文献中最常见的 UAV 分类因素是最大起飞质量、操作高度、控制自主水平、发射方法、所有权和空域级别。根据无人机的巡航时间和行动半径,可将无人机分为 4 种类型:高空长航时无人机、中程无人机、低成本近程小型无人机和迷你无人机。从通信能力的角度看,无人机数据链的半径范围在我们的分类中起着重要作用,具体为

(1) 长航时无人机,应用于侦察、拦截或攻击。

(2) 中程无人机,行动半径约 650km,主要用于中程侦察和作战效果评估。

(3) 近程小型无人机,行动半径小于 350km,其飞行高度不到 3km,飞行时间为 8～12h。

（4）近距离无人机,巡航时间更有限,根据任务从 1h 到 6h 不等,并提供至少 30km 的覆盖范围。

（5）非常低成本的近距离无人机,有大约 5km 的飞行跨度。

（6）商用和民用无人机,遥控范围非常有限,甚至可以通过智能手机或平板电脑上的一个 App 进行控制,催生了具有巨大商业潜力的"无人机"时代。

首先,考虑到航空和航空信道建模的具体特点、场景和挑战,对两者的综合调查都很缺乏。在本文中,我们将回顾无人机和航空通信信道建模研究。与现有的低空平台（LAPs）[87] 和空对地（A2G）[88] 信道的信道建模调研工作相比,本次综合调研从无人机链路预算开始,然后对不同飞机和场景的航空和无人机信道进行回顾。除常规的 A2G 通道外,我们还强调地对地（G2G）和空对空（A2A）通道,也提供飞机阴影、多输入和多输出通道用于无人机通信。

图 3.51 中列举了这些信道测量和研究的时间轴表示。从这个时间轴上,可以发现无人机信道测量在 2011—2019 年进入繁荣期。

1）无人机链路预算

在部署 UAVs 和地面站之前,应该评估操作距离。考虑到大气层的折射效应,光学地平线 d_0 可以被验证为 $d_0 = \sqrt{2k_eRh}$。在正常天气条件下,$k_e = 4/3$ 是考虑地球效应的三分之四,也就是说,实际的无线电波折射行为是用地球半径扩展为 $4/3R$ 描述的。这导致无线电视界 $d_r \approx 4.12\sqrt{h_A}$（$h_A$ 的单位为 m,d_r 的单位为 km）,如图 3.52 所示。该公式由国际电信联盟（ITU）的统计测量参数校准。同样的距离也可以用勾股定理计算,不考虑菲涅耳定理和其他参数,如海平面以上[89]。

只有当发射机和接收机之间有一条畅通无阻的 LOS 路径且第一菲涅耳区没有物体时,自由空间路径损耗模型才有效。如图 3.53[90] 所示,第一菲涅耳区确定了无人机与无线电链路路径上最高障碍物之间应存在的最小距离。对于沿传播路径上一定距离的一点,第一菲涅耳带半径为

$$R_m = \sqrt{\frac{\lambda d_{AO} d_{OG}}{d_{AO} + d_{OG}}} \tag{3.3.1}$$

其中,d_{AO} 是 O 点到 UAV 的距离,单位为 km,d_{OG} 是 O 点到地面站的距离。对于 $d_{AO} = d_{AG}$,$R_m \approx 8.656\sqrt{l/f}$。当阻塞向 LOS 路径切线移动时,信号损失将高达 6dB 或更多。最佳做法是保持至少 60% 的第一菲涅耳区半径无障碍物,以避免接收信号衰落。

在不丧失通用性的情况下,我们举例说明了表 3.10 所示的链路预算方法。发射等效各向同性辐射功率（equivalent isotropic radiated power,EIRP）等于功率放大器输出功率与天线增益之和:EIRP $= P_T + G_T$。则接收端接收功率计算为

$$P_R = G_T + P_T - L_T - L_F - L_R - L_A - L_O + G_R \tag{3.3.2}$$

其中,L_F 为 LOS 通信链路的自由空间损耗,L_R 为降雨衰减损耗,L_A 为水汽或干燥空气作用下的气态大气损耗,L_O 为其他衰减损耗。上行链路和下行链路的总损耗 L_T 包括接收机馈线损耗、天线离轴损耗、极化失配损耗、雷达罩损耗、发射机损耗、接收机指向损耗和接收机电缆损耗。

1973	在1463MHz下的航空A2G信道测量,由美国航空航天局(NASA)提供
2000	S波段航空遥测中用于多径衰落的窄带信道
2002	航空A2G和A2A信道在其高频(VHF)和5GHz下的小面积衰落
2004	L波段和S波段的宽带航空遥测链路
2005	5GHz OFDM信号的大多普勒频移无人机A2A信道
2008	适用于小型和大型机场地面环境的G2G信道 HAP中与高程相关的阴影模型
2009	ITU-R报告UAS要求在民用航空交通中安抚航空当局 基于三射线模型的海洋航空遥测信道
2010	4种条件下的AeroMACS机场前向链路和 1×2 SIMO分集
2011	基于MATLAB仿真的双射线航空信道模型 海面上5.7GHz三射线信道A2G链路的实验研究 在海拔11 km,5.12 GHz的大型飞机的阴影路径损耗测量
2012	A2G机动过程中飞机阴影的实验研究 巴拉哈斯机场NLOS和LOS条件下的AeroMACS系统
2013	C波段A2G遥测链路,适用于空中客车公司的5个阶段、3个典型环境 慕尼黑机场5.2 GHz的AeroMACS机场地面信道 基于模型的城市低空无人机A2G链路衰落统计分析 基于陆地和海上光线跟踪模拟的2.4 GHz无人机A2A信道
2014	LAP A2G路径损耗统计传播模型的光线跟踪模拟 夏威夷S波段5种条件下使用载人飞机的A2A信道
2015	2.4 GHz下的IEEE 802.11链路测量考虑无人机高度的多径 无人机A2G信道的路径损耗和阴影模型研究
2016	915MHz无人机低空A2G MIMO信道测量
2017	C波段小型无人机之间的地面和海上A2A信道 A2G信道用于水上、多种地形和飞机遮蔽 800MHz下无人机和LTE蜂窝网络之间的路径损耗和阴影 基于几何的无人机 2×2 MIMO信道建模随机模型
2018	基于3D UAV MIMO几何的A2G通信非平稳信道 考虑大气湍流的无人机FSO链路统计模型 使用确定性、TDL、基于几何的随机模型对LAP的无人机信道进行调查
2019	海拔5~15 m的无人机信道,提供3.4~3.8 GHz的5G蜂窝移动服务 无人机A2G信道测量活动、大/小尺度衰落信道模型调查 2.585GHz LTE网络中无人机低空信道的经验模型 基于宽带航空A2G几何的L波段机场随机信道模型 5.121GHz小机场飞机对地信道的大尺度和小尺度衰落结果

图 3.51 无人机和民用航空通信信道建模时间表

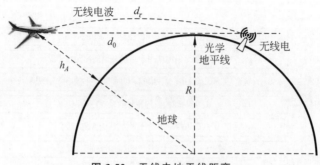

图 3.52　无线电地平线距离

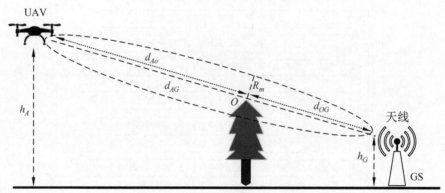

图 3.53　A2G 链路的第一个菲涅耳区

表 3.10　无人机链路预算表

参　　数	表达式	单位
载波频率	f	GHz
带宽	B_N	MHz
距离	d	km
发送端输出功率	P_T	dB·m
发送端天线增益	G_T	dBi
等效各向同性辐射功率	EIRP	dB·m
链路总损耗	L_T	dB
自由空间损耗	L_F	dB
降雨衰减损耗	L_R	dB
气态大气损耗	L_A	dB
其他衰减损耗	L_O	dB
接收端天线增益	G_R	dBi
接收功率	P_R	dB·m
天线噪声温度	T_A	K
接收端噪声温度	T_R	K

续表

参　　数	表达式	单位
热噪声温度	T_N	K
噪声系数	F_N	Db
接收端噪声功率	P_N	dB·m
载波噪声功率比	C/N	dB
接收机灵敏度	P_S	dB·m
飞行链路余量	P_m	dB

（1）自由空间损耗 L_F（单位：dB）表示为

$$L_F = 92.45 + 20\log f + 20\log d \tag{3.3.3}$$

其中，f 为频率，单位为 GHz；d 为距离，单位为 km。

（2）降雨衰减损耗 L_R 可从 ITU-RP.838[91] 和 ITU-RP.530[92] 中描述的程序中获得。正如《移动无线电传播信道》[93] 中给出的那样，如果雨在整个信号路径上均匀地强，那么非常强的降雨（100mm/h）在 5GHz 时可以产生 0.4dB/km 的衰减，这是非常不可能的。对于 L 波段，30km 距离的降雨衰减可以忽略不计，即约 0.3dB（0.01dB/km）。

（3）大气气体（氧气和水蒸气的吸收）引起的链路衰减 L_A（dB）为

$$L_A = \gamma_a d \tag{3.3.4}$$

其中，γ_a 是以 dB/km 为单位的特定衰减，为传播路径略倾斜计算，即低仰角，假设温度为 15℃，在标准大气压下，空气压力为 1013hPa，水汽密度为 7.5g/m³。对于 1000MHz（960MHz～977MHz）和 5000MHz（5030MHz～5091MHz）这两个 LOS 频段，γ_a 分别等于 5.4×10^{-3}dB/km 和 7.4×10^{-3}dB/km。

（4）多径、阴影、波束扩展和闪烁造成的 L_O 损耗可通过使用小时间百分比方法计算衰落深度进行检查。这种信号衰落将在 3.3.4 节中与路径损耗一起研究。

在接收器处，天线噪声温度和接收端 R_x 噪声温度分别设置为 T_A 和 T_R，导致等效噪声温度 $T_N = T_A + T_R$。噪声功率可以计算为

$$P_N = k(T_A + T_R)B_N + F_N \tag{3.3.5}$$

其中，k = −228.6dBW/K/Hz 为玻尔兹曼常数，下行链路噪声系数为 F_N。

最后，我们可以得到载波噪声功率比为 $C/N = P_R - P_N$。考虑到信号衰减余量 L_O，可以将接收功率 P_R 与接收机灵敏度 P_S 进行比较，以评估飞行链路余量 P_M。此外，对于 FANET 中典型的放大转发（AF）中继，在具有不同 C/N 值 γ_1 和 γ_2 的两个连续链路之后，目标节点接收的线性 C/N 值应计算为

$$\frac{C}{N} = \gamma_1\gamma_2(\gamma_1 + \gamma_2) \tag{3.3.6}$$

2）无人机信道衰落

根据上述链路预算，可以将机载通信信道特性大致分为以下两种类型。

（1）大尺度衰落，是由作为距离的函数的信号路径损耗以及诸如建筑物和山丘之类的大物体的阴影而引起的。

（2）小尺度衰落，由发射机和接收机之间的多条信号路径的相长和相消干扰造成。多径衰落也可能由飞机本身引起，而这些衰落通常很弱，相对延迟很小。

与移动无线信道相比，UAV 空中对地信道通常会更加分散，会产生更大的地面阴影衰减，并且变化更快。信道因素包括反射、散射、衍射和阴影效应以及直接 LOS 路径。

（1）当仰角足够低，使得接收天线的主瓣能"看到"地面时，就会发生反射。

（2）散射被称为另一种类型的反射，可以发生在大气中或非常粗糙的物体的反射中[94]。

（3）阴影可能是由地面障碍物（如建筑物、地形或树木）造成的，但在飞行机动过程中也可能是飞机本身造成的。

可靠的无人机数据链路应适应相关快速波动的链路质量[95]。对于无人机机动过程中的飞行状态：偏航、横滚、俯仰和航向。文献中的一些测量结果是在这些条件下获得的，这严重挑战了 A2G 或 A2A 链路的可靠性。

3）信道脉冲响应和度量

考虑到信道衰落，具有镜面和漫反射多径的 LOS 信道具有脉冲响应特性

$$h(t) = a_0 \delta(t) + a_1 e^{j\Delta\theta_1} e^{j\Delta\omega_{d,1}(t-\tau_1)} \delta(t-\tau_1)$$
$$+ \xi(t) e^{j\Delta\omega_{d,2}(t-\tau_2)} \delta(t-\tau_2) \tag{3.3.7}$$

其中，a_0 和 a_1 分别是 LOS 信号分量和镜面反射的振幅；$\triangle\theta_1$ 是镜面反射相对于 LOS 分量的相移；$\Delta\omega_{d,1}$ 和 $\Delta\omega_{d,2}$ 分别是镜面反射和漫反射多径相对于 LOS 分量的多普勒频移；τ_1 和 τ_2 是它们相对于服务水平分量的延迟；$\xi(t)$ 是一个复零均值高斯随机过程。

另一方面，时变复基带信道脉冲响应（CIR）[96]一般可表示如下：

$$h(t,\tau) = \sum_i a_i(t) e^{-j\varphi_i(t)} \delta[t - \tau_i(t)] \tag{3.3.8}$$

其中，a_i、φ_i、τ_i 分别表示第 i 个多径分量（MPC）的时变振幅、相位和延迟。

服务水平和扩散分量之间的功率比，即所谓的赖斯系数[97]，由式（3.3.9）给出。

$$K = \frac{a_0^2}{c^2}, K_{dB} = 10\log\left(\frac{a_0^2}{c^2}\right) \tag{3.3.9}$$

其中，a_0^2 是 LOS 信号的功率；c^2 是扩散过程的功率。

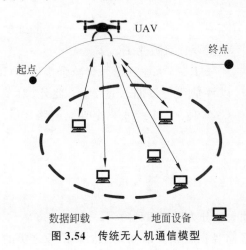
图 3.54 传统无人机通信模型

2. 小型无人机通信

传统无人机通信模型，考虑如图 3.54 所示的无线通信场景，UAV 为地面的 K 个不同设备提供计算服务，其中 $k \in K$，$K = \{1, 2, \cdots, K\}$，K 表示地面设备集合，并假设 K 个设备的位置是固定已知的。

不失一般性，考虑一个三维欧几里得空间，并将任务完成时间 T 均匀离散化为 N 个时隙，第 n 个时隙的时间间隔可表示为 $\tau_n = \dfrac{T}{N}$，其中 $n \in N$，$n = \{1, 2, \cdots, N\}$，且时隙 τ_n 足够小，以保证无人机的位置在每个时隙内可以被认为是固定不变

的。因此，无人机在第 n 个时隙内的位置可以表示为 $q_n=[x_n,y_n,H]$，其中 x_n、y_n 表示无人机的水平位置，H 表示无人机的固定飞行高度。第 k 个地面设备的位置表示为 $\mu_k=[x_k,y_k]$。在每个时隙 n 内，K 地面设备采用时分多址接入（Time Division Multiple Access，TDMA）无人机，以避免不同地面设备之间的干扰，且在每个时隙内采用 TDMA 接入方式能给地面设备提供更多的卸载机，会以减小设备间的接入竞争。考虑到实际应用中无人机在完成任务后需要前往附近的基站进行能量补充，可令无人机起始位置分别为 q_I 和 q_F，并且无人机在飞行过程中的最大速度为 V_{max}，因此无人机移动性需要满足的约束可表示为

$$q_1=q_I, \quad q_{N+1}=q_F;$$
$$\|v_n\|\leqslant V_{max}, \quad n\in N; \tag{3.3.10}$$
$$q_{n+1}-q_n=\tau_n v_n, \quad n\in N.$$

假设无人机与地面设备之间的通信信道为视距传输（Line of Sight，LOS）链路，而且由于无人机移动性而产生的多普勒效应可以由接收机端完全补偿，则对于每个时隙 n，无人机和地面设备之间的信道功率增益可以表示为

$$g_{kn}=\frac{\beta_0}{H^2+\|q_n-u_k\|^2} \tag{3.3.11}$$

其中，β_0 表示在基准距离等于 1m 情况下的信道功率增益。那么，在第 n 个时隙内第 k 个地面设备与无人机之间的信息速率表示为

$$R_{kn}=B\log_2\left(1+\frac{P_{kn}g_{kn}}{\sigma^2}\right)$$
$$=B\log_2\left(1+\frac{\gamma_{kn}}{H^2+\|q_n-u_k\|^2}\right) \tag{3.3.12}$$

其中，B 表示信道带宽（单位：Hz），$\gamma_{kn}=\dfrac{P_{kn}\beta_0}{\sigma^2}$，$P_{kn}$ 表示第 k 地面设备第 n 时隙的卸载功率，σ^2 表示无人机处的噪声功率。$\|\cdot\|$ 表示欧几里得范数，粗体小写字母表示向量。

2. 无人机结合可重构智能超表面通信模型

1）固定 RIS

由于无人机的灵活性和易部署性，蜂窝运营商建议无人机提供网络扩展，以增强覆盖范围，在停电期间提供网络连接，并在高峰负荷期间提供按需服务。无人机通常也被提议补充物联网网络。无人机可以通过调整其位置来建立改进的通信链路，从而与大量物联网设备进行通信。无人机尤其在运输系统中被用于提供与地面车辆的连接以及支持物联网网络，例如收集数据或增强其传输。

考虑到物联网设备的分散部署，无人机可能无法从一个特定位置协助所有此类设备，尤其是当设备部署在城市环境中时，在城市环境下，直接视线并不总是可用。最近，由于超表面材料的最新进展[98]，传播环境编程的概念应运而生。这个概念背后的想法是，当直接信道被阻塞和弱 LoS 破坏时，在一对节点之间建立间接通信信道。可重构智能超表面（RIS）就是这样的技术，被认为是一种革命性的技术，它将在存在阻塞和损伤的情况下提高网络覆盖率[99]。它们是被动的、成本有效的和能量中性的，不同于它们的同类主动继电器。在本节中，促进 UAV 和地面 RIS 元件之间的集成，并研究从地面物联网设备收集数据的问题，

如图 3.55 所示。

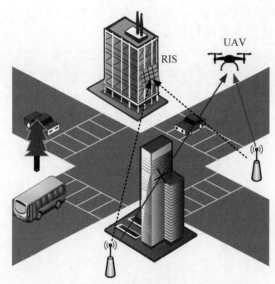

图 3.55　无人机结合智能超表面通信模型

　　虽然 UAV 有时可以在高空飞行时建立 LoS,但情况并非总是如此,尤其是考虑与多个地面节点(例如物联网设备)的并发通信时。因此,如图 3.55[100] 所示,将 RIS 与无人机集成可以改善无线信道的质量,提高无人机的能效。在本节中,考虑部署无人机,其位置适合于从有源设备收集传感数据。为了节约能源,假设设备在主动和被动模式之间切换。为了促进一些关键的实时服务(In Time Service,ITS),设备是分散的,当设备处于活动状态时,它已经从需要发送到边缘应用的信号中采样了信息。

　　如上所述,无人机并没有与所有设备的连续 LoS,因此,当它与某些设备直接通信时,其他传感器可能通过 RIS 启用的间接路径到达无人机。我们寻求同时优化 RIS 相移的要素、物联网传输的调度,以及无人机的轨迹。

　　我们考虑分散在城市环境中的物联网,以收集一个或多个新兴智能城市服务所必需的数据。该设备在主动激活模式和被动激活模式之间交替以节省能量,并有一段时间,在此期间,应在其过时且无价值之前收集其信息[101]。每个设备位置用 (x_i, y_i, z_i) 表示。UAV 被派遣从这些设备收集数据,并具有固定高度 z_U。UAV 可以在二维 x_U^n、y_U^n 上移动。为了增强 IoTD 和 UAV 之间的通信,如图 3.55 所示,在 (x_R, y_R, z_R) 处放置配备 M 个反射元件的 RIS。所用参数和变量列表如表 3.11 所示。在本节中,制定了两个目标:第一个目标是最大化所服务的物联网设备的数量;第二个目标是优化无人机的能效。

表 3.11　数学符号

参　　数	
I	物联网设备
N	时间范围
(x_U^n, y_U^n, z_U)	时隙 n 处 UAV 坐标

续表

参　数	
(x_R, y_R, z_R)	RIS 坐标
(x_i, y_i, z_i)	物联网设备 i 的坐标
Z_i	设备 i 传输的数据大小
σ^2	热噪声功率
ρ	参考距离为 1m 时的平均路径增益
α	路径损耗指数
P	传输功率
K	莱斯因子
δ_i^n	无线调度的决策变量
T_i	物联网设备 i 的有效期开始时间
F_i	物联网设备 i 的有效期结束时间（截止时间）
C	UAV 无线信道数
b	RIS 元件的控制位数
Q	RIS 相移模式数
$\phi_{R,U}^n$	在时隙 n 从 UAV 到达 RIS 的角度
$\phi_{R,i}$	RIS 和物联网设备 i 之间的到达角
Ω	RIS 元件的可用相移值集
ζ	RIS 元素之间的分隔值
λ	载波长度
ω_i	服务指示符等于 1，表示物联网设备 i 已服务，否则为 0
Γ_i^n	时隙 n 处物联网设备 i 的信噪比

本节将介绍信道模型、信噪比（SNR）和可实现的数据速率分析。在本节的模型中，假设 IoTD 使用频分多址（FDMA）在上行链路中将其数据传输到 UAV。将可用无线电资源的总数表示为 C。此外，IoTD 和 UAV 之间的信道模型称为"直接链路"，级联信道模型 IoTDs-RIS－UAV 称为"间接链路"。

2）直接链路

假设城市地区的 UAV 信道模型，其中高层建筑和其他物体可能会干扰 UAV 和物联网之间的连接，因此我们假设链路传播的特征是强视线（LoS）和非视线（NLoS）。这里，$S_{U \to i}^n \in \{LoS, NLoS\}$ 表示 UAV 和 IoTD i 之间在时隙 n 处的信道状态。然后，可以找到 UAV 和 IoTD i 之间信道状态的概率[102]

$$\Pr(S_{U \to i}^n = LoS) = \frac{1}{1 + \eta_1 e^{(-\eta_2(\theta_{U \to i}^n - \eta_1))}}, \quad \forall i \in I^n, n \qquad (3.3.13)$$

其中，η_1 和 η_2 是环境的常数参数。$\theta_{U \to i}^n = \frac{180}{\pi}\arctan\left(\left(\frac{z_U}{\hat{D}_{U \to I}^n}\right)\right)$ 是时隙 n 处 IoTD i 与 UAV 之间的角度。同时，z_U 表示 UAV 天线的高度，$\hat{D}_{U \to I}^n$ 是时隙 n 处 IoTD i 和 UAV 之间的水平

距离。此外,具有 NLoS 的概率为 $\Pr(S^n_{U\to i}=\mathrm{NLoS})=1-\Pr(S^n_{U\to i}=\mathrm{LoS})$。接下来,时隙 n 处每个 IoTD i 的信道增益计算为

$$\boldsymbol{h}^n_{U,i}=\begin{cases}(D^n_{U,i})^{-\beta_1} & S^n_{U\to i}=\mathrm{LoS}\\[2mm]\beta_2(D^n_{U,i})^{-\beta_1} & \text{其他}\end{cases} \tag{3.3.14}$$

其中,$D^n_{U,i}$ 是时隙 n 处 UAV 和 IoTD i 之间的欧几里得距离;$D^n_{U,i}=\sqrt{(\hat{D}_{U\to I})^2+z^2_U}$。$\beta_1$ 表示路径损耗指数,β_2 是 NLoS 的衰减因子。因此,$\boldsymbol{h}^n_{U,i}$ 也可以重写为

$$\boldsymbol{h}^n_{U,i}=\Pr(S^n_{U\to i}=\mathrm{LoS})(D^n_{U,i})^{-\beta_1}+(1-\Pr(S^n_{U\to i}=\mathrm{LoS}))\beta_2(D^n_{U,i})^{-\beta_1} \tag{3.3.15}$$

3) 间接链路

我们考虑均匀线性阵列(ULA)RIS[103]。此外,与 UAV 类似,假设 RIS 具有一定的高度 z_I。UAV 和 RIS 之间以及 RIS 和 IoTD i 之间的通信链路被假定为具有 LoS。因此,这些通信链路经历了小规模衰落,其被建模为具有纯 LoS 分量的 Rician 衰落[104]。因此,UAV 和 RIS,$h_{R,U}\in\mathbb{C}^{M\times1}$ 之间的信道增益可以如下公式化:

$$h^n_{R,U}=\underbrace{\sqrt{\rho(D^n_{R,U})^{-\alpha}}}_{\text{path loss}}\underbrace{\sqrt{\frac{K}{1+K}}\bar{h}^{n,\mathrm{LoS}}_{R,U}}_{\text{Rician fading}} \tag{3.3.16}$$

其中,$D^n_{R,U}$ 是 RIS 和 UAV 之间的欧几里得距离,可从式(3.3.17)

$$\sqrt{(x_R-x^n_U)^2+(y_R-y^n_U)^2+(z_R-z_U)^2} \tag{3.3.17}$$

计算得出。此外,ρ 是参考距离 $D_0=1\mathrm{m}$ 处的平均路径损耗功率增益,K 是 Rician 因子,而 $\bar{h}^{n,\mathrm{LoS}}_{R,U}$ 是确定性 LoS 分量,可定义如下:

$$\bar{h}^{n,\mathrm{LoS}}_{R,U}=\underbrace{[1,\mathrm{e}^{-\mathrm{j}\frac{2\pi}{\lambda}\zeta\phi^n_{R,U}},\cdots,\mathrm{e}^{-\mathrm{j}\frac{2\pi}{\lambda}(M-1)\zeta\phi^n_{R,U}}]^{\mathrm{T}}}_{\text{array response}},\forall n\in N \tag{3.3.18}$$

其中,$\phi^n_{R,U}=\dfrac{x_R-x^n_U}{D^n_{R,U}}$ 是从 RIS 到 UAV 的信号到达角的余弦。ζ 是 RIS 元件之间的间隔,λ 是载波波长。

同样,可以计算 RIS 和 IoTD i 之间的信道增益,用 $h^n_{R,i}\in\mathbb{C}^{M\times1}$ 表示。

$$h^n_{R,i}=\underbrace{\sqrt{\rho(D_{R,i})^{-\alpha}}}_{\text{path loss}}\underbrace{\sqrt{\frac{K}{1+K}}\bar{h}^{n,\mathrm{LoS}}_{R,i}}_{\text{Rician fading}}\;\forall i,\quad n\in N \tag{3.3.19}$$

$$\bar{h}^{n,\mathrm{LoS}}_{R,i}=\underbrace{[1,\mathrm{e}^{-\mathrm{j}\frac{2\pi}{\lambda}\zeta\varphi_{R,i}},\cdots,\mathrm{e}^{-\mathrm{j}\frac{2\pi}{\lambda}(M-1)\zeta\varphi_{R,i}}]^{\mathrm{T}}}_{\text{array response}},\forall i,\quad n\in N \tag{3.3.20}$$

其中,$D_{R,i}$ 是 RIS 和 IoTD i 之间的欧几里得距离,$\phi_{R,i}=\dfrac{x_R-x_i}{D_{R,i}}$。

将第 n 个时隙中 RIS 的相移矩阵表示为 $\boldsymbol{\Theta}^n=\mathrm{diag}\{\mathrm{e}^{\mathrm{j}\theta^n_1},\cdots,\mathrm{e}^{\mathrm{j}\theta^n_M}\}$,其中 θ^n_M 是第 m 个反射元件的相移,$m=1,2,\cdots,M$。由于硬件限制,相移只能从有限的离散值集合中选择。具体而言,每个 RIS 反射元件的离散值集可表示为 $\theta^n_M\in\Omega=\left\{0,\dfrac{2\pi}{Q},\cdots,\dfrac{2\pi(Q-1)}{Q}\right\}$,其中 $Q=2^b$ 并且 b 是控制 RIS 元件的可用相移数量的比特数。因此,SNR 为

$$\Gamma^n_i=\frac{P\;|h^n_{U,i}+h^{n,\mathrm{H}}_{R,U}\boldsymbol{\Theta}^nh^n_{R,i}|^2}{\sigma^2},\quad\forall i,n\in N \tag{3.3.21}$$

其中,P 是 IoTD 发射功率,H 表示共轭转置算子。

从每个 IoTD 在 n 时隙收集的数据量可以计算如下:

$$l_i^n = \delta_i^n log_2(1 + \Gamma_i^n), \quad \forall i, n \in N \tag{3.3.22}$$

其中,δ_i^n 为调度决策变量(当设备 i 在 n 时隙被调度时为 1,反之为 0)。

例 3.1 MEC 中 RIS 辅助 UAV 的联合轨迹—任务—缓存移相优化设计。

本案例的主要工作[105]:为提高 RIS 辅助无人机的能源效率,本文提出一种利用 RIS 被动移相设计来联合优化无人机轨迹、任务卸载和缓存的解决方案。采用 SCA 方法求解次优解,证明了该方法的有效性。未来我们将考虑 RIS 辅助多架无人机作为机载 MEC 平台,并尝试解决相关优化问题。

1)系统模型

UAV 和 GT 的假设:如图 3.56 所示,部署一个旋转翼 UAV 作为 MEC 服务器,并配备缓存,为现场的 GT 服务,有 $K \triangle \{1, 2, \cdots, K\}$ 地面静态 GTs,其中 $w_k = [x_k, y_k]^T \in \mathbb{R}^{2 \times 1}$,$\forall k$ 为位置坐标。这里不考虑固定翼无人机,因为它不能在空中静态悬停,以建立稳定的 UAV-GT 链接。假设无人机和 GT 配备一个全向天线[10],UAC-GT 链路工作在半双工模式。第 k 个 GT 有一个期望计算任务 $U_k = \{F_k, D_k, T_k\}$,其中 F_k 描述了要计算的 CPU 周期总数;D_k 表示通过上行链路传输的输入数据量;T_k 表示任务的完成期限。

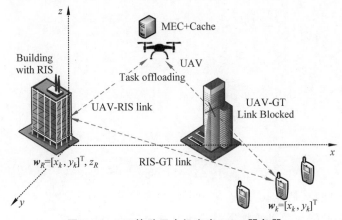

图 3.56 RIS 协助无人机充当 MEC 服务器

将 UAV 路径离散成 N 个线段,这些线段在 2D 坐标中用 $N+1$ 个路径点表示:$\{q_n\}_{n=1}^{N+1}$,其中 $q_n = \{x_n, y_n\}$ 是 UAV 在第 N 个路径点的水平坐标。假设 UAV 的飞行轨道高度为固定 h。此外,有 $q_1 = q_{N+1}$,表示 UAV 在每次任务中飞回初始位置。为了简化分析,我们施加 $\|q_{n+1} - q_n\| \leqslant \Delta_{max}^h, n = 1, 2, \cdots, N$,约束 UAV 以恒定水平速度飞行。此外,无人机任务完成时间为 $T_U = \sum_{n=1}^{N} t_n$,其中 $\{t_n\}_{n=1}^{N}$ 表示 UAV 在每个线段内花费的时间。注意,在给定最大 UAV 水平速度 V_{max}^h 的情况下,可以选择足够大的时隙 N,这样可以假设无人机在每个时隙 t_n 内的位置变化与从 UAV 到 GTs 的链接距离相比可以忽略不计。

如图 3.56 所示,在建筑物表面部署了一个 RIS 来重定向 UAV 和 GT 之间的信号,即 UAV-GT 链路可能被 UAV-RIS 和 RIS-GT 两个链路所取代。RIS 确保 UAV-RIS 和 RIS-

GT 链路都在 LoS 连接中。然而,RIS 的信号反射有可能无法保证无人机与 RIS 之间的 LoS 连接,就像无人机与 RIS 之间的链路被地面障碍物紧密阻断时一样。在本案例中,我们不考虑这种悲观的情况。RIS 有 M 个反射单元,形成均匀线性阵列(ULA),第一个单元的位置水平维度记为 $w_R = [x_R, y_R]^T$,垂直维度记为 z_R。为了扩展工作以支持 RIS 上的均匀矩形阵列(URA),它可以被视为镜面反射器,问题就变成了同时处理不同组的 ULA。在这种情况下,RIS 的无源相移将不得不计算出分组为矩形阵列的相位,即矩阵,而不是线性阵列。这种扩展使得 RIS 的被动移位和无人机轨迹-任务-缓存的相关联合优化成为一个更加复杂的问题,我们将在以后的工作中加以考虑。为了模拟 RIS 的相移,假设 $\theta_{in} \in [0, 2\pi)$, $i \in M = \{1, 2, \cdots, M\}$ 为第 i 个反射元在 n 时隙处的相位,$\Phi_n = \mathrm{diag}\{e^{j\theta_{1n}}, e^{j\theta_{2n}}, \cdots, e^{j\theta_{Mn}}\}$ 为 M 个单元在 n 时隙处的相控阵。详细系统建模公式见参考文献[105]。

2)问题模型

设 $Q = \{q_n, n \in \mathcal{N}\}$,$A = \{a_k, k \in \mathcal{K}\}$,$X = \{x_k, k \in \mathcal{K}\}$,$C = \{c_{kn}, \forall k, \forall n\}$,$\Phi = \{\Phi_n, n \in \mathcal{N}\}$,优化问题可以表示为

$$P: \min_{Q, A, X, C, \Phi} \left(\sum_{n=1}^{N} e_n^{\mathrm{uav}} + \beta \sum_{k=1}^{K} E_k^c \right) \tag{a}$$

$$\mathrm{s.t.} \, 0 \leqslant a_k \leqslant 1, 0 \leqslant x_k \leqslant 1, \forall k \tag{b}$$

$$\sum_{k=1}^{K} x_k D_k \leqslant C^c \tag{c}$$

$$\sum_{k=1}^{K} a_k f_k^o \leqslant C^o \tag{d}$$

$$T_k \geqslant L_k^c, \forall k \tag{e}$$

$$q_1 = q_{N+1} \tag{f}$$

$$\|q_{n+1} - q_n\| \leqslant \min\{t_n V_{\max}^h, \Delta_{\max}^h\}, \forall n \tag{g}$$

$$c_{kn} = \{0, 1\}, \sum_{k=1}^{K} c_{kn} = 1, \forall n, \forall k \tag{h}$$

其中问题 $\mathcal{P}$ 为 UAV 的能耗最小,同时满足任务对时延的 QoS 要求;$\beta > 0$ 为 UAV 推进能量消耗与服务 GT 任务之间的权衡;(e)为对每个任务的服务需求的约束,即任务的延迟小于其完成截止日期;(f)~(g)是旋转翼 UAV 在水平尺寸上的轨迹约束。这里,假设无人机在每个线段的飞行时间是固定的,以简化问题。显然,$\mathcal{P}$ 是一个非凸问题,很难用它当前的形式求解。

3)问题求解

根据 SCA 方法,将问题 $\mathcal{P}$ 分解为若干凸子问题。通过分解,可以设计一个迭代算法来解决循环中每一步的子问题,该算法将收敛到预先定义的精度,并导致最优结果:$\{Q, A, X, C, \Phi\}^*$。具体子问题求解见参考文献[105]。

(1)优化任务卸载和缓存变量 A 和 X。

$$\mathcal{P}1: \min_A \sum_{k=1}^{K} \hat{E}_k^c \quad \mathrm{s.t.} \, 0 \leqslant a_k \leqslant 1, \forall k$$

$$\mathcal{P}2:\max_{\boldsymbol{X}}\sum_{k=1}^{K}x_{k}a_{k}D_{k}\quad \mathrm{s.t.}0\leqslant x_{k}\leqslant 1,\forall k$$

（2）优化水平轨迹 $\boldsymbol{Q}$ 。

$$\mathcal{P}3:\min_{\boldsymbol{Q}}\sum_{n=1}^{N}\hat{e}_{n}^{\mathrm{uav}}$$

$$\mathrm{s.t.}\ (f),(g);\sum_{n=1}^{N}r_{kn}\geqslant NR_{K},\forall k \tag{i}$$

$$\gamma_{n}^{2}+\frac{(v_{n}^{h})^{2}}{v_{0}^{2}}\geqslant \frac{1}{\gamma_{n}^{2}} \tag{j}$$

$$\mathcal{P}4:\min_{\boldsymbol{Q},\boldsymbol{\gamma}_{n}}\sum_{n=1}^{N}\hat{e}_{n}^{\mathrm{uav}}$$

$$\mathrm{s.t.}\ (f),(g);\sum_{n=1}^{N}r_{kn}r_{kn}^{bl}\geqslant \in NR_{k},\forall k \tag{k}$$

（3）优化 RIS 的相移 $\boldsymbol{\Phi}$ 和 $\boldsymbol{C}$ 。

$$\mathcal{P}5:\max_{\boldsymbol{C},\boldsymbol{\Phi}}\min_{\forall k}\left(\sum_{n=1}^{N}t_{n}r_{nk}\right)\quad \mathrm{s.t.(h),(i)};$$

$$\mathcal{P}6:\max_{c_{kn},\forall k}\left(\sum_{n=1}^{N}t_{n}c_{kn}r_{kn}'\right)$$

$$\mathrm{s.t.}\ (h),\sum_{n=1}^{N}c_{kn}R_{kn}'\geqslant \delta NR_{k},\forall k; \tag{l}$$

基于以上三步，求解 P 的整体算法可设计为算法 1。该算法可以被证明一定收敛于可承受的计算复杂度。

（4）总体算法设计。

算法 1：利用 RIS 优化轨迹-任务-缓存

1：初始化系统得到：$\boldsymbol{A}^{0},\boldsymbol{X}^{0},\boldsymbol{Q}^{0},\boldsymbol{C}^{0},\boldsymbol{\Phi}^{0},i=0$

2：　**repeat**

3：　　Obtain $\boldsymbol{A}^{i+1},\boldsymbol{X}^{i+1}$ solving $\mathcal{P}1$ and $\mathcal{P}2$,given $\boldsymbol{Q}^{i},\boldsymbol{C}^{i},\boldsymbol{\Phi}^{i}$;

4：　　Obtain $\boldsymbol{Q}^{i+1}$ by solving $\mathcal{P}4$,given $\boldsymbol{C}^{i},\boldsymbol{\Phi}^{i},\boldsymbol{A}^{i+1},\boldsymbol{X}^{i+1}$;

5：　　Obtain $\boldsymbol{C}^{i+1}$ by solving $\mathcal{P}6$ and $\boldsymbol{\Phi}^{i+1}$,given $\boldsymbol{Q}^{i+1},\boldsymbol{A}^{i+1},\boldsymbol{X}^{i+1}$;$i=i+1$;

6：　**until** Converge to a prescribed accuracy;

7：　**Return** $\boldsymbol{A}^{i+1},\boldsymbol{X}^{i+1},\boldsymbol{Q}^{i+1},\boldsymbol{C}^{i+1},\boldsymbol{\Phi}^{i+1}$。

4）仿真结果（见图 3.57）

通过 MATLAB 仿真验证了该方案的有效性。假设 UAV 最初按照已提出的圆形轨道飞行。设置 B：2GHz；p_{k}：5mW；σ：-169dB·m/Hz；路径损耗参数 $a,b,\eta_{\mathrm{LoS}},\eta_{\mathrm{NLoS}},\zeta,\dfrac{d}{\lambda}$ 分别为 0.961,1.6,1,20,3dB,0.5；时隙 t_{n},N 分别为 1s,100；任务计算和缓存参数 $\varphi,\vartheta,f_{k}^{o}$，$f_{k}^{l},C^{C},C^{o}$ 分别为 10^{-9},3,200～400MHz,100～200MHz,1Gb,1GHz。设置 RIS 参数 M，

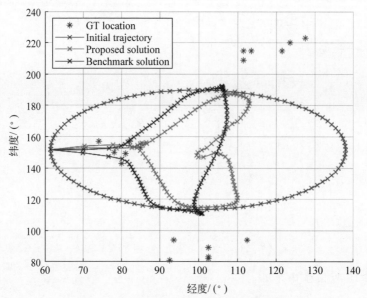

图 3.57　不同方案的 UAV 轨迹（见彩插）

θ_{i1}, W_R, Z_R 分别为 $100, 0^o, [0, 0], 20\mathrm{m}$。

5）部分代码

本文仿真设置中，更多关于 UAV 和任务的设置及参数可以在源代码（https://github.com/HaiboMei/UAV-RIS-SCA.git）中找到。

```
clc
close all
cvx_clear

baseline=0;
%configuration about genral parameters;
N_0= 10^((-169/3)/10);   %Noise power spectrum density is -169dBm/Hz;
Xi = 10^(3/10);          %the path loss at the reference distance D0 = 1m, 3dB;
N=100;                   %Maximum UAV mission time is 5 minutesd; t_n=1s
t_n=ones(1,N);           %Initial path line duration;
%MEC configuration
C_o=10^5 * N;            %MEC server compuation capacity;
C_c=10^9;                %MEC server cache capacity:1GB;
varphi =10^(-9);         %configuration about computing and realted energy cost
vartheta=3;
%RIS configuration
W_R = [0,0];
M = 100;    %number of phase element
Z_R = 20; %height of the RIS
%UAV configurations
H = 30;                  %UAV flight height
Delta_h_max=10;%the UAV can maximum move 5m horizontally, in each path line;
v_h_max=10;
distance = 150;
```

```
Dr = 0;   %whether to relase the distance plos constraint or not;
%configuring GT distributionsG
[W_k,K]=GT_distributions(distance);
%Initilize UAV trajectory;
c_ini_x=sum(W_k(1,:))/size(W_k,2);
c_ini_y=sum(W_k(2,:))/size(W_k,2);
r_min=max(sqrt((W_k(1,:)-c_ini_x).^2+(W_k(2,:)-c_ini_y).^2));
r_ini=min(Delta_h_max*N/(2*pi),r_min/2);
%initial horizontal coordinate of the UAV trajectory;
q_n=zeros(2,N+1);
ang=2*pi*((1-1)/N);
q_n(1,1)=c_ini_x+r_ini*cos(ang-pi);
q_n(2,1)=c_ini_y+r_ini*sin(ang-pi);
for n=2:(N+1)
    ang=2*pi*((n-1)/N);
    q_n(1,n)=c_ini_x+r_ini*cos(ang-pi);
    q_n(2,n)=c_ini_y+r_ini*sin(ang-pi);
end

figure(1);
hold on
plot(W_k(1,:),W_k(2,:),'*r');
plot(q_n(1,:),q_n(2,:),'-xb');
grid('on');
%Initialize the wireless environement and some other verables;
a=9.61;
%a=0.961;           %referenced from paper [Efficient 3-D Placement of an Aerial
Base Station in Next Generation Cellular Networks, 2016, ICC
b=0.16;
%b=1.6;             %and paper [Optimal LAP Altitude for Maximum Coverage, IEEE
WIRELESS COMMUNICATIONS LETTERS, VOL. 3, NO. 6, DECEMBER 2014
eta_los=1;          %Loss corresponding to the LoS connections defined in (2)
eta_nlos=20;        %Loss corresponding to the NLoS connections defined in (2);
A=eta_los-eta_nlos;    %A varable defined in (2)
C=20*log10(4*pi*9/3)+eta_nlos;  %C varable defined in (2), where carrier
frequncy is 900Mhz=900*10^6, and light speed is c=3*10^8; then one has f/c=9/3;
B=2*10^6;               %overall Bandwith is 2Gb;
P=5*10^7;               %maximum uplink transimission power of one GT is 5mW;

a_k=zeros(1,N+1);
x_k=zeros(1,N+1);

%configuration about GTs, given the initilized r_km, and R_k;
D_k=zeros(1,K);         %Data rate requirment of UE task D_k;
F_k=zeros(1,K);         %Computation Requirement of UE task F_k;
T_k=zeros(1,K);         %Task deadline of GTs;

p_k=P.*ones(1,K);       %transimisson power allocated to a GT;
f_k_o=zeros(1,K);       %computation capacity allocated to a GT from MEC server;
f_k_l=zeros(1,K);       %computation capacity allocated to a GT by GT itself;
```

```
right_case=0;
while (~right_case)
    right_case=1;
    for k=1:K
        D_k(1,k)=10^7 * randi([6,8]);    %Data requirement of each task: 100~500Mb
        F_k(1,k)=10^5 * randi([6,8]);    %Comput cap of each task
        T_k(1,k)=randi([10,20]);         %latency request of each Task: 50~100s

        f_k_o(1,k)=10^5 * randi([2,4]);
        f_k_l(1,k)=10^5 * randi([1,2]);

        if (F_k(1,k)/f_k_l(1,k)>=T_k(1,k))
            right_case=0;
        end
    end
end

fprintf('Solving rotary wing.\n');
[Energy_service_op,Energy_uav_op,Energy_service_op_no_ps,Energy_uav_op_no_ps,
Energy_service_bl,Energy_uav_bl,q_n_result_op,q_n_result_bl,a_k_result_op,...
x_k_result_op,RIS_phase_shift_op,RIS_phase_shift_bl,r_kn_op,r_kn_op_no_ps,r_kn_
bl]...
    = ProposedSolution(q_n,W_k,W_R,Z_R,a,b,B,N_0,Xi,C_o,C_c,D_k,F_k,T_k,f_k_l,f_
k_o,v_h_max,Delta_h_max,varphi,...
        vartheta,K,N,H,M,p_k,t_n);
%plot the initialize and optimized UAV trajectory and GT distributions for anlysis
purpose.
figure(2);
hold on
plot(W_k(1,:),W_k(2,:),'*r');
plot(q_n(1,:),q_n(2,:),'-xr');
plot(q_n_result_op(1,:),q_n_result_op(2,:),'-xg');
plot(q_n_result_bl(1,:),q_n_result_bl(2,:),'-xb');
grid('on');
```

- RIS 安装在 UAV 上

考虑一个上行无线通信系统,其中有一个 UAV、一个窃听者(Eve)、K 个用户和一个基站(BS),如图 3.58[106]所示。K 个用户的集合用 $K=\{1,2,\cdots,K\}$ 表示。由于高层建筑的阻碍,BS 与各用户之间存在非 LoS 信道。UAV 配置一个 RIS 作为无源中继,辅助用户与 BS 之间的通信。该系统配备了 M 个反射单元的 ULA,每个反射单元的相位可由无人机控制。

Eve,所有用户和 BS 都在地面。用户 k、Eve 和 BS 的横坐标分别表示为 $w_k=[x_k,y_k]^T$,$w_e=[x_e,y_e]^T$,$w_b=[x_b,y_b]^T$。在该系统中,多个用户在不同的时间间隔内被服务。UAV 在固定高度 H 飞行,飞行周期为 T。为便于分析,将 UAV 飞行周期 T 分为 N 个等间距时隙,其步长为 δ,即 $T=N\delta$。设 $N=\{1,2,\cdots,N\}$ 为所有离散时隙的集合。UAV 在 n 时隙中的时变水平坐标记为 $q[n]=[x[n],y[n]]^T,n\in N$。

为了定期为用户服务,UAV 需要在周期 T 结束时返回到初始位置,即

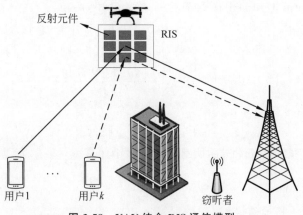

图 3.58　**UAV 结合 RIS 通信模型**

$$q[N]=q[0] \tag{3.3.23}$$

其中，$q[0]=[x[0],y[0]]^{\mathrm{T}}$ 为 UAV 的预定初始水平坐标。在给定最大 UAV 速度 $V_{\max}$ 的情况下，可以适当选择时隙数目 N，使 UAV 位置在时间 δ 内变化的时间可以忽略不计，得到式（3.3.24）。

$$\|q[n]-q[n-1]\| \leqslant S_{\max} \tag{3.3.24}$$

其中，$S_{\max}=V_{\max}\delta$ 为 UAV 在一个时隙内所能移动的最大水平距离。

用户 k 和 UAV 在 n 时隙中的通道增益可以表示为[107]

$$g_k[n]=\sqrt{h_0 d_k^{-\alpha}[n]}\,[1,\mathrm{e}^{-\mathrm{j}\frac{2\pi d}{\lambda}\varphi_k[n]},\cdots,\mathrm{e}^{-\mathrm{j}\frac{2\pi d}{\lambda}(M-1)\phi_k[n]}]^{\mathrm{T}} \tag{3.3.25}$$

其中，h_0 是参考距离 $d_0=1\mathrm{m}$ 的信道增益，$d_k[n]=\sqrt{\|q[n]-w_k\|^2+H^2}$ 是用户和 UAV 在第 n 时隙之间的距离，$\alpha \geqslant 2$ 是路径丢失指数，$\phi_k[n]=\dfrac{x[n]-x_k}{d_k[n]}$ 表示在第 n 时隙中，从用户 k 到 RIS 的 ULA 的信号到达角（AoA）的余弦值，d 为天线间距，λ 为载波波长。

同理，UAV 和 BS 之间在时隙 n 的信道增益为

$$g_b[n]=\sqrt{h_0 d_b^{-\alpha}[n]}\,[1,\mathrm{e}^{-\mathrm{j}\frac{2\pi d}{\lambda}\phi_b[n]},\cdots,\mathrm{e}^{-\mathrm{j}\frac{2\pi d}{\lambda}(M-1)\phi_b[n]}]^{\mathrm{T}} \tag{3.3.26}$$

其中，$d_b[n]=\sqrt{\|q[n]-w_b\|^2+H^2}$，$\phi_b[n]=\dfrac{x[n]-x_b}{d_b[n]}$。在 n 时隙中，UAV 和 Eve 之间的信道增益可以表示为

$$g_e[n]=\sqrt{h_0 d_e^{-\alpha}[n]}\,[1,\mathrm{e}^{-\mathrm{j}\frac{2\pi d}{\lambda}\phi_e[n]},\cdots,\mathrm{e}^{-\mathrm{j}\frac{2\pi d}{\lambda}(M-1)\phi_e[n]}]^{\mathrm{T}} \tag{3.3.27}$$

其中，$d_e[n]=\sqrt{\|q[n]-w_e\|^2+H^2}$，$\phi_e[n]=\dfrac{x[n]-x_e}{d_e[n]}$。

设二进制变量 $a_k[n]$ 表示用户 k 在 n 时隙中的关联，即 $a_k[n]=1$ 表示用户 k 与 UAV 关联；否则 $a_k[n]=0$。假设每个时间段最多服务一个用户，即

$$\sum_{k=1}^{K} a_k[n] \leqslant 1, \forall\, n \in N \tag{3.3.28}$$

根据式（3.3.25）和式（3.3.26），可得用户 k 在 n 时隙通过 RIS 到 BS 的可达速率为

$$r_k[n]=\log_2\left(1+\frac{p_k[n]\,|g_b^H[n]\boldsymbol{\Theta}[n]g_k[n]|^2}{\sigma^2}\right) \tag{3.3.29}$$

其中，$\boldsymbol{\Theta}[n]$ 为 RIS 在 n 时隙的相移矩阵，σ^2 为噪声功率，$p_k[n]$ 为用户 k 在 n 时隙的发射功率。矩阵 $\boldsymbol{\Theta}[n] = \mathrm{diag}\{\mathrm{e}^{j\theta_1^n}, \cdots, \mathrm{e}^{j\theta_M^n}\} \in \mathbb{C}^{M \times M}$，$\theta_m[n] \in [0, 2\pi]$。它捕获了 RIS 的所有反射元素应用的有效相移。如果用户 k 在 n 时隙向 BS 发送数据，则在 Eve 时的可达速率为

$$c_k[n] = \log_2\left(1 + \frac{p_k[n]\,|\,g_e^H[n]\boldsymbol{\Theta}[n]g_k[n]\,|^2}{\sigma^2}\right) \tag{3.3.30}$$

用户 k 在 n 时隙的保密率可表示为

$$R_k[n] = a_k[n]\max\{r_k[n] - c_k[n], 0\} \tag{3.3.31}$$

考虑到所有用户之间的公平性，所有用户的最小保密率可表示为

$$\zeta = \min_{k \in K} \frac{1}{N} \sum_{n=1}^{N} R_k[n] \tag{3.3.32}$$

3. MEC 结合无人机通信模型

通信市场对移动通信数据处理技术的需求日益增长。5G 等新技术的出现加速了其发展。然而，终端用户在不确定环境和极端情况下的需求从未得到满足，因为计算和服务往往难以从基站到达。因此，移动边缘计算（Mobile Edge Computing，MEC）技术成为过去几十年电信领域发展最快的话题之一。移动边缘计算技术实景如图 3.59 所示。

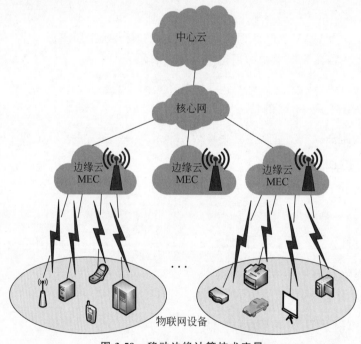

图 3.59　移动边缘计算技术实景

一些物联网设备物理尺寸较小，通常仅装配轻量级的计算处理器，因此，多数物联网设备仅具有有限的计算能力且无法实现复杂的数据计算处理。云计算的出现为物联网中大规模数据存储和计算需求提供了解决方案[108]，但随着智能设备和移动设备数量的快速增长，用户对服务质量提出了更高的要求，有必要使云服务更接近用户。因此，移动边缘计算技术被提出并广泛应用于物联网场景中，它将计算和存储资源部署在移动网络的边缘，以便处理物联网设备的密集型计算任务，大大减少了网络时延和网络拥塞等问题，避免了不必要的能

源消耗和网络开销。移动边缘计算技术实景如图 3.59 所示。

移动边缘计算是一个概念,它将网络、计算、存储和智能服务的能力集成在物理上靠近数据源的网络边缘。在典型的移动边缘计算场景中,终端用户由具有高计算能力的边缘服务器服务[109-110]。移动边缘计算的有效性由每个终端用户的服务质量(Quality of Service,QoS)衡量。QoS 越高,终端用户的需求得到满足或服务的效率越高。

无人机(UAVs)已经成为移动边缘计算的理想服务器,通过研发投资,保证了 QoS,提高了稳定性、可靠性和计算效率。由于体积小,它们很灵活,而且具有成本效益。因此,一个UAV 可以在终端用户之间灵活移动,并进行高效的计算业务,从而提高服务质量。

由于工作环境的复杂性、终端用户分布的不确定性,以及 UAV 能量的限制,安装在UAV 上的移动边缘计算仍然具有挑战性。因此,使用 UAVs 进行移动边缘计算处理这些问题时,路径规划起着不可或缺的作用。下文中,我们举例提出一个基于强化学习(Reinforcement Learning,RL)的路径规划算法的统一框架,以推进 UAV 移动边缘计算的研究[111]。

例 3.2　基于强化学习的多 UAV 移动边缘计算与路径规划平台。

该案例的主要工作内容如下。

- 首先,在单一成本矩阵中考虑几何距离、风险和终端用户需求,提出一种基于 RL 的UAV 移动边缘计算和路径规划相结合的新框架。
- 其次,研究了移动边缘计算场景下的多 UAV 协同。UAV 之间共享几何和终端用户信息,从而确保节约成本和避免障碍。
- 第三,引入了一种有效的描述终端用户需求的方法,以实现更高的 QoS。与传统的线性需求函数相比,S 型函数能更好地分配任务。
- 第四,进行了大量的实验来测试所提出的平台,并评估成本函数中的不同系数。实验结果表明了该方法的有效性和可行性。

1) 环境模型

本文考虑了 UAV 在同一平台上的避碰和终端用户的需求。环境包含了障碍物和终端用户两个基本元素。首先,障碍的形状、位置和风险级别各不相同,其中包括真实环境中的建筑物、汽车或山脉。其次,假设障碍服从高斯分布,但有不同的方差 σ 用于计算其风险暴露概率。

对于地图中 n 个独立障碍物,给出第 i 个障碍物位置 $O_i = (X_i, Y_i)$,风险 $r_i(x, y)$ 表示O_i 在点 (x, y) 处的风险,可定义为

$$r_i(x, y) = \frac{1}{\sqrt{2\pi}\sigma} e^{-\frac{d^2}{2\sigma}}, d = \sqrt{(x - X_i)^2 + (y - Y_i)^2}, \quad i \in \{1, 2, \cdots, n\} \quad (3.3.33)$$

考虑图中所有 n 个障碍,风险暴露概率矩阵中某点 (x, y) 的总体风险可描述为

$$R(x, y) = 1 - \prod_{i=1}^{n} [1 - r_i(x, y)] \quad (3.3.34)$$

从地图上任意点 p 到任意点 q 的暴露风险是 $R(x, y)$ 对 C 上任意点 (x, y) 的积分风险,其中 C 为从 p 到 q 的线性路径:

$$\int_{(x, y) \in C} R(x, y) \quad (3.3.35)$$

其次,对于服务终端用户,假设每个终端用户都有一个初始需求 d_j^0 供 UAV 处理。还假设需求只能由恒定的服务半径内的 UAV 提供服务,因为 UAV 对超出一定距离的需求信号的检测能力有限。因此,服务区域记为 $O_i = (p_j, \epsilon)$,其中 p_j 为 TU_j 的位置,ϵ 为服务半径,如图 3.60 所示。

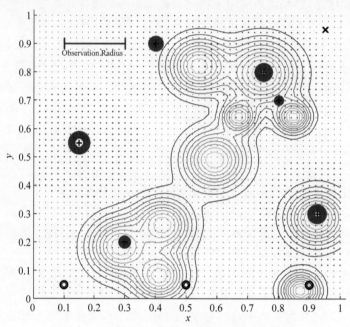

图 3.60   障碍风险与终端用户需求地图(见彩插)

当无人机进入 TU_j 服务范围时,TU_j 服务开始。TU_j 的剩余需求将以每架无人机每单位时间的恒定速度 τ 减少。很容易推断,具有更大需求的终端用户需要更多的时间来服务,并且 UAV 在 TU_j 服务范围内停留的时间越长,可以为 TU_j 提供的服务就越多。d_j 随 UAV_k 提供的时间 t_k 变化。

$$d_j^{l+1} = d_j^l - \tau t_k \tag{3.3.36}$$

终端用户的需求与 UAVs 的需求检测之间的相关性应呈非线性关系,以提高系统性能。类 S 型函数可以增强强信号,减弱弱信号。因此,我们采用类 S 型曲线的需求检测函数 $U(d_j) \in (0,1]$ 描述实际需求与检测需求之间的相关性为

$$U(d_j) = 1 - \exp\left[-\frac{(d_j)^\eta}{d_j + \beta}\right] \tag{3.3.37}$$

其中 η 和 β 为控制变量。

一般地,类 Sigmoid 函数是一个拐点为 x_0 的递增函数,当 $x < x_0$ 时,其拐点为 $\dfrac{\mathrm{d}^2 f(x)}{\mathrm{d}x^2} > 0$;当 $x > x_0$ 时,其拐点为 $\dfrac{\mathrm{d}^2 f(x)}{\mathrm{d}x^2} < 0$[21]。具有这种形式的函数满足以下性质。

性质 1:对于 $U(x)$ 中的任意 $x > 0$,函数只在 $\eta \in (1, \infty)$,$\beta \in (0, \infty)$ 时有效。

性质 2:η 控制曲线的斜率和中心性,通过一个拐点 $(1, 1 - \mathrm{e}^{-\frac{1}{1+\beta}})$ 作支点。β 控制曲线的

水平运动。结果表明,通过改变 β 可以使交点垂直移动。

2) 奖励矩阵

引入一个奖励矩阵,让 UAV 学习和适应,以找到最优路径。根据风险、几何距离和终端用户需求等因素,设计奖励矩阵来衡量从地图上任何点到任何其他点的奖励或惩罚。

在我们的平台中,场景地图表示为 $N \times N$ 的格子,并且在地图中任何点 p_i 和 p_r 之间的奖励 A_{p_i,p_r} 被定义为

$$A_{p_i,p_r} = d_{p_i,p_r} + K \int_C R(x,y)\mathrm{d}s + \frac{M}{1 + \sum_{j \in s(p_i,\epsilon)} U(d_j)} \tag{3.3.38}$$

其中 d_{p_i,p_r} 是 p_i 和 p_r 之间的几何距离。方程的第二项表示从 p_i 到 p_r 检测到的风险,反之亦然,这意味着检测到的风险越大,成本或惩罚就越大。等式中的最后一项是在 p_i 处检测到的总需求,因为 p_i 是 UAV 的当前位置。检测到的需求越大,惩罚越小,或奖励越大。

对于地图中的每个点 $p_r \in \{1,2,\cdots,N^2\}$,奖励矩阵 A_{p_r} 由点 A_{p_i,p_r},$i \in \{1,2,\cdots,N^2\}$ 组成,是关于地图上的所有点 p_i 生成的。K 和 M 反映了风险容忍度和服务优先级,这影响了路径规划的策略。当应用于实际情况时,K 和 M 可以根据任务的要求进行调整。例如,如果 K 设置为相对较高的值,UAV 将倾向远离障碍物,即使这会导致更长的路径长度。为每个 UAV 引入障碍物观测半径,以适应实际情况。当障碍物进入 UAV 的观察区域时,UAV 对障碍物进行检测并获取风险信息。计算权重矩阵时,只有观察到的障碍才算风险。

3) 成本矩阵

在路径规划过程中,引入 UAV 的成本矩阵 G,获得到达目的地的初步最优路径。成本矩阵的生成采用迭代法。经过多次迭代,成本矩阵将收敛并保持稳定。$N \times N$ 计算节点地图中代价矩阵的更新机制描述为

(1) 初始化 G:初始化成本矩阵 G_0。将目标点赋值为 0,将其他所有点赋值为 ∞;

(2) 更新成本矩阵 G:从地图上随机选择一个位置 p_r。对于地图中的每个点 p_i,通过将当前值与考虑奖励矩阵的修正值进行比较,更新 G 中的点值:$G_{p_i}^{k+1} = \min\{G_{p_i}^k, A_{p_i,p_r} + G_{p_r}^k\}$,$i,r \in \{1,2,\cdots,N^2\}$;

(3) 重复步骤(2),直到达到迭代的最大次数。

G 生成后,生成一个点的序数序列,作为 UAV 遵循的初始 Path。每个 UAV 都有自己的 Path。G 中成本最低的点会不断添加。Path 的生成描述如下:

(1) 将 Path 初始化为一个空列表;

(2) 将 G 中最小的 p_i 加到 Path,然后将 G_{p_i} 赋值到 ∞;

(3) 重复步骤(2),直到到达目标点或达到最大长度。

注意到 Path 中的元素是按成本升序排列的。计算 G 和生成 Path 的过程共同构成算法 1 中的函数 Planning。

4) UAV 移动

每个 UAV 都被认为是 RL 进程中的一个代理。因此,它们被分配到一个内存 D_i 和一个成本矩阵 G_i。D_i 存储地图信息,充当代理的“眼睛”和记忆,G_i 充当代理的“大脑”。代理产生一个学习结果 $Path_i$ 来完成每一集。系统中所有 UAV 都按顺序移动,实现信息共享。

在实际情况下,这可能导致轻微的时间延迟。当一个 UAV 移动时,其他 UAV 将被视为障碍。算法 2 描述了这个过程。对于第 i 架无人机(UAV$_i$),按照 Path$_i$ 移动一步后,执行 ScanEnv。在 ScanEnv 中,UAV$_i$ 扫描圆面积 $s(\text{pos}_i,R)$,其中 R 是观察半径。这是用来决定是否需要进一步的计划。如果观察到新的障碍,包括其他 UAV,ObstacleFound 将被设置为 True,内存 D_i 将被更新。然后修改权重矩阵和 G_i,重新计算 Path$_i$。如果环境保持不变,UAV$_i$ 继续根据 Path$_i$ 移动。在 Move 阶段,UAV$_i$ 沿着向量的方向移动一个 StepLength 的距离,从 pos$_i$ 到 Path$_i^{[1]}$,如果 pos$_i$ 到 Path$_i^{[1]}$ 的距离小于 StepLength,UAV 将直接移动到 Path$_i^{[1]}$。Move 返回 UAV$_i$ 的新位置。在一个循环结束时,UAV$_i$ 服务区域内的所有 TUs 的剩余需求按照 UAV 移动进行更新。

算法 2: UAV 移动算法

```
1: for i in UAV num do
2:     Initialize G(i)
3:     Path_i ← Planning()
4: end for
5: for i in UAV num do
6:     if pos_i = TargetPoint then
7:         Stopmovement(i)
8:     else
9:         //Remove outdated information from D_i because pos_j has changed in last loop
10:        for j in UAV num and j != i do
11:            deletepos_j from memory D_i
12:        end for
13:        ObstacleFound ← ScanEnv(pos_i, R)
14:        if ObstacleFound then
15:            Path_i ← Planning()
16:        end if
17:        if pos_i = Path_i[1] then
18:            Path_i ← Path_i[2···end]
19:        end if
20:        pos_i ← Move(StepLength, Path_i[1])
21:        for TU_j within s(pos_i, ε) do
22:            d_i ← d_i − τ
23:        end for
24:    end if
25: end for
```

4) 仿真代码

部分代码如下,详细源代码可前往 https://github.com/bczhangbczhang 自行下载。

Main:

```
%%main.m
clc;clear;close all;
tic;
global N; %divide [0,1]*[0,1] map into N*N grid
```

```
global N2; %divide [0,1]*[0,1] map into N2*N2 grid when calculating weight matrix
global EPISOD_SUM;
global n; %parameter in sigmoid demand function
global B; %parameter in sigmoid demand function
global OBSER_RADIS; %observe radius 0<x<1
global SERVICE_RADIS; %the radius within which a TU can be served
global stepWay; %UAV one step length
global TU_info; %TUs location matrix
global TU_demand_matrix; %TUs service demand weight matrix
global K; %risk coefficient
global M; %service demand coefficient
global imgnum;
global plotFigure;
%%Customized parameters
K=20;
M=1;
isSigmoid=1; %1-sigmoid,0-linear
plotFigure=1; %1-Plotting,0-No plotting
%%map information
N=20;
N2=50;
EPISOD_SUM=20*N;
n=2;
B=8;
%%UAV information
OBSER_RADIS=0.2;
SERVICE_RADIS=0.2;
stepWay=0.02;

%%RUN
fprintf('K = %.1f, M = %.3f \n',K,M);
TU_info=getTU_info;

if(isSigmoid==1)
    fprintf('Using sigmoid demand function.\n');
    TU_demand_matrix=TU_demand;
else
    fprintf('Using linear demand function.\n')
    TU_demand_matrix=TU_demand_linear;
end

COUNT=zeros(1,size(TU_info,1)); %count each TU service time
initialize;
drawBackground;
main_UAVs;
%%Print results
toc: [PL,ServiceRate,Risk]=measure;
```

initialize：

```
%%initialize.m
%%parameters
global imgnum; %looping times
global N; %divide [0,1]*[0,1] map into N*N grid
global TARGET;
global UAV_info; %UAVs location matrix
global UAVnum;
global UAV_pos; %UAVi's initial position
global SumTarget;
global needReplan;
global enemysUK;
global enemysUK2plot;
global enemysK;
global enemysSize;
global traceRecord;
global G;
%%initialize target
imgnum=0;
TARGET = round([0.95 0.95]*N);    %target position
%%initialize UAV
UAV_info = UAV_initialize;
UAVnum=size(UAV_info,1);
UAV_pos=[];
for i=1:UAVnum
    UAV_pos(i,:)=UAV_info(i,1:2);
end
needReplan=ones(1,UAVnum); %UAVi need to replan when needReplan(i)=1
SumTarget=zeros(1,UAVnum); %when UAVi's SumTarget(i)=1, don't need further move

%%initialize enemys
enemysUK=enemyGuass; %Unknown obstacles(includs all UAVs) location matrix
enemysSize=size(enemysUK,1);
enemysUK2plot=enemys(); %used when drawing map

enemysK={}; %no enemy is detected initially
for i=1:UAVnum
    enemysK{i}=[];
end

%%initialize trace record
traceRecord={}; %no record of trace initially
for i=1:UAVnum
    traceRecord{i}=[];
end
```

```
%%initialize G Matrix
G={};
D=ones(N,N) * N^2;   %initialize D with all elements are N^2 and target 0
D(TARGET(1),TARGET(2))=0;
for i=1:UAVnum
    G{i}=[D];
end
```

5）仿真结果

在模拟中，设 $K=20,M=1,\eta=2,\beta=8,R=0.2$。$K,M$ 由不同需求的平台用户决定，其他参数由实际情况和 UAVs 的能力决定。给定 10 个障碍物的随机位置，$\sigma_i>0,i=,1,2,\cdots,10$。分配 6 个终端用户随机需求 $d_j\in[0,10]$，$j=0,1,2,\cdots,6$。在实际情况下，终端用户的需求可能是一个实时变量。

三个 UAVs 的规划过程如图 3.61 所示。

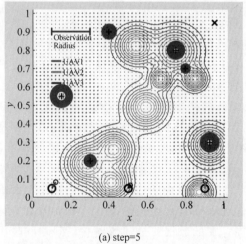

(a) step=5

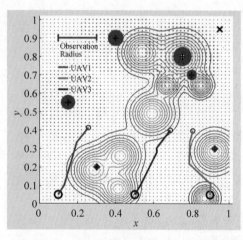

(b) step=50

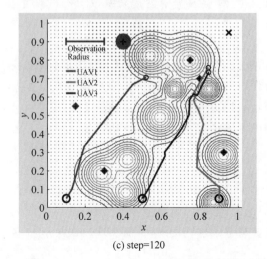

(c) step=120

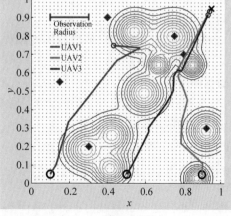

(d) step=150

图 3.61 基于路径规划平台的 UAV 移动边缘计算仿真（见彩插）

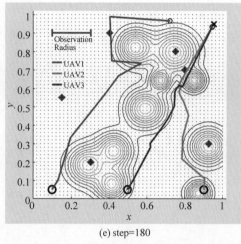
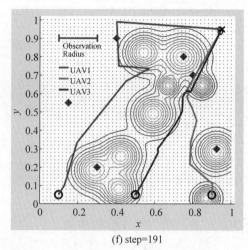

(e) step=180   (f) step=191

图 3.61 （续）

注意：

（1）所有 UAVs 的任务是向地图上的终端用户提供服务，并在每次任务中飞到目标点。

（2）红点表示服务半径为 ϵ 的终端用户需求的存在性和数量。当终端用户正在接受服务时，红点会缩小，代表剩余需求的减少。从服务半径的重叠区域可以看出，需求是累积的。

从图 3.61 中，推断 UAVs 可以选择一个低风险的路径来服务于基于我们平台的复杂环境中的每个终端用户。需求高的终端用户对 UAVs 更有吸引力，需求降低后，UAVs 会转向其他需求高的区域。同时，信息共享可以有效避免 UAV 在规划过程中发生冲突。

3. 区块链结合无人机通信模型

MEC 和无人机技术的引入给物联网带来巨大的优势，但由于边缘节点的交互和无人机网络的不可信广播特性，数据安全性和隐私性的保证面临巨大挑战。针对无人机辅助的物联网系统，引入新兴的区块链技术可以解决网络中存在的数据安全和数据共享问题。区块链是一种具有安全性和可验证性的数据结构，能在点对点设置中创建防篡改分布式账本。因此，它具有去中心化、不可伪造性、可编程性和安全性等特点，以提供安全、防篡改的物联网网络。

本章所提无人机辅助的物联网系统模型如图 3.62 所示[112]，包括 MEC 系统和区块链系统。在所提网络场景中，物联网设备可将数据卸载到无人机上，无人机作为中继节点将数据传输到基站进行计算。把 O 定义为所有物联网设备的几何中心，假设共有 M 个物联网设备、N 架无人机和 N 个基站，每个物联网设备的位置表示 $\{x_m, y_m, 0\}, m \in \{1, 2, .., M\}$。无人机在目标区域上空飞行，位置表示为 $\{x_n, y_n, h\}, n \in \{1, 2, \cdots, N\}$，第 n 架无人机悬停的时间为 T_n 秒。此外，每个基站配备一台 MEC 服务器，假设每个基站只服务于一架无人机。

在区块链系统中，基站作为区块链节点负责区块的生成和协商过程，用来处理来自无人机的计算卸载记录等事务。当网络中各节点之间达成共识时，新块成为有效块，然后生成的块将被广播到区块链系统。此外，每个节点可以参与记录这些交易，从而实现数据共享。

1）通信模型

定义 D_{mn} 为第 m 个物联网设备传输给第 n 架无人机的数据量，C_{mn} 表示完成计算任务所

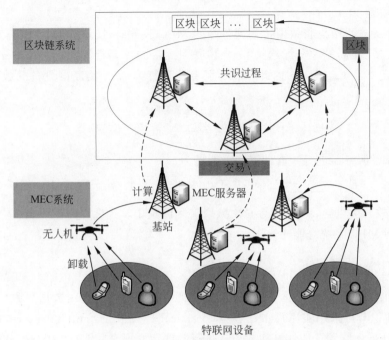

图 3.62　**MEC 和区块链结合 UAV 通信模型**

需的 CPU 周期总数,从 $W_{mn}(D_{mn}, C_{mn})$ 表示第 m 个物联网设备传输给第 n 架无人机的计算任务。在本文中,假设无人机所服务的相关物联网设备之间不存在干扰。第 m 个物联网设备与第 n 架无人机之间的距离可以表示为

$$d_{mn} = \sqrt{(x_n - x_m)^2 + (y_n - y_m)^2 + h^2} \tag{3.3.39}$$

设 h_0 为参考距离 $d_{mn} = 1m$ 处的信道增益,那么,从第 m 个物联网设备到第 n 架无人机的信道功率增益可以表示为

$$h_{mn} = \frac{h_0}{d_{mn}^2} \tag{3.3.40}$$

σ^2 表示物联网设备的噪声功率,B 表示总带宽,第 m 个物联网设备的发射功率用 P_{mn} 表示。无人机分配给计算任务 W_{mn} 的无线电频谱百分比表示为 $e_{mn} \in [0,1]$, $\forall m, n$,应满足 $\sum_{mn \in M_n} e_{mn} \leqslant 1$, $\forall n$,则第 m 个物联网设备到第 n 架无人机的数据传输速率表示为

$$r_{mn} = e_{mn} B \log_2\left(1 + \frac{P_{mn} h_{mn}}{\sigma^2}\right) \tag{3.3.41}$$

因此,从第 m 个物联网设备到第 n 架无人机的数据传输的时延为

$$t_{mn}^{tr} = \frac{D_{mn}}{r_{mn}} \tag{3.3.42}$$

可以得到从物联网设备到无人机的数据卸载传输的总能耗为

$$E^{tr} = \sum_{n \in N} \sum_{mn \in M_n} P_{mn} t_{mn}^{tr} = \sum_{n \in N} \sum_{mn \in M_n} \frac{P_{mn} D_{mn}}{e_{mn} B \varphi_{mn}}, \tag{3.3.43}$$

其中 $\varphi_{mn} = \log_2\left(1 + \frac{P_{mn} h_{mn}}{\sigma^2}\right)$ 是第 m 个物联网设备的频谱效率。

2）计算模型

无人机作为中继节点将数据传输到基站的 MEC 服务器进行计算时，设 F 为一个 MEC 服务器的总计算能力，基站分配给第 m 个物联网设备的计算资源的百分比为 $k_{mn} \in [0,1]$，$\forall m,n$，应满足 $\sum_{mn \in Mn} k_{mn}$，$\forall n$。因此，MEC 服务器计算第 m 个物联网设备的数据的执行时间为

$$t_{mn}^b = \frac{C_{mn}}{k_{mn}F} \tag{3.3.44}$$

那么，MEC 服务器进行数据计算的总能耗为

$$E^c = \sum_{n \in N}\sum_{mn \in Mn} l_n (k_{mn}F)^{\gamma n} t_{mn}^b = \sum_{n \in N}\sum_{mn \in Mn} l_n (k_{mn}F)^{\gamma n-1} C_{mn} \tag{3.3.45}$$

式中，l_n 为有效开关电容；γ^n 为一个正常数。实际测量中，$l_n = 10^{-26}$，$\gamma^n = 3$。

可以得到 MEC 系统总能耗为

$$E^M = E^{tr} + E^c \tag{3.3.46}$$

3）区块链模型

为保证卸载到 MEC 的数据安全，防止恶意的 MEC 服务器滥用数据导致信息泄露，区块链系统的共识节点采用实用拜占庭容错（practical Byzantine fault tolerance，PBFT）协商机制[113]对 MEC 系统发送的计算卸载记录进行验证和共识。PBFT 是指分布式网络的一种容错能力，即网络在存在无法正常运行或散布错误信息的恶意节点的情况下仍能让诚实节点达成共识、正常运行，通过运用集体决策的力量降低恶意节点对整体网络的影响力，避免网络出现严重故障。采用密码学算法的 PBFT 协商机制可以保证节点之间消息传送的不可篡改性，具体步骤如图 3.63 所示。

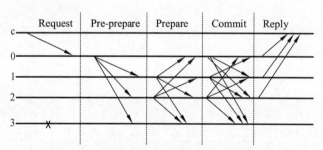

图 3.63　PBFT 协商机制三阶段提交流程

首先，区块链中的节点从 MEC 系统收集如计算卸载记录之类的事务。当主节点收到事务时，需要检查签名和消息认证码（message authentication code，MAC）。假设生成或验证 1 个签名、生成或验证 1 个 MAC 分别需要 ϑ 和 θ 个 CPU 周期，则得到主节点的计算成本为

$$g_1 = \frac{\phi}{g}(\vartheta + \theta) \tag{3.3.47}$$

式中，ϕ 为一个区块中可以包含的最大事务数；g 为正确事务的比例。

主节点向所有副本节点发送 pre-prepare 消息。副本节点接收到一个新块后，首先验证该块的签名和 MAC，然后验证事务的签名和 MAC。在该过程中，副本节点的计算成本为

$$g_2 = (\phi + 1)(\vartheta + \theta) \tag{3.3.48}$$

每个副本节点向其他副本节点发送 prepare 消息。节点需要验证 $2f(f=(N-1)/3)$ 个来自其他副本节点的签名和 MAC。另外,副本节点需要生成 1 个签名和 $N-1$ 个 MAC,可得副本节点的计算成本为

$$g_3 = \vartheta + (N-1)\theta + 2f(\vartheta + \theta) \tag{3.3.49}$$

每个副本节点向其他节点发送 commit 消息。节点收到 commit 消息后需要验证 $2f$ 个签名和 MAC。因此,副本节点的计算成本为

$$g_4 = \vartheta + (N-1)\theta + 2f(\vartheta + \theta) \tag{3.3.50}$$

收集到 $2f$ 个匹配的 commit 消息后,新块成为有效块,并将其广播到区块链系统。副本节点的计算成本为

$$g_5 = \varphi(\vartheta + \theta) \tag{3.3.51}$$

因此,区块链系统的总计算时延为

$$
\begin{aligned}
T^d &= \max\left\{\frac{G_d}{f_n^d}\right\} \\
&= \max\left\{\frac{g_1 + g_2 + g_3 + g_4 + g_5}{f_n^d}\right\} \\
&= \max\left\{\frac{\left[\left(2 + \dfrac{1}{g}\right)\phi + 4f + 3\right]\vartheta + \left[\left(2 + \dfrac{1}{g}\right)\phi + 2(N-1) + 4f + 1\right]\theta}{f_n^d}\right\}
\end{aligned} \tag{3.3.52}
$$

式中,$G_d = g_1 + g_2 + g_3 + g_4 + g_5$ 是共识过程中的总计算成本;f_n^d 是区块链节点的 CPU 周期频率。

针对物联网设备部署在较偏远地区而导致的传输链路易受损或传输覆盖范围有限等问题,在此场景中引入无人机和移动边缘计算(MEC)技术,有效改善了物联网设备能源供给,优化了计算资源,同时提升了通信覆盖范围,减少了不必要的网络开销。另外,区块链技术的引入保证了数据计算卸载与交互过程中的安全性和可靠性,实现了数据共享。因此,面向无人机辅助的物联网系统提出一种融合 MEC 和区块链的资源分配决策方法,以实现 MEC 系统和区块链系统性能的最佳权衡为目标。

3.3.4　中小型智能无人机通信的未来

无人机辅助的移动通信在 6G 中具有非常广阔的前景。然而,由于无人机通信自身的发展仍处于初级阶段,并且 6G 较 5G 又有了全新的技术发展,因而将无人机应用于 6G 移动通信仍有诸多挑战需要深入探索与研究。本节从无人机的续航时间、无人机与异构网络的融合、射频相关的天线技术与太赫兹技术、移动用户的安全问题等方面对面向 6G 的无人机通信所存在的技术挑战与未来研究方向进行探讨。

1. 无人机的续航时间

无人机的续航时间一直是限制其发展与应用的瓶颈[114]。旋翼无人机多为电池驱动,市面上的电池多为锂电池,无法为无人机提供长时间的续航能力。目前,旋翼无人机续航时间多在 30min 左右。已有研究提出可以利用能量采集技术为无人机供能,而如何提升无线能量采集的效率也是一大技术难题。此外,尽管已有可以为无人机自动更换电池的航站装置,

但这仍无法从根本上解决无人机续航时间短的难题。

2. 无人机与异构网络的融合

为了满足更广域的无缝覆盖,6G致力于实现"空天地海"的全维度通信,因此,如何实现空域网的无人机与其他不同异构网络间数据交互的高速率、低时延、海量连接便成为亟待解决的技术难题。不同网络的传输协议、网络架构均不同,数据的跨网络传输需要进行缓存、转发,这将会产生多余的处理步骤。因此,为了解决数据在不同类型网络间的交互,需要重新设计各网络架构以及数据分发协议并考虑它们之间的兼容性,在保证用户数据准确性的同时实现低时延、高带宽传输。无人机立体异构网络如图3.64所示。

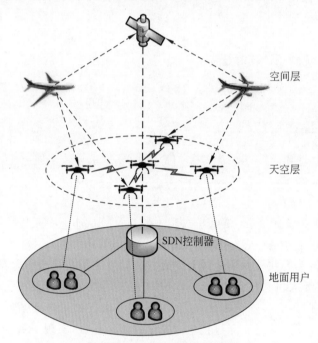

图 3.64　无人机立体异构网络

3. 智能反射面及超大规模天线阵列与无人机的兼容性

智能反射面可以通过软件定义主动调节入射信号来改变反射信号的相位和幅值,以达到对信道的重构来提高接收端信号功率的目标并同时抑制干扰。智能反射面由于是无源反射,而不需要通过接收-放大/解码-转发的方式传输信号,因此与传统中继相比更加节能。但在实际部署中,由于智能反射面需要装配在无人机表面,考虑到无人机的尺寸以及有限的续航载荷能力,需要有效限制智能反射面的尺寸与质量。此外,由于6G中采用超大规模天线阵列,即便采用太赫兹频段将明显减小单元尺寸,但天线阵列规模巨大,在设计中仍需将其体积纳入考量范围。

4. 太赫兹相关技术及设备研发

太赫兹作为6G移动通信中备受关注的突破性技术之一,具有更宽的带宽,并可提供接近1Tb/s的传输速率。一方面,由于其频率较高波长短,因此在波束赋形中具有更窄的主瓣宽度和更精确的传输方向以保证用户信息安全。然而,无人机端受限于体积与续航能力,太赫兹波束的搜索与对准技术难以实现。另一方面,太赫兹频率较高且易被分子吸收,因此太赫兹传输衰减增大,这也造成传输距离较短。此外,目前的半导体、金属材料和光学元件还不能满足太赫兹通信的性能,因此,未来还需要对适用于太赫兹频段的材料进行大力研发。

5. 用户信息的安全性

由于无线通信具有广播特性,因此用户的信息暴露在空中引发了安全隐患。另外,无人机的运行范围在空中,无论是空对地信道,还是空对空信道,都更接近视距信道,因而无人机通信更容易被窃听者进行信道估计,进而对用户的私密信息进行截获与窃听。6G 移动通信中将采用太赫兹信道,虽然其信道模型尚未充分建立,但视距信道更具稳定性,因而信道特性更容易被窃听者获取,进而对用户信息隐私造成威胁。此外,窃听者还可能发射干扰噪声来攻击无人机的通信,如何克服主动干扰攻击也是亟待解决的问题。

6. 蜂群网络冲突规避

无人机的高移动性使其受到广泛关注,然而,在大规模无人机蜂群网络中,其移动性给蜂群系统的信道建模、飞行部署和轨迹优化等造成极大的挑战。尽管空地无线信道可以近似为视距链路,然而,由于蜂群网络的复杂性以及无人机间的相互干扰,无人机信道仍存在极大的不确定性,这也会对空地信道建模造成影响,进而对 6G 移动通信网络中各无人机的轨迹规划造成干扰,影响无人机的编队飞行,甚至产生冲突。因此,如何有效地规避无人机蜂群的冲突,也是未来 6G 无人机通信网络所面临的严峻挑战。无人机蜂群系统如图 3.65所示。

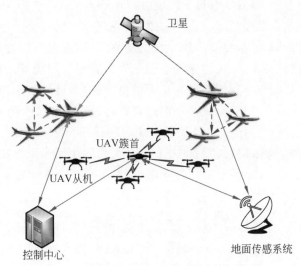

图 3.65　无人机蜂群系统

7. 海量密集接入的频谱稀缺

6G 移动通信网络中无人机需要作为临时空中基站配合海量用户的超密集接入。尽管无人机可以分担部分网络负载,然而有限的频谱资源仍会极大限制用户的信息传输速率并造成网络的高时延。尽管太赫兹频段的引入将会对频谱短缺有所缓解,然而频谱资源利用率低的问题仍亟待解决。因此,将认知无线电技术有效引入 6G 无人机通信中,通过无人机进行频谱感知并将冗余的频带高效利用,从而改善频谱资源稀缺的问题迫在眉睫。

6G 移动通信将在 5G 的低延时、大接入、高带宽的基础上进一步增强网络通信性能指

标。本节重点针对 6G 空天地海一体化无缝覆盖网络架构下空基网络中的无人机通信进行阐述与分析；同时，针对无人机在通信网络架构中所担任的不同职责对其在 6G 中的应用场景进行预测。此外，对 6G 无人机通信中太赫兹、超大规模天线阵列、智能反射面、人工智能计算、区块链、通信感知一体化等潜在关键技术进行阐述。最后，对面向 6G 的无人机通信中存在的相关技术挑战与未来发展趋势进行展望。

3.4　智能超表面通信传输

3.4.1　智能超表面概述

可重构智能超表面（Reconfigurable Intelligent Surface，RIS）技术是一种基于超材料发展起来的新技术，也可以看作超材料在移动通信领域的跨学科应用[115]。智能超表面系统主要由智能超表面辐射结构、馈电系统、波控网络等部件构成。一个智能超表面阵列由大量半波长微结构智能超表面单元组成，其电磁特性由智能超材料单元的几何结构、尺寸大小和排列方式决定，如图 3.66 所示。馈电系统可采用远场空间馈电和分布式馈电两种方式。远场空间馈电系统采用喇叭馈源照射的方式，其结构简单，馈电插损低，效率高，但系统体系较大，因此通常用于基于智能超表面的收发信机设计等典型应用场景。分布式馈电系统则将整个天线阵面划分为多个子阵区域，每个区域由一套子阵馈电系统提供信号馈电，最后利用功分网络模拟合成或信号处理数字合成的方式，获得整个天线阵面的电磁信号。该馈电方式可显著降低天线的剖面高度，提高天线系统的功率容量，改善天线的平面共形性能，系统体积较小，通常用于覆盖补盲、多流增速等智能超表面典型应用场景。例如，通过可编程控制电路可以动态独立控制每个智能超材料单元的电磁性质，通过基于可编程逻辑门（Field-Programmable Gate Array，FPGA）的控制电路调整施加在变容二极管上的电压或光敏元件上的光照强度，进而实时调控电磁信号经过智能超表面后反射信号或透射信号的幅度、相位、频率甚至极化特性，实现高效高增益平面聚焦、大角度快速波束扫描/切换、灵活波束形成等高增益、高动态的辐射性能[116-120]。近年来，学术界和产业界也针对 RIS 原型系统的增益进行了实验和验证[121-125]。

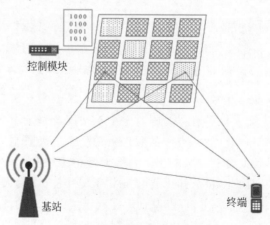

图 3.66　智能超表面示意图

无线通信环境中的遮挡物会造成阴影衰落,导致信号质量下降。传统的无线通信系统通过控制发射设备的发射信号波束和接收设备的接收信号波束提升接收信号的信号质量。对于毫米波和太赫兹频段,高频信号的透射和绕射能力更差,通信质量受到物体遮挡的影响更明显。在实际部署中,智能表面可以为物体遮挡区域的终端提供转发的信号波束,扩展小区的覆盖范围,如图 3.67(a)所示。对于超高流量的热点业务,例如 VR 业务,基站与终端的直通链路可能无法提供足够的吞吐量。智能表面可以为热点用户提供额外的信号传播路径,提升热点用户的吞吐量,如图 3.67(b)所示。智能表面技术可以与大规模 MIMO 技术结合,克服收发天线数量增加带来成本和功耗增大的问题,在降低设备成本的同时提升 MIMO 的空间分集增益,如图 3.67(c)所示[126]。

(a) 空洞补盲/覆盖延伸　　　　　(b) 热点增强　　　　　(c) MIMO空间分集增强

图 3.67　智能超表面应用场景

智能超表面在各种无线通信网络中的应用包括 RIS 增强的蜂窝网络,其中部署了 RIS 以绕过基站和用户之间的障碍,从而提高异构网络的服务质量(QoS)和移动边缘计算(MEC)网络的延迟性能[127-128]。另一方面,RIS 可以作为信号反射集线器,通过在设备到设备(D2D)通信网络中减少干扰来支持大量连接,或者 RIS 可以通过在物理层安全(PLS)背景下巧妙地设计被动波束形成来取消不需要的信号[129]。此外,还可以部署 RISs 增强小区边缘用户的接收信号功率,减少相邻小区的干扰[130],并在同步无线信息和功率传输(swift)网络中补偿长距离的功率损失。RIS 还可以辅助室内无线通信,例如 RIS 辅助的可见光通信(VLC)或者混合 VLC/RF 通信系统。辅助室内通信时,RIS 可以部署在墙壁上,以满足虚拟现实(VR)等一些高通信速率和 QoS 要求的室内场景。此外,为了保证在一些块敏感场景(如可见光通信[131]和无线保真(WiFi)网络)的覆盖区域内没有盲点,可以借助 RIS 在接入点(AP)和用户之间形成串联的虚拟 RIS 辅助视距(LoS)链路。RIS 还可辅助增强的无人机(UAV)系统,充分利用上述 RIS 优势,提高无人机支持的无线网络[132]、蜂窝连接无人机网络[133]、自主车辆网络、自主式水下航行器(AUV)网络和智能机器人网络的性能。例如,在 RIS 辅助的无人机无线网络中,可以通过调节 RIS 的相移而不是控制无人机的移动,从而在无人机和用户之间形成连接的虚拟 LoS 链路。因此,只有在 RIS 也无法形成串联的虚拟 LoS 链路的情况下,无人机才保持悬空状态,从而减少了无人机的运动操作和能量消耗。在 RIS 增强的物联网网络中,可以利用 RIS 辅助智能无线传感器网络[134]、智能农业和智能工厂等[135]。

在 5G-Advanced 阶段,在移动通信网络的典型场景中,RIS 将侧重支持 Sub6GHz 和毫

米波频段传统通信场景的覆盖或速率增强[136]。

（1）覆盖补盲：传统的蜂窝部署可能会覆盖空洞区域，而RIS可部署在基站与信号盲区之间，通过有效地反射/透射传输信号，以增强信号盲区用户的信号质量，保证空洞区域用户的覆盖。

（2）多流增速：对于业务密集的热点区域，可以通过RIS增加额外的无线通信路径与信道子空间，从而提高信号传输的复用增益。尤其在视距传输场景中，引入基于RIS的可控信道，收发天线阵列间信道的空间相关特性将会得到很大改善，可用于数据传输的子空间数目将会增加，这极大地提升了系统的传输性能。

对于小区边缘区域，有用信号电平较弱且缺乏多径环境，终端侧的多天线能力无法充分发挥作用。在收发端之间增加RIS设备，使小区边缘用户按需利用终端多天线能力，极大提升传输性能。

未来的6G通信业务要求更高的通信速率和更多的连接密度，需要开发更多的频谱资源和达到更高的频谱利用率。智能表面技术可以在多个实际应用场景中提升通信系统的性能。在6G阶段，典型场景有以下3个。

（1）RIS支持高频通信：高频毫米波和太赫兹是5G-Advanced和6G潜在工作频段。高频信号最明显的特征就是路径损耗较大，小区半径较小，受障碍物遮挡、雨雪天气、环境吸收等影响大。依据3GPP 38.901（第3代合作伙伴计划中的协议），在同等条件下，28GHz毫米波信号的路径传输损耗比3.5GHz信号的路径传输损耗增大约18dB；在穿透损耗方面，对于低频毫米波信号而言，混凝土和红外反射玻璃材质的障碍物几乎无法穿透，树叶、人体、车体等障碍物对低频毫米波信号的穿透损耗均在10dB以上，这导致覆盖范围内的大部分区域通信质量从良好变为非常差。因此，高频通信必将面临覆盖半径小、盲区多、部署运维成本高的严峻形势。在基站和终端用户之间部署智能超表面设备，能在视距通信不可达或信号质量较差的盲区或小区边缘，按需动态建立非视距链路，从而提升网络深度覆盖质量，减少覆盖盲区。未来，随着超材料天线的应用推广，智能超表面设备形态将更加丰富多样，例如建筑物外墙装饰层。低成本、低功耗、易部署的智能超表面设备将为基站提供有效的补充和延伸。

（2）RIS使能轨道角动量（OAM）：OAM技术有望突破传统通信中的香农极限，缓解频谱资源紧张、频段拥塞的问题，因此成为6G潜在的关键技术之一。OAM涡旋电磁场的生成方式有很多种，其中一种典型的便是基于智能超表面的涡旋电磁场的生成方法。通过反射型和投射型智能超表面，既可以产生双极化双频段多模态OAM涡旋电磁波，也可以实现OAM涡旋电磁波的线极化和圆极化灵活转换。

（3）RIS使能通信感知一体化：未来移动通信系统会朝着更加智能化和软件化的方向发展，有望通过融合环境感知技术、用户定位功能和智能无线环境新范式，进一步拓展其网络能力和应用场景。在智能超表面辅助的无线通信系统中，利用智能超表面的空时调制能力，不仅可以在非视距环境中建立虚拟视距链路，通过优化智能超表面的反射系数矩阵提高通信链路质量，按需动态提供波束赋形增益，而且可以在同等条件下使系统具备较大天线孔径的优势和较高的定位精度，实现高精度感知定位能力。

3.4.2　RIS 调控原理

考虑到单波束反射,基于贴片阵列的 RIS 可以被配置为在远场和近场区域中为终端设备服务[137]。在 RIS 的众多工作功能和结构中,异常反射和波束赋形在无线通信中得到广泛应用。采用波动光学的观点,异常反射是一个平面波到另一个平面波的波变换,波束赋形是一个平面波到期望波的波前变换。采用射线光学的观点,就异常反射而言,RIS 的设计是将入射光束反射到远场终端,遵循广义反射定律[138],就波束赋形而言,是将入射波聚焦到一个目标区域,通常也称为聚焦。上述两种功能所需的 RIS 配置遵循共相条件,在提出这两个不同的原理之前,先要澄清近场区域和远场区域之间的物理区别。

1. 近场与远场

由量纲分析原理得知系统的特征可以用无量纲数表示。为了将近场区域与远场区域区分开来,需要一个合适的无量纲数。设 L 和 R_F 分别为 RIS 的天线孔径大小和焦距,假设 z 是一个特定场点到 RIS 的距离。理论上,远场和近场体系可以区分如下:通常将距离 $2L^2/\lambda$ 作为评判近场与远场标准的边界,这一结果来自对功率密度随场点与 RIS 之间距离变化的验证。在 $z < 2L^2/\lambda$ 的近场内,功率密度表现出显著的变化,近场区域内功率密度峰值 R_F 的位置随 RIS 构型的不同而不同。在适当的共相条件下,波束可以在 RIS 的近场内聚焦。值得一提的是,一般来说,近场和远场体系之间的边界取决于 RIS 的具体配置。

一般来说,近场区域和远场区域的本质区别在于功率密度随距离的变化。例如,RIS 将波束聚焦在一个区域 a 内,入射到 RIS 上的总能量 Ω 与立体角成正比,Ω 在 RIS 表面覆盖的区域与发射机相对 RIS 的位置有关。反射后,传输的能量被扩散到 a 区域,因此,焦点周围的功率密度与 Ω/a 成正比。另外,由 Abbe 衍射极限可知,面积 a 与 $\lambda^2(1+4z^2/L^2)$ 成正比。在远场区域,括号内第二项占据主导地位,Ω/a 与 $L^2\Omega/z^2$ 成正比,这是一个典型的信号功率随距离的球形耗散;在近场区域,$4z^2/L^2$ 将变得非常小,括号内第一项占主导,面积 a 也就变得非常小。因此,可以实现高聚焦增益。

在 RIS 的辅助下,通常可以在近场和远场状态下增强信号。然而,这种增强的原理是不同的。对于近场应用,RIS 将增强位于相对于 RIS 的目标位置的用户的信号强度,同时减弱其他位置的信号。对于远场应用,通常 RIS 增强位于相对于 RIS 的目标角度的用户的信号强度。

下面从射线光学的角度讨论 RIS 折射和反射的广义定律,以及相应的共相条件。

2. 折射和反射的广义定律

从几何光学的角度,RIS 的异常反射和折射可以用广义折射和反射定律描述,这是费马原理和麦克斯韦方程支配的边界条件的自然推导。

异常反射的实现:假设边界处的相位不连续,是沿 x 方向位置 $\Phi(r_x)$ 的函数,r_x 为边界上的位置向量,此外,假设存在相位不连续的导数,则反射角(θ_1)和折射角(θ_2)分别为

$$\theta_1 = \arcsin\left[\sin\theta_i + \frac{\lambda}{2\pi n_1}\frac{\mathrm{d}\Phi}{\mathrm{d}x}\right] \tag{3.4.1}$$

$$\theta_2 = \arcsin\left[\frac{n_1}{n_2}\sin\theta_i + \frac{\lambda}{2\pi n_2}\frac{\mathrm{d}\Phi}{\mathrm{d}x}\right] \tag{3.4.2}$$

式中，θ_i 为入射角；λ 为在真空中传输信号的波长；n_1、n_2 为折射率。

3. 共相条件

波束赋形通常在 RIS 源近场范围内或终端靠近 RIS 时实现。在这些情况下，入射和反射波前的曲率是不可忽略的。RIS 表面的优化旨在产生指向终端方向的锥形波束。当源端与 RIS 之间的链路以及 RIS 与终端之间的链路都为 LoS 链路时，可以应用以下共相条件：

定义 $\boldsymbol{r}_{m,n}$ 为位于第 (m,n) 处的 RIS 单元坐标，源位置坐标为 $\boldsymbol{r}_s$，接收端相对于 RIS 平面的方向为 $\hat{\boldsymbol{u}}$，$\phi_{m,n}$ 可以表示为

$$-k_0(|\boldsymbol{r}_{m,n}-\boldsymbol{r}_s|-\boldsymbol{r}_{m,n}\cdot\hat{\boldsymbol{u}})+\phi_{m,n}=2\pi\cdot t,\quad t=1,2,3\cdots,k_0=2\pi/\lambda_c \quad (3.4.3)$$

上述两种设计原理为典型的应用中配置 RIS 相移模式提供了指导。然而，在更复杂的无线通信系统中，RIS 的作用以及设计更加复杂，在这些情况下，为了确定 RIS 配置，需要根据实际情况制定优化策略。

3.4.3 信道建模

在太赫兹通信系统中，为了解决超短距离问题，采用多天线，甚至超大规模多输入多输出(UM-MIMO)天线。同时，发射机的高增益窄波束指向最强的传播路径，以补偿极高的路径衰减。本节考虑了由多天线基站覆盖的单小区网络场景[139]。发射端基站(BS)作为源端，发射天线数记为 M，RIS 反射单元数记为 N，接收端为单天线用户设备(UE)。RIS 单元呈规律分布，包括 P 行 Q 列($P\times Q=N$)，各单元尺寸均在亚波长大小范围内，如图 3.68 所示。

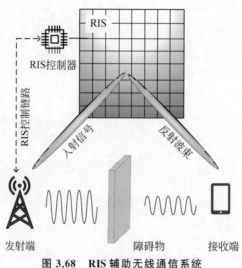

图 3.68　RIS 辅助无线通信系统

BS 到 UE 之间的视距(LoS)链路由 $\boldsymbol{h}_{sd}\in C^{M\times1}$ 表示，$[\boldsymbol{h}_{sd}]_j\in C$ 表示 BS 的第 j 个天线到 UE 之间的信道增益，且有 $j=1,2,\cdots,M$。BS 到 RIS 之间的信道由 $\boldsymbol{H}_{sr}\in C^{N\times M}$ 表示，$[\boldsymbol{H}_{sr}]_{i,j}\in C$ 表示 BS 的第 j 个天线与 RIS 的第 i 个反射单元之间的信道增益。RIS 与 UE 之间的信道由 $\boldsymbol{h}_{rd}\in C^{N\times1}$ 表示，$[\boldsymbol{h}_{rd}]_i\in C$ 表示 RIS 的第 i 个反射单元与 UE 之间的信道增益，且有 $i=1,2,\cdots,N$。

在 RIS 辅助无线通信中，RIS 本身的反射特性对 BS-RIS-UE 无线链路（这里简称非视距（NLoS）链路）的传输起着至关重要的作用。RIS 反射的特征是它对入射波的振幅和相移的影响。这里定义 $\boldsymbol{\theta}=[\theta_1,\theta_2,\cdots,\theta_N]^T,\theta_i\in[0,2\pi)$ 为 RIS 的反射相移矩阵，RIS 的反射振幅矩阵定义为 $\boldsymbol{\beta}=[\beta_1,\beta_2,\cdots,\beta_N]^T,\beta_i\in[0,1]$。由于 RIS 反射单元是无源被动反射，不具备放大功能，因此有 $0\leqslant\beta_i\leqslant1,\beta_i=0$ 表示入射波被完全吸收，$\beta_i=1$ 表示全反射。

RIS 的反射系数矩阵定义为 $\boldsymbol{\Theta}=\mathrm{diag}(\beta_1\mathrm{e}^{\mathrm{j}\vartheta_1},\beta_1\mathrm{e}^{\mathrm{j}\vartheta_1},\cdots,\beta_N\mathrm{e}^{\mathrm{j}\vartheta_N})$，由于 RIS 的每个反射单元都是独立的，它只根据自身的反射特性对入射波进行反射，因此将 $\boldsymbol{\Theta}$ 设计为对角矩阵。这里假设 RIS 能在所有目标方向上近似常数增益进行反射入射波，即假设每个 RIS 反射单元具有相同的振幅 $\alpha,0\leqslant\alpha\leqslant1$。

RIS 的 NLoS 信道用级联形式表示，即 $\boldsymbol{H}_{sr}^H\cdot\boldsymbol{\Theta}\cdot\boldsymbol{h}_{rd}$ 因此，从 BS 到 UE 的两条路径的组合通道（即视距链路和非视距链路）表示为 $\boldsymbol{h}_{sd}+\boldsymbol{H}_{sr}^H\cdot\boldsymbol{\Theta}\cdot\boldsymbol{h}_{rd}$。另外，定义 $w\in C^{M\times1}$ 为 BS 天线的权向量，且有 $\|w\|^2=\sum\limits_{i=1}^M|w_i|^2=1$，$\|w\|$ 表示向量 w 的欧几里得范数。下面对 RIS 辅助的通信信道进行分析建模，分别从远场和近场两种情况进行分析。

1. 远场波束赋形情况下的信道建模

当 RIS 位于基站远场时，各 RIS 单元的反射信号可以相互对齐并指向目标区域，增强接收信号功率，从而达到高精度的波束形成效果。考虑发射功率对信号发射的影响，在接收机处的接收信号可表示为

$$y=(\boldsymbol{h}_{sd}+\boldsymbol{H}_{sr}^H\cdot\boldsymbol{\Theta}\cdot\boldsymbol{h}_{rd})^H\cdot\sqrt{p_t}\cdot w\cdot x+n \tag{3.4.4}$$

或者表示为

$$y=(\boldsymbol{h}_{sd}^H+\boldsymbol{h}_{rd}^H\cdot\boldsymbol{\Theta}\cdot H_{sr})\cdot\sqrt{p_t}\cdot w\cdot x+n \tag{3.4.5}$$

其中，p_t 代表总的发射功率，x 为单位功率下传输的信息数据，高斯白噪声为 $n\sim N_c(0,\sigma^2)$。假设 x 是一个独立的随机变量，用功率归一化表示，均值为零，单位方差为零，则接收端的信噪比（SNR）为

$$\mathrm{SNR}=\frac{p_t\;|(\boldsymbol{h}_{sd}^H+\boldsymbol{h}_{rd}^H\cdot\boldsymbol{\Theta}\cdot H_{sr})\cdot w|^2}{\sigma^2} \tag{3.4.6}$$

RIS 辅助的无线链路信道容量为

$$C=\max_{w,\boldsymbol{\Theta}}\log_2\left(1+\frac{p_t\;|(\boldsymbol{h}_{sd}^H+\boldsymbol{h}_{rd}^H\cdot\boldsymbol{\Theta}\cdot H_{sr})\cdot w|^2}{\sigma^2}\right) \tag{3.4.7}$$

根据复数的性质，有

$$|(\boldsymbol{h}_{sd}^H+\boldsymbol{h}_{rd}^H\cdot\boldsymbol{\Theta}\cdot H_{sr})\cdot w|\leqslant|\boldsymbol{h}_{sd}^H\cdot w|+|\boldsymbol{h}_{rd}^H\cdot\boldsymbol{\Theta}\cdot H_{sr}\cdot w|$$
$$\leqslant\sum_{j=1}^M|h_j^{sd}\cdot w_j|+\alpha\sum_{j=1}^M\sum_{i=1}^N|h_i^{rd}h_{i,j}^{sr}\cdot w_j| \tag{3.4.8}$$

当且仅当所有 M 个 BS 发射天线通过 LoS 链路到达 UE 的无线信号相位与通过 N 个 RIS 反射单元的 NLoS 链路到达 UE 的无线信号相位完全相同时，上式的等式才成立。这样可以保证双链路上传输的信号在终端上连贯相加，同时接收信号的能量最大化，从而达到最大的数据传输速率。

令

$$\arg(h_j^{sd} \cdot w_j^*) = \arg(h_i^{rd} h_{i,j}^{sr} e^{j\theta_i^*}) = \varphi_0,$$

$$1 \leqslant i \leqslant N, 1 \leqslant j \leqslant M, 0 \leqslant \varphi_0 \leqslant 2\pi \tag{3.4.9}$$

其中 w_j^* 和 θ_i^* 分别表示对应的最优值。根据复数乘法的运算性质,有

$$\arg(w_j^*) = \varphi_0 - \arg(h_j^{sd}) + 2l\pi \tag{3.4.10}$$

$$\theta_i^* = \varphi_0 - \arg(h_i^{rd}) - \arg(h_{i,j}^{sr}) + 2k\pi \tag{3.4.11}$$

式中,l 和 k 分别表示取一个整数确保 $0 \leqslant \arg(w_j) < 2\pi$ 和 $0 \leqslant \theta_i < 2\pi$ 成立。

2. 近场波束赋形情况下的信道建模

在天线面板面积相同的情况下,工作频带越高,天线单元个数越多,远场距离越远。此外,为了增加 RIS 增益,RIS 一般部署在基站附近。因此,在通信系统中引入近场模型来分析 RIS 的传输特性是非常必要的。这里考虑近场 RIS 辅助的单输入单输出(SISO)通信的情况,如图 3.69 所示。

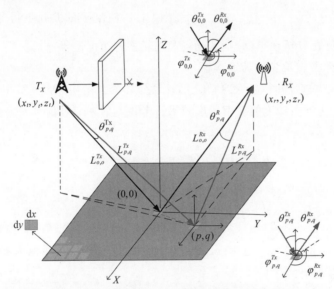

图 3.69   近场情况下 RIS 辅助无线通信模型

在图 3.69 中,假设 RIS 反射平面位于空间坐标系 xOy 平面内,其几何中心位于坐标原点处。P 和 Q 分别为 x 方向和 y 方向的反射单元数,为了便于分析,这里假设两者均为奇数。反射单元沿 x 方向和 y 方向的长度分别用 $\mathrm{d}x$ 和 $\mathrm{d}y$ 表示,大小在 $\lambda/10 \sim \lambda/2$。任一 RIS 单元 (p, q) 的中心坐标为 $(p \cdot \mathrm{d}x, q \cdot \mathrm{d}y)$,其中 $p \in [-(p-1)/2, (p-1)/2]$,$q \in [-(Q-1)/2, (Q-1)/2]$。分别定义 $L_{p,q}^{Tx}$,$\theta_{p,q}^{Tx}$ 和 $\varphi_{p,q}^{Tx}$ 表示 BS 到 RIS 反射单元 (p, q) 的距离、仰角和方向角。同理,分别定义 $L_{p,q}^{Rx}$,$\theta_{p,q}^{Rx}$ 和 $\varphi_{p,q}^{Rx}$ 表示 RIS 反射单元 (p, q) 到 UE 的距离、仰角和方向角。

为了简化分析,定义反射系数来表征在 RIS 单元 (p, q) 上的路径损失信息。通过设计合理的 RIS 反射系数,将反射信号聚焦到接收天线上。假设复反射系数 $\Gamma_{p,q}$ 由可调幅度 $A_{p,q}$ 和相移差 $\Delta\phi_{p,q}$ 构成,即 $\Gamma_{p,q} = A_{p,q} e^{j\Delta\phi_{p,q}}$,其中相位延迟为

$$\Delta\phi_{p,q} = 2\pi\left(\frac{\Delta L_{p,q}}{\lambda_c} - \left[\frac{\Delta L_{p,q}}{\lambda_c}\right]\right) \tag{3.4.12}$$

其中,符号[·]表示取整函数。

RIS 反射单元(p,q)与参考单元$(0,0)$之间的相对路径差为

$$\Delta L_{p,q} = (L_{p,q}^{Tx} + L_{p,q}^{Rx}) - (L_{0,0}^{Tx} + L_{0,0}^{Rx}) \tag{3.4.13}$$

为了表示功率密度与方位角和仰角的关系,定义 $F^{Tx}(\theta,\varphi)$ 和 $F^{Rx}(\theta,\varphi)$ 分别表示发射天线和接收天线的归一化功率辐射模式。

接收到的信号功率为

$$P_r = P_t \frac{G_t G_r G d_x d_y \lambda^2 A_{p,q}^2}{64\pi^3} \left| \sum_{p=-\frac{p-1}{2}}^{\frac{p-1}{2}} \sum_{q=-\frac{q-1}{2}}^{\frac{q-1}{2}} \sqrt{F} \frac{\mathrm{e}^{\frac{-j(2\pi(L_{p,q}^{Tx}+L_{p,q}^{Rx})-\lambda_c \Delta\phi_{p,q})}{\lambda_c}}}{L_{p,q}^{Tx} L_{p,q}^{Rx}} \right|^2 \tag{3.4.14}$$

其中,

$$F = F^{Tx}(\theta_{p,q}^{Tx},\varphi_{p,q}^{Tx}) F(\theta_{p,q}^{Tx},\varphi_{p,q}^{Tx}) F(\theta_{p,q}^{Rx},\varphi_{p,q}^{Rx}) F^{Rx}(\theta_{p,q}^{Rx},\varphi_{p,q}^{Rx}) \tag{3.4.15}$$

经 RIS 单元(p,q)反射后接收到的信号为

$$y_{p,q}(t) = \left[\sum_{m=1}^{M} \omega_m \mathrm{e}^{-j2\pi f_c(t-\tau_{p,q})} \delta(t-\tau_{p,q}) \right] * s(t) \tag{3.4.16}$$

由于 RIS 为二维平面结构,因此有

$$\psi^1 = \frac{L_{0,0}^{Rx} \sin\varphi_{0,0}^{Rx} \cos\theta_{0,0}^{Rx}}{\lambda_c} \tag{3.4.17}$$

$$\psi^2 = \frac{L_{0,0}^{Rx} \sin\theta_{0,0}^{Rx}}{\lambda_c} \tag{3.4.18}$$

$$\tau_{p,q} = p \frac{\psi^1}{f_c} + q \frac{\psi^2}{f_c} \tag{3.4.19}$$

接收到的时域信号为

$$y_{p,q}(t) = \left[\sum_{l=1}^{N} \beta_l \mathrm{e}^{-j2\pi f_c \left(p\frac{\psi1}{f_c}+q\frac{\psi2}{f_c} \right)} \delta\left(t-\tau_l - p\frac{\psi^1}{f_c} + q\frac{\psi^2}{f_c} \right) \right] * s(t) \tag{3.4.20}$$

其中 τ_l 为从第 l 个发射天线到 RIS 中心单元的时延。

在频域接收到的信号为

$$y_{p,q}(f) = \left[\sum_{l=1}^{N} \beta_l \mathrm{e}^{-j2\pi f\tau_l} \mathrm{e}^{-j2\pi f_c \left(p\frac{\psi_l^1}{\lambda_c}+q\frac{\psi_l^2}{\lambda_c} \right)} \mathrm{e}^{-j2\pi f \left(p\frac{\psi_l^1}{f_c}+q\frac{\psi_l^2}{f_c} \right)} \right] s(f) \tag{3.4.21}$$

可以进一步得出

$$y_{p,q}(f) = \left[\sum_{l=1}^{N} \beta_l \mathrm{e}^{-j2\pi f\tau_l} \mathrm{e}^{-j2\pi (p\psi_l^1+q\psi_l^2)\left(1+\frac{f}{f_c} \right)} \right] s(f) \tag{3.4.22}$$

在所有 RIS 单元上接收到的频域信号可以用矩阵形式表示为

$$Y(f) = \left[\sum_{l=1}^{N} \beta_l \mathrm{e}^{-j2\pi f\tau_l} A_R \left(\left(1+\frac{f}{f_c} \right)\psi_l^1, \left(1+\frac{f}{f_c} \right)\psi_l^2 \right) \right] s(f) \tag{3.4.23}$$

将式(3.4.23)向量化为

$$y(f) = \left[\sum_{l=1}^{N} \beta_l \mathrm{e}^{-j2\pi f\tau l} a_R \left(\left(1+\frac{f}{f_c} \right)\psi_l^1, \left(1+\frac{f}{f_c} \right)\psi_l^2 \right) \right] s(f) \tag{3.4.24}$$

其中 $a_R = \mathrm{vec}(A_R)$。

3. 同步透射和反射 RIS 信道建模

本节引入一种同步透射和反射可重构智能曲面(STAR-RISs)进行研究。与传统的仅反

射的 RIS 相比,STAR-RISs 通过同时透射和反射,将覆盖范围扩大到 $360°^{[140]}$。

尽管 RIS 有众多优点,但现有的研究成果也主要考虑了仅反射 RIS 的使用,这给无线系统带来额外的拓扑约束。具体来说,要从只反射的 RIS 接收信号,用户必须与发射器处于同一侧。为了减小这一缺陷的影响,并促进 RIS 辅助网络更灵活的系统设计,引入了 STAR-RISs 的概念。目前,STAR-RISs 缺乏既符合物理要求,又易于数学处理的通信模型。为了便于在无线通信领域对 STAR-RISs 的研究,本节给出一个通用的硬件模型及两个近场和远场的信道模型。基于场等效原理提出的硬件模型通过透射和反射系数表征每个 STAR-RIS 单元。信道模型给出了信道增益的透射系数和反射系数的封闭表达式,以及系统的几何设置。

1) 通用硬件模型

图 3.70 所示为 STAR-RIS 的结构示意图。根据场等效原理,由于 STAR-RIS 元件受到入射信号的激励,所以透射和反射信号可以等效地视为时变表面等效电流 J_p 和磁电流 J_b(也称为束缚电流)辐射出的波。在每个元件内,这些表面等效电流的强度和分布由入射信号 s_m 以及局部表面平均电阻抗 Y_m 和 Z_m 决定。假设 STAR-RIS 产生的透射和反射信号具有相同的普及率。在第 m 个单元处,这些信号可以表示为:

$$s_m^T = T_m s_m, \quad s_m^R = R_m s_m \tag{3.4.25}$$

式中,T_m 和 R_m 分别为第 m 个单元处的透射系数和反射系数。根据能量守恒定律,对于无源 STAR-RIS 元件,必须满足以下对局部透射和反射系数的约束:

$$|T_m|^2 + |R_m|^2 \leqslant 1 \tag{3.4.26}$$

根据电磁理论,透射场和反射场的相位延迟都与 Y_m 和 Z_m 有关。在图 3.70 中,单元的可重构性体现在表面阻抗的变化上,由于第 m 个单元的透射和反射系数与表面阻抗相关,为

$$T_m = \frac{2 - \eta_0 Y_m}{2 + \eta_0 Y_m} - R_m, \quad R_m = \frac{2(\eta_0^2 Y_m - Z_m)}{(2 + \eta_0^2 Y_m)(2\eta_0 + Z_m)} \tag{3.4.27}$$

其中 η_0 表示自由空间阻抗。

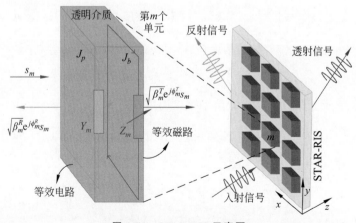

图 3.70　STAR-RIS 示意图

从超表面设计的角度来看,支持磁电流是实现透射和反射信号独立控制的关键。当单

层非磁性元件的 RIS 只能在不同的侧面产生相同的辐射,称为对称限制。通过在模型中引入等效的表面电流和磁场电流,提出的硬件模型能独立地表征每个元件的透射和反射。为了方便无线通信系统中 STAR-RIS 的设计,通常将这些系数以振幅和相移的形式重写为

$$T_m = \sqrt{\beta_m^T} \, \mathrm{e}^{\mathrm{j}\phi_m^T}, \quad R_m = \sqrt{\beta_m^R} \, \mathrm{e}^{\mathrm{j}\phi_m^R} \tag{3.4.28}$$

式中,$\beta_m^T, \beta_m^R \in [0,1]$ 为实值系数且满足 $\beta_m^T + \beta_m^R \leqslant 1$,$\phi_m^T, \phi_m^R \in [0, 2\pi]$ 为第 m 个单元的透射和反射相移,且 $\forall m \in \{1, 2, \cdots, M\}$。

2) 信道建模

在上述提出的硬件模型的基础上,研究了 STAR-RIS 的通信信道。如图 3.71 所示,考虑下行 STAR-RIS 辅助的多用户无线网络,其中发射机(Tx)和接收机(Rx)均配置单天线,STAR-RIS 由 M 个可重构单元组成。用户被分为两组。用户组 T 相对于 STAR-RIS 位于发射机的对面,因此只能接收 STAR-RIS 透射的信号。用户组 R 与发射机位于 STAR-RIS 的同侧。在 STAR-RIS 系统中,信号同时向这两组用户发送和反射。设 h_k^χ 表示 T 用户组或 R 用户组中发射端与接收端 k 之间的直接链路,其中符号 $\chi \in \{T, R\}$ 中的标志 T 表示接收端在 T 用户组中,标志 R 表示接收端在 R 用户组中,设 g_k^χ 表示发射端和接收端 k 之间通过 STAR-RIS 透射或反射的通道。

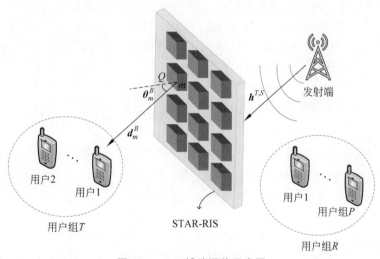

图 3.71　RIS 辅助通信示意图

3) 远场信道模型

在远场情况下,接收器位于 STAR-RIS 的远场区域。我们用 $\boldsymbol{h} = (h_1, h_2, \cdots, h_M)^{\mathrm{T}}$ 表示发射机和 STAR-RIS 之间的信道,其中 h_m 是发射机和 STAR-RIS 的第 m 个单元之间的信道。另外,设 $\boldsymbol{r}_{k,1}^\chi = (r_{k,1}^\chi, r_{k,2}^\chi, \cdots, r_{k,M}^\chi)^{\mathrm{T}}$ 表示接收机 k 在用户组 T/R 与 STAR-RIS 之间的信道。由于所有的接收机都位于 STAR-RIS 的远场区域,通过研究 M 条几何射线的数量,可以采用射线跟踪技术进行研究,每条射线对应通过一个元件传播的多径信号,这就得到了如下的通道模型:

$$g_k^\chi = (\boldsymbol{r}_k^\chi)^H \mathrm{diag}\left(\sqrt{\beta_1^\chi} \, \mathrm{e}^{\mathrm{j}\Phi_m^\chi}, \cdots, \sqrt{\beta_M^\chi} \, \mathrm{e}^{\mathrm{j}\Phi_m^\chi} \right) \boldsymbol{h} \tag{3.4.29}$$

式中,接收机 k 可以在用户组 T 或者用户组 R 中。为了方便起见,用 $\boldsymbol{\Phi}^T$ 表示 $\mathrm{diag}(T_1,$

$T_2, \cdots, T_M$），用 $\boldsymbol{\Phi}^R$ 表示 $\mathrm{diag}(R_1, R_2, \cdots, R_M)$。此外，在远场信道模型中，$r_k^x$ 和 h 可以写成路径损耗（大尺度衰落）乘以归一化小尺度衰落的形式。大尺度衰落取决于发射机、STAR-RIS 和接收机之间的距离，而小尺度衰落则取决于散射环境。设 d_k^x 表示 T/R 组中 STAR-RIS 与接收机之间的距离，d_0 表示发射机与 STAR-RIS 之间的距离。信道增益可表示为

$$|g_k^x| = \frac{1}{(d_k^x)^{\alpha_x}(d_0)^{\alpha_0}}|(\widetilde{r}_k^x)^H \boldsymbol{\Phi}^x \widetilde{h}| \tag{3.4.30}$$

其中，$\widetilde{r}_k^x$ 和 $\widetilde{h}$ 分别为相应的小尺度衰落分量，α_x 和 α_0 为对应的信道路径损失系数。

4）近场信道模型

当接收机位于 STAR-RIS 的近场区域时，不能采用传统的基于信道模型的射线追踪技术。根据惠更斯-菲涅耳原理，菲涅耳和基尔霍夫得到的分析结果称为菲涅耳-基尔霍夫衍射公式。如图 3.71 所示，通过将波前各单元的贡献相加，可以计算出接收器处的电磁信号。波前被选为 STAR-RIS 所在的平面。

$$g_k^x = \frac{1}{\mathrm{j}\lambda} \iint_{(\Sigma)} U^x(Q) F(\theta^x) \frac{\mathrm{e}^{2\mathrm{j}\pi d_m^x / \lambda}}{d^x} \mathrm{d}\Sigma \tag{3.4.31}$$

其中，j 为虚数单位，(Σ) 表示一个封闭曲面（波前），其中包含 RIS 元素和环境中的散射体，$U^x(Q)$ 为在 (Σ) 上 Q 点发射波或反射波的孔径分布，$F(\theta^x)$ 为点 Q 处的倾斜系数，d^x 表示 Q 点与用户组 T/R 之间的距离，λ 为信号的自由空间波长，式（3.4.31）中的积分可以逐个元素求解，假定各单元的孔径分布 $U^x(Q)$ 是均匀的，则在第 m 个元素处，有 $U^T(Q) = \Phi_m^T h_m$，$U^R(Q) = \Phi_m^R h_m$，因此式（3.4.31）能被表述为

$$g_k^x = \frac{A_e}{\mathrm{j}\lambda} \sum_m \Phi_m^x h_m F(\theta^x) \frac{\mathrm{e}^{2\mathrm{j}\pi d_m^x / \lambda}}{d_m^x} \tag{3.4.32}$$

其中 A_e 为每个单元的面积，θ^x 为 T/R 用户组中用户相对 STAR-RIS 法线方向的方向，如图 3.71 所示。根据菲涅尔-基尔霍夫衍射公式，倾斜系数 $F(\theta^x) = (1+\cos\theta_m^x)/2$，且对用户组 T 和用户组 R 都成立，因此，信道增益可表示为

$$|g_k^x| = \frac{A_e}{\lambda} \left| \sum_m \Phi_m^x h_m (1+\cos\theta_m^x) \frac{\mathrm{e}^{2\mathrm{j}\pi d_m^x / \lambda}}{2d_m^x} \right| \tag{3.4.33}$$

将这些结果与远场信道模型的信道增益进行比较，可以注意到 STAR-RIS 单元与接收机之间的距离不能被同等对待，而被带到求和之外。此外，在近场模型中还应明确考虑倾斜因子的影响。

3.4.4 信道估计

在 RIS 辅助无线通信系统中，需要精确的信道状态信息来设计预编码矩阵和 RIS 反射系数。因此，在 RIS 辅助的无线通信系统中，信道状态信息的估计是非常重要的。

然而，RIS 辅助无线通信系统的信道估计是一个具有挑战性的问题。首先，无源 RIS 上没有主动发射机或接收机，因此 RIS 既不能发射，也不能接收导频。利用 BS 和 UE 的有源收发器，现有的信道估计方法大多只估计 BS、RIS 和 UE 之间的级联信道，即 BS-RIS-UE 级联信道，其中 BS-RIS-UE 级联信道是 BS 与 RIS 之间的信道（BS-RIS 信道）和 RIS 与 UE 之

间的信道(RIS-UE 信道)的复合。虽然大多数预编码方案都是基于对级联信道的了解,但也有一些预编码方案需要对 BS-RIS 信道和 RIS-UE 信道进行单独的 CSI。更重要的是,级联信道估计方法的导频开销过高。典型的 RIS 辅助多用户无线通信系统有大量的 BS 天线、大量的 RIS 单元(例如几十到几百个)和几十个 UE,而典型级联信道方法的导频开销是 RIS 单元数量与 UE 数量的乘积。因此,在实际中估计 BS-RIS-UE 级联信道的导频开销可能高得令人望而却步。

到目前为止,RIS 辅助通信系统的信道估计研究还很有限。目前,在这方面的研究主要包括 BS-RIS-UE 级联通道的估计,包括在一个时隙中只打开一个 RIS 元素,可以估计这个 RIS 元素的级联通道。信道估计精度受接收机信噪比(SNR)退化的影响,因为所有的其他 RIS 元素都不能反映导频,以及通过设计一系列反射系数向量,实现了级联信道的最小方差无偏估计。然而,这些方案的导频开销等于 RIS 元素的数量乘以 UE 的数量,这使得它们在一个有大量 RIS 单元的系统中不再适用。还有研究提出一个巧妙的方法来减少导频开销,首先估计第一个终端的级联信道,并将其用作参考信道。然后在减少导频开销的情况下,估计其他终端的级联信道。然而,当信噪比较低时,估计并不准确。另一种降低导频开销的方法是,如果信道具有低秩属性,则使用稀疏矩阵分解和矩阵补全方法。此外,对于工作在高频频段的 RIS 辅助通信系统,基于压缩感知技术可以利用空间信道稀疏性降低导频开销,也可以使用深度学习工具解决问题。在一些研究中还进行了宽带信道估计的研究。然而,这些方法不适用于通道非低秩或稀疏的一般情况。

由上述分析可知,信道估计是智能超表面辅助无线通信的一大挑战,主要是由于 BS、RIS 和 UE 之间的级联信道系数的数量是 BS 天线数量、RIS 单元数量和 UE 数量的乘积,因此导频开销可能高得令人望而却步。接下来介绍一种利用 BS-RIS 信道高维准静态、RIS-UE 信道移动低维的特性,提出的一种双时间尺度信道估计框架[141]。

考虑一个如图 3.72 所示的 RIS 辅助无线通信系统,由 M 个天线构成的基站和由 N 个单元构成的 RIS 服务 K 个终端,上行信号模型为

$$y = \sum_{k=1}^{K} \left[\boldsymbol{G}(\boldsymbol{\phi} \odot \boldsymbol{f}_k) + \boldsymbol{h}_k \right] x_k + \boldsymbol{n} \tag{3.4.34}$$

式中,$y \in \mathbb{C}^{M \times 1}$ 为在基站处接收到的信号,$G \in \mathbb{C}^{M \times N}$ 为基站与 RIS 之间的信道,$\varphi \in \mathbb{C}^{N \times 1}$ 为 RIS 单元的反射系数向量,$f_k \in \mathbb{C}^{N \times 1}$ 为 RIS 到第 k 个终端间的信道,$h_k \in \mathbb{C}^{M \times 1}$ 为基站到第 k 个终端间的 LoS 信道,$x_k \in \mathbb{C}$ 为第 k 个终端发射的信号,n 为加性噪声且 $n \sim$

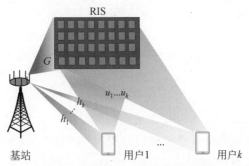

图 3.72　RIS 辅助通信的系统模型

$\mathcal{CN}(0,\sigma_n^2 I_M)$，假设为不相关的瑞利衰落信道，即 $h_k \sim \mathcal{CN}(0,\rho_{h_k} I_M)$，$\mathrm{vec}(G) \sim \mathcal{CN}(0,$ $\rho_g I_{MN})$，$f_k \sim \mathcal{CN}(0,\rho_{f_k} I_N)$，这里的 ρ_{h_k}，ρ_g 和 ρ_{f_k} 分别为三个信道的大尺度衰落。现有的 RIS 元件主要用于控制反射信号的相位，即 $|\phi(n)|=1$，$1 \leqslant n \leqslant N$，则上述的上行信号模型可以等价表示为

$$y = \sum_{k=1}^{K} [G \mathrm{diag}(f_k)\phi + h_k] x_k + n = \sum_{k=1}^{K} |C_k\phi + h_k| + n \tag{3.4.35}$$

其中 BS-RIS-UE 级联信道定义为

$$C_k \triangleq G \mathrm{diag}(f_k), \quad k=1,2,\cdots,K \tag{3.4.36}$$

上述信道为 BS-RIS 信道和 RIS-UE 信道的复合。

现有的级联信道估计方法大多基于上行导频传输。在第 t 个时隙，不同的终端发送不同的导频 $x_{k,t}$，而 RIS 使用相同的反射系数向量 ϕ_t 反射所有终端的上行导频。在 BS 接收的导频可以表示为

$$y_t = \sum_{k=1}^{K} |C_k\phi_t + h_k| x_{k,t} + n_t = \sum_{k=1}^{K} C_k\phi_t x_{k,t} + \sum_{k=1}^{K} \mathrm{h}_k x_{k,t} + n_t \tag{3.4.37}$$

这里可以对多个时隙重复式(3.4.37)，直到接收到足够的导频，可以通过基于最小方差无偏估计的方法直接估计出 BS-RIS-UE 级联信道 $\{C_k | 1 \leqslant k \leqslant K\}$ 和 BS-UE 信道 $\{h_k | 1 \leqslant k \leqslant K\}$。但是，使用最小方差无偏估计的方法接收导频的维数应不小于信道的维数，因此估计所有终端的 BS-RIS-UE 级联信道和 BS-UE 信道中的 (MNK+MK) 系数的导频开销十分大。

1. 双时间尺度信道估计框架

在本节中，利用双时间尺度信道特性的双时间尺度信道估计框架。一方面，BS 和 RIS 被放置在固定的位置，因此 BS-RIS 通道 G 是准静态的。我们只需要在大时间尺度下估计 G，即在很长一段时间内估计一次 G。另一方面，由于终端的移动性，RIS-UE 通道和 BS-UE 通道是时变的，因此需要在小的时间尺度内进行估计，即在短时间内估计一次。估计准静态 BS-RIS 信道的主要困难在于，RIS 既不能发射，也不能接收导频，因为 RIS 没有主动收发器。为了克服这一困难，提出一种双链路试验传输方案。具体来说，BS 工作在全双工模式。BS 通过单天线下行通道将导频器发送到 RIS，然后 RIS 通过一组预先设计的反射系数通过上行通道将导频器反射回 BS。与此同时，BS 也接收与其余天线的导频。尽管在全双工系统中自干扰可能很严重，但目前已经广泛研究了自干扰缓解技术。自干扰缓解后，可根据 BS 接收的双链路导频估计 BS-RIS 信道。然后，对于移动的 RIS-UE 和 BS-UE 通道，由于它们是低维的，因此可以通过传统的上行导频传输方案和基于 LS 的算法进行估计。

与现有的级联信道估计方法相比，上述方法可显著降低导频开销。一方面，BS-RIS 信道是高维的准静态信道。由于准静态 BS-RIS 信道的估计频率低于终端的移动信道估计，长期看，与前一阶段相关的平均导频开销可以减少。另一方面，BS-UE 和 RIS-UE 通道虽然是移动的，但是是低维的。估计 $\{h_k, f_k | 1 \leqslant k \leqslant K\}$ 时只有 $(M+N)K$ 个系数，而不是利用级联信道估计方法估计 $\{h_k, C_k | 1 \leqslant k \leqslant K\}$ 时有 $(M+MN)K$ 个系数。所需的导频开销因此可以大大减少。双时间尺度信道估计框架结构如图 3.73 所示。首先，基于所提出的双链路导频传输方案估计了高维准静态 BS-RIS 信道。然后，在小时间尺度下，根据数据传输前的上行导频对低维移动 BS-UE 和 RIS-UE 通道进行估计。

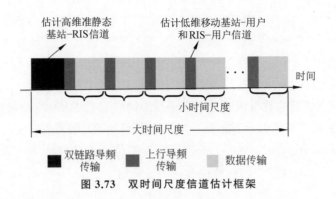

图 3.73　双时间尺度信道估计框架

2. 双链路导频传输

首先,对双链路导频传输方案提出的必要性进行说明,根据式(3.4.36)对级联信道的定义,对于任意一个非零 $p_1, p_2, \cdots, p_N \in \mathbb{C}$,

$$C_k = G \operatorname{diag}(f_k) = \left(G \begin{bmatrix} p_1 & & \\ & \ddots & \\ & & p_N \end{bmatrix} \right) \left(G \begin{bmatrix} P_1^{-1} & & \\ & \ddots & \\ & & P_N^{-1} \end{bmatrix} \operatorname{diag}(f_k) \right)$$
$$= G' \operatorname{diag}(f_k'), \quad k = 1, 2, \cdots, K \tag{3.4.38}$$

式中, $G' = G(p_1, p_2, \cdots, p_N)^{\mathrm{T}}), f_k' = f_k \odot [p_1, p_2, \cdots, p_N]^{\mathrm{T}}$。式(3.4.38)表明级联信道 C_k 的分解不是唯一的,因此,无论(4)中上行导频传输中使用什么导频和反射系数, $G, \{f_k | 1 \leqslant k \leqslant K\}$ 和 $G', \{f_k' | 1 \leqslant k \leqslant K\}$ 都可以得到相同的接收导频,因此基于式(3.4.37)的传统上行导频传输模型无法唯一估计出 G' 和 $\{f_k | 1 \leqslant k \leqslant K\}$。

在双链路导频传输方案中,不需要终端来传输或接收导频。双链路导频传输的核心思想是,由 BS 通过下行通道将导频传输给 RIS,再由 RIS 通过上行通道将导频反射回 BS。假设有一个全双工 BS,它可以同时发射和接收不同天线的导频。

具体来说,双链路导频传输框架由 $(N+1)$ 个子框架组成,每个子框架维持 L 个时隙,在第 t 个子框架中,RIS 的反射系数向量为 $\phi_t \in \mathbb{C}^{N \times 1}$。在第 t 个子框架的第 m_1 个时隙中,第 m_1 个 BS 天线发送一个导频 $z_{m_1, t}$,剩下的 $(M-1)$ 个 BS 天线接收 RIS 反射的导频,其余 BS 天线接收的导频可表示为

$$\bar{y}_{m_1, m_2, t} = [g_{m_2}^{\mathrm{T}} \operatorname{diag}(\bar{\phi}_t g_{m_1} + s_{m_1, m_2}] z_{m_1, t} + \bar{i}_{m_1, m_2, t} + \bar{n}_{m_1, m_2, t}$$
$$= [(g_{m_1} \odot g_{m_2})^{\mathrm{T}} \bar{\phi}_t + s_{m_1, m_2}] z_{m_1, t} + \bar{i}_{m_1, m_2, t} + \bar{n}_{m_1, m_2, t}$$
$$m_2 = 1, 2 \cdots, M, m_2 \neq m_1 \tag{3.4.39}$$

式中, $m_2 \neq m_1$ 表示接收天线与反射天线不同, $\bar{y}_{m_1, m_2, t} \in \mathbb{C}^{N \times 1}$ 为在 BS 的第 m_2 个天线接收到的导频, $g_{m_2}^{\mathrm{T}} \triangle G(m_2, :) \in \mathbb{C}^{N \times 1}, g_{m_1} \triangle G(m_1, :)^{\mathrm{T}} \in \mathbb{C}^{N \times 1}$。由于 G 是 BS-RIS 之间的信道矩阵, $g_{m_1}^{\mathrm{T}}$ 和 $g_{m_2}^{\mathrm{T}}$ 为行向量,分别表示从 RIS 到 BS 的第 m_1 和第 m_2 个天线。由于信道互易性,列向量 g_{m_1} 可用来表示从 BS 的第 m_1 个天线到 RIS 的下行信道。 s_{m_1, m_2} 用来表示环境反射,因为除 RIS 元素外的一些因素也可以影响发送的导频, $\bar{i}_{m_1, m_2, t}$ 表示自干扰,下面将详细解释, $\bar{n}_{m_1, m_2, t} \sim \mathcal{CN}(0, \sigma_n^2)$ 表示 BS 的第 m_2 个天线接收到的噪声。

自干扰 $\bar{i}_{m_1,m_2,t}$ 主要是由于 BS 在全双工模式下工作时，从第 m_1 个天线直接传输到第 m_2 个天线造成的。在典型的全双工系统中，自干扰在缓解前甚至可以大于所需信号。然而，为了解决这一问题，人们已经广泛研究了自干扰抑制方法，目前的一些自干扰缓解方法可以将干扰降低到仅比接收机噪声高约 3dB。因此，假设自干扰缓解后 $\bar{n}_{m_1,m_2,t} \sim \mathcal{CN}(0,\sigma_n^2)$，此时 σ_i^2 和 σ_n^2 之间没有显著的数量级差异。自干扰抑制确实会增加 BS 的硬件复杂性。但是，对于 RIS 辅助的全双工系统的研究仍是一个有待进一步研究的课题。

定义索引集 $\mathcal{S} \triangleq \{(m_1,m_2) \mid 1 \leqslant m_1 \leqslant L, 1 \leqslant m_2 \leqslant M, m_1 \neq m_2\}$，经过 $(N+1)$ 个子框架后，可以找到双链路传输框架中的所有接收到的导频 $\{\bar{y}_{m_1,m_2,t} \mid (m_1,m_2) \in \mathcal{S}, 1 \leqslant t \leqslant N+1\}$，对于给定的 $(m_1,m_2) \in \mathcal{S}$，在整个 $(N+1)$ 子框架中收集与第 m_1 和第 m_2 个发射天线对应的接收导频，定义

$$\bar{y}_{m_1,m_2,t} \triangleq [\bar{y}_{m_1,m_2,1}, \bar{y}_{m_1,m_2,2}, \cdots, \bar{y}_{m_1,m_2,N+1}] \tag{3.4.40}$$

然后将双链路导频模型(3.4.39)导入式(3.4.40)，假定发送的导频为 $z_{m_1,t} = \sqrt{p_{BS}}$，其中 p_{BS} 为 BS 的发射功率，将模型写成向量形式：

$$\begin{aligned} \bar{y}_{m_1,m_2,t} &= \{(\boldsymbol{g}_{m_1} \odot \boldsymbol{g}_{m_2})^T [\bar{\phi}_1, \bar{\phi}_2, \cdots, \bar{\phi}_{N+1}] + s_{m_1,m_2} \boldsymbol{1}_{1 \times (N+1)}\} \sqrt{p_{BS}} + \bar{\boldsymbol{i}}_{m_1,m_2}^T + \bar{\boldsymbol{n}}_{m_1,m_2}^T \\ &= \sqrt{p_{BS}} \boldsymbol{w}_{m_1,m_2}^T \begin{bmatrix} \boldsymbol{1}_{1 \times (N+1)} \\ \bar{\boldsymbol{\Phi}} \end{bmatrix} + \bar{\boldsymbol{i}}_{m_1,m_2}^T + \bar{\boldsymbol{n}}_{m_1,m_2}^T \end{aligned} \tag{3.4.41}$$

定义未知变量的向量：

$$\boldsymbol{w}_{m_1,m_2} \triangleq [s_{m_1,m_2} (\boldsymbol{g}_{m_1} \odot \boldsymbol{g}_{m_2})^T]^T \tag{3.4.42}$$

$\bar{\boldsymbol{\Phi}} = [\bar{\phi}_1, \bar{\phi}_2, \cdots, \bar{\phi}_{N+1}] \in \mathbb{C}^{N \times (N+1)}$，$\boldsymbol{1}_{1 \times (N+1)}$ 元素全为 1 的行向量，$\bar{\boldsymbol{i}}_{m_1,m_2} = [\bar{i}_{m_1,m_2,1}, \bar{i}_{m_1,m_2,2}, \cdots, \bar{i}_{m_1,m_2,N+1}]^T$，$\bar{\boldsymbol{n}}_{m_1,m_2} = [\bar{n}_{m_1,m_2,1}, \bar{n}_{m_1,m_2,1}, \cdots, \bar{n}_{m_1,m_2,N+1}]^T$。

为方便信号处理，将反射系数向量设计为

$$\bar{\phi}_t = [e^{-j2\pi\frac{1(t-1)}{N+1}}, e^{-j2\pi\frac{2(t-1)}{N+1}}, \cdots, e^{-j2\pi\frac{N(t-1)}{N+1}}]^T, \quad t = 1, 2, \cdots, N+1 \tag{3.4.43}$$

因此有

$$\begin{bmatrix} \boldsymbol{1}_{1 \times (N+1)} \\ \bar{\boldsymbol{\Phi}} \end{bmatrix} = \begin{bmatrix} 1 & 1 & \cdots & 1 \\ 1 & e^{-j2\pi\frac{1}{N+1}} & \cdots & e^{-j2\pi\frac{N}{N+1}} \\ \vdots & \vdots & & \vdots \\ 1 & e^{-j2\pi\frac{N}{N+1}} & \cdots & e^{-j2\pi\frac{N^2}{N+1}} \end{bmatrix} = \sqrt{N+1} \, \boldsymbol{F}_{N+1} \tag{3.4.44}$$

式中，$\boldsymbol{F}_{N+1}$ 为 $(N+1) \times (N+1)$ 维 DFT 酉矩阵，因此，式(3.4.41)改写为

$$\bar{y}_{m_1,m_2,t} = \sqrt{(N+1)p_{BS}} \boldsymbol{w}_{m_1,m_2}^T \boldsymbol{F}_{N+1} + \bar{\boldsymbol{i}}_{m_1,m_2}^T + \bar{\boldsymbol{n}}_{m_1,m_2}^T \tag{3.4.45}$$

3. 基于坐标下降的信道估计算法

考虑到接收到的双链路导频，我们估计准静态 BS-RIS 信道分为三个阶段。首先，我们将问题划分为 N 个独立的子问题，每个子问题是估计 BS 和单个 RIS 元素之间的信道。其次，计算每个子问题的初始估计。最后，利用坐标下降法迭代优化 BS-RIS 信道估计。

1) 问题划分

在第一阶段，对所有 $(m_1,m_2) \in \mathcal{S}$，根据模型(3.4.45)，很容易得到(3.4.42)中定义的

w_{m_1,m_2} 的值：

$$\hat{w}_{m_1,m_2}^{\mathrm{T}} \triangleq [\hat{S}_{m_1,m_2} a_{m_1,m_2,1} a_{m_1,m_2,2} \cdots a_{m_1,m_2,N}] = \frac{1}{\sqrt{(N+1)P_{BS}}} \bar{y}_{m_1,m_2}^{\mathrm{T}} F_{N+1}^{H} \qquad (3.4.46)$$

式中，$[\hat{S}_{m_1,m_2} a_{m_1,m_2,1} a_{m_1,m_2,2} \cdots a_{m_1,m_2,N}$ 表示为 $\hat{w}_{m_1,m_2}^{\mathrm{T}}$ 元素。

将式(3.4.41)代入式(3.4.46)中，可得：

$$[\hat{S}_{m_1,m_2} a_{m_1,m_2,1} a_{m_1,m_2,2} \cdots a_{m_1,m_2,N}] = [\mathcal{S}_{m_1,m_2} (g_{m_1} \odot g_{m_2})^{\mathrm{T}}] + \frac{(\bar{i}_{m_1,m_2}^{\mathrm{T}} + \bar{n}_{m_1,m_2}^{\mathrm{T}}) F_{N+1}^{H}}{\sqrt{(N+1)P_{BS}}}$$
$$(3.4.47)$$

因此，$a_{m_1,m_2,N}$ 为 $g_{m_1,n} g_{m_2,n}$ 的一个估计，且

$$a_{m_1,m_2,n} = g_{m_1,n} g_{m_2,n} + \varepsilon_{m_1,m_2,n}, n = 1, 2, \cdots, N \qquad (3.4.48)$$

式中，$g_{m,n} = g_m(n) = G(m,n)$ 为 BS 的第 m 个天线与 RIS 的第 n 个单元之间的信道，$\varepsilon_{m_1,m_2,n} \sim \mathcal{CN}\left(0, \dfrac{\sigma_i^2 + \sigma_n^2}{P_{BS}(N+1)}\right)$。

对于一个特定的 $n, 1 \leqslant n \leqslant N$，变量 $\{a_{m_1,m_2,n} \mid (m_1,m_2) \in \mathcal{S}$ 取决于 BS 与 RIS 的第 n 个单元之间的信道系数，但独立于与其他 RIS 元素的通道系数，即 $\{g_{m,n} \mid 1 \leqslant m \leqslant M\}$，也就是说，准静态 BS-RIS 信道的估计问题可以分为 N 个独立的子问题。其中，第 n 个子问题是从 $\{a_{m_1,m_2,n} \mid (m_1,m_2) \in \mathcal{S}\}$ 估计与第 n 个 RIS 单元 $\{g_{m,n} \mid 1 \leqslant m \leqslant M\}$ 相关的信道系数。由于要求 $|\mathcal{S}| \geqslant M$，才能保证子问题的可解性，所以需要 $L \geqslant 2$。

接下来通过分别求解 N 个子问题估计准静态 BS-RIS 信道。对于给定的 n，我们将第 n 个子问题表述为

$$\hat{g}_{1,n}, \hat{g}_{2,n}, \cdots, \hat{g}_{M,n} = \arg \min_{g_{1,n}, \cdots, g_{M,n}} J_n(g_{1,n}, \cdots, g_{M,n}) \qquad (3.4.49)$$

式中，

$$J_n(g_{1,n}, \cdots, g_{M,n}) \triangleq \sum_{|(m_1,m_2) \in \mathcal{S}} | a_{m_1,m_2,n} - g_{m_1,n} g_{m_2,n} |^2 \qquad (3.4.50)$$

2) 初始信道估计

第二阶段的目标是计算(3.4.49)中子问题的初始信道估计。初始估计易于计算，这有助于第三阶段的迭代细化更快收敛。具体地，选取 $1 \leqslant m_1 < m_2 \leqslant L, m_3 \neq m_1, m_3 \neq m_2$，第 n 个子问题的初始估计 $\hat{g}_{1,n}^{(0)}, \hat{g}_{2,n}^{(0)}, \cdots, \hat{g}_{M,n}^{(0)}$ 可以表示为

$$\hat{g}_{m_1,n}^{(0)} \leftarrow \sqrt{\frac{a_{m_1,m_2,n} a_{m_1,m_3,n}}{a_{m_2,m_3,n}}}, \qquad \hat{g}_{m',n}^{(0)} \leftarrow \frac{a_{m_1,m',n}}{\hat{g}_{m_1,n}^{(0)}}, 1 \leqslant m' \leqslant M, m' \neq m_1 \qquad (3.4.51)$$

3) 基于坐标下降的迭代细化：

在第三阶段，利用一种基于坐标下降的算法细化粗信道估计和寻找准静态 BS-RIS 信道的精确估计，以解决(3.4.49)中的子问题。基于坐标下降的算法有多个外部迭代，每个外迭代由 M 个内部迭代组成。关键思想是，每次在外部迭代中，所有的 M 个系数的估计都从第一个到最后一个进行细化。每次在内部迭代中，细化 M 个系数中的一个估计值，同时固定其余 $(M-1)$ 个系数的估计值。

在第 i 次外部迭代中，从 $1 \leqslant m \leqslant M$ 进行循环，在第 m 次内部迭代中细化 $g_{m,n}$ 的估计，

将其他 $M-1$ 个信道系数的估计固定为 $g_{1,n}^{(i,m)},\cdots,g_{m-1,n}^{(i,m)},g_{m+1,n}^{(i,m)},\cdots,g_{M,n}^{(i,m)}$，其中

$$g_{m',n}^{(i,m)} \triangleq \begin{cases} g_{m',n}^{(i)} & m' < m \\ g_{m',n}^{(i-1)} & m' > m \end{cases} \tag{3.4.52}$$

这意味着，在目前的外部迭代中，$\hat{g}_{1,n}^{(i)},\cdots,\hat{g}_{m-1,n}^{(i)}$ 在细化 $\hat{g}_{m,n}$ 之前已经被细化，$\hat{g}_{m+1,n}^{(i-1)},\cdots,$ $\hat{g}_{M,n}^{(i-1)}$ 已经在第 $(i-1)$ 次外部迭代中被细化。在内部迭代中将估计 $g_{m,n}$ 的细化表示为

$$\hat{g}_{m,n}^{(i)} = \arg\min_{g_{m,n}} J_n(g_{1,n}^{(i,m)},\cdots,g_{m-1,n}^{(i,m)},g_{m+1,n}^{(i,m)},\cdots,g_{M,n}^{(i,m)}) \tag{3.4.53}$$

作为一个单变量的优化问题，式(3.4.53)的闭合解可以通过解 $\dfrac{\partial f_n}{\partial g_{m,n}} = \dfrac{\partial f_n}{\partial g_{m,n}^*} = 0$ 得到。根据(3.4.50)中目标函数 J_n 的定义，偏导数可以表示为

$$\begin{aligned} \frac{\partial J_n}{\partial g_{m,n}} &= \frac{\partial}{\partial g_{m,n}} \sum_{(m,m')\in S} |a_{m,m',n} - g_{m,n}g_{m',n}^{(i,m)}|^2 + \\ &\quad \frac{\partial}{\partial g_{m,n}} \sum_{(m',m)\in S} |a_{m',m,n} - g_{m',n}^{(i,m)}g_{m,n}|^2 \\ &= g_{m,n}^* \left(\sum_{(m,m')\in S} |g_{m',n}^{(i,m)}|^2 + \sum_{(m',m)\in S} |g_{m',n}^{(i,m)}|^2 \right) + \\ &\quad \sum_{(m,m')\in S} a_{m,m',n}^* g_{m',n}^{(i,m)} + \sum_{(m',m)\in S} a_{m',m,n}^* g_{m',n}^{(i,m)} \end{aligned} \tag{3.4.54}$$

类似地

$$\begin{aligned} \frac{\partial J_n}{\partial g_{m,n}^*} &= g_{m,n} \left(\sum_{(m,m')\in S} |g_{m',n}^{(i,m)}|^2 + \sum_{(m',m)\in S} |g_{m',n}^{(i,m)}|^2 \right) + \sum_{(m,m')\in S} a_{m,m',n}(g_{m',n}^{(i,m)})^* \\ &\quad + \sum_{(m',m)\in S} a_{m',m,n}(g_{m',n}^{(i,m)})^* \end{aligned} \tag{3.4.55}$$

因此，通过求解 $\dfrac{\partial f_n}{\partial g_{m,n}} = \dfrac{\partial f_n}{\partial g_{m,n}^*} = 0$，可获得式 (3.4.53)的闭合解：

$$\hat{g}_{m,n}^{(i)} = \frac{\displaystyle\sum_{(m,m')\in S} a_{m,m',n}(g_{m',n}^{(i,m)})^* + \sum_{(m',m)\in S} a_{m',m,n}(g_{m',n}^{(i,m)})^*}{\displaystyle\sum_{(m,m')\in S} |g_{m',n}^{(i,m)}|^2 + \sum_{(m',m)\in S} |g_{m',n}^{(i,m)}|^2} \tag{3.4.56}$$

最后，对上述分析进行总结，基于坐标下降的信道估计算法首先将准静态信道估计问题划分为 N 个子问题，每个子问题估计 BS 和一个特定 RIS 元素之间的信道；其次分别用坐标下降法求解子问题，外部迭代会一直运行，直到找到一个合适的解决方案或外部迭代的数量达到最大值为止；最后在内部迭代中细化信道系数，对准静态 BS-RIS 信道进行估计。

3.4.5 RIS 通信系统

随着第五代移动通信系统(5G)的广泛部署，现在正是为第六代通信系统(6G)开发使能技术的关键时刻。6G 通信必将在传输容量、可靠性、安全性、覆盖范围、能耗等方面达到更高的标准。现有的 5G 技术，如毫米波通信、大规模多输入多输出、超密集异构网络等，主要以调整发射端和接收端的系统设计以应对不利的无线传播环境作为主要思路。由于 RIS 具备配置无线传播环境的能力，有望成为一种新兴范式，因此将其运用于通信系统，能调整或改进现有的通信理念,从而有望满足 6G 通信的严格要求。接下来围绕 RIS 与通信前沿技术的融合,包括与多输入多输出技术、非正交多址技术、移动边缘计算技术和无人机技术的融合进行概述,并展望其未来发展[142]。

1. RIS 与 MIMO 的融合

无线通信中,信号常被周围的环境反射、散射和折射,从而产生大量的多径干扰,严重影响通信质量。MIMO 技术通过在发送端和接收端配置多根天线,定义了空间中多个独立信道,可以在不增加带宽的情况下,成倍提高通信系统的容量和频谱利用率,从而有效降低多径效应的影响。MIMO 技术近年来得到快速发展,大规模 MIMO 有望成为 6G 通信的关键技术。

将 RIS 应用到 MIMO 中能进一步提高通信系统性能。如图 3.74 所示,Khaleel 等将 RIS 集成到基于 VBLAST 和 Alamouti 编码的两组经典 MIMO 系统中[143]。通过 RIS 完成对电磁波信号的中继和传输相位调控,VBLAST 系统的频谱效率提高了 50%。由 64 单元 RIS 与单个射频发生器构成发射端,代替原来的 2 组射频链,Alamouti 系统的复杂度降低,误码性能提高 10dB。提高通信系统频谱效率的同时,能量效率也需要得到保证。为了平衡二者的关系,东南大学高西奇团队利用迭代均方误差最小化算法,对用户终端设备发射预编码和 RIS 反射波束进行联合优化,使得 RIS 辅助的 MIMO 系统上行链路的资源效率(评估频谱效率和能量效率之间平衡关系的指标)得到提高。

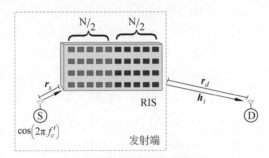

VBLAST系统

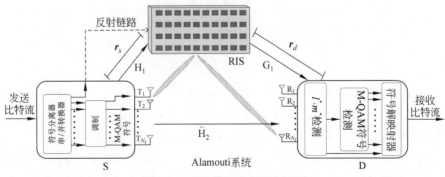

图 3.74　RIS 辅助的 MIMO 系统

为探究 RIS 的阵面大小对 MIMO 系统性能的影响,通过对 RIS 辅助的 MIMO 系统的信噪比分布特性进行研究,证明了大尺寸的 RIS 可以有效降低无线信道信噪比的衰落[144]。

但是,在实际应用场景中,RIS受限于空间大小,阵面不能做到无限大。如何使得较小的RIS阵面发挥出最大性能成为一个值得思考的问题。有研究提出一种基于投影梯度法(PGM)的迭代优化算法。通过对发射信号协方差矩阵和RIS单元进行联合优化,MIMO系统能在RIS尺寸受限的前提下提高传输速率。

毫米波MIMO在短距离无线通信中有广泛的应用前景。文献[145]研究了RIS辅助的毫米波MIMO系统的信道估计问题。根据毫米波信道在角域中的低秩特性,他们将信道估计问题转化为多维波到达方向(DOA)估计问题,建立了TRICE分析框架。相较于传统的联合压缩感知算法,TRICE的计算原子数大约能减少94%,计算复杂度因此降低。除了毫米波MIMO,RIS辅助的太赫兹MIMO也吸引了研究者的目光。由于太赫兹电子元件的小型化,通过密集封装亚波长单元实现的RIS,可以将传统的离散辐射孔径转变为连续或准连续孔径,从而实现全息通信。

RIS的作用不仅局限于辅助MIMO,另一部分研究者又提出使用RIS被动波束形成的功能替代某些应用场景下的MIMO。有研究指出,在物联网大规模接入的应用场景下,RIS具备实现大规模MIMO所能达到的信噪比增益的潜力。针对该应用提出的被动波束赋形算法,可使速率性能较传统基准最大提高120%。

2. RIS 与 NOMA 的融合

非正交多址接入(non-orthogonal multiple access,NOMA)技术是5G通信中的关键技术,通过对同一信息单元的功率复用,实现多用户接入,可以使得无线接入总量提高50%。NOMA技术既融合了3G技术的串行干扰消除(successive interference cancellation,SIC)技术,在通信系统的接收端消除干扰实现正确解调,又融合了4G技术的正交频分复用技术,解决了同频干扰问题,真正实现了频域、时域、功率域的多用户复用。但是,如图3.75所示,NOMA的功率分配情况复杂,并且由于功率域叠加会造成强干扰,因此NOMA对SIC性能提出较高的要求。

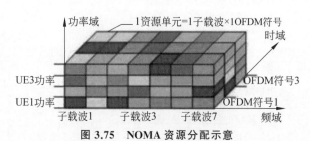

图 3.75 NOMA 资源分配示意

将RIS用于增强NOMA通信中不同用户的信道差异,有利于提高功率分配效率。基于该原理,采用凸差分算法,联合优化RIS辅助的NOMA系统中基站的波束形成矢量和RIS的相移矩阵,提出一种具有闭式表达式的高效用户排序方案,使得NOMA系统总发射功率相较于直接链路降低2.04dB·m[146]。不同于求解闭式解的思路,可以将机器学习算法运用于部署RIS和设计无源波束形成,提出D3QN算法。基于该算法所预测用户的电信业务需求和位置,可以完成对RIS的反射相位设置的优化[147]。

NOMA系统功率域叠加的特性会造成信号干扰,通常在接收端采用SIC接收机实现多用户检测。SIC的基本思想是采用逐级消除干扰策略,在接收信号中对用户逐个进行判决,进行幅度恢复后,将该用户信号产生的多址干扰从接收信号中减去,并对剩下的用户再次进行判决,如此循环操作,直至消除所有的多址干扰。大规模的用户接入数给 SIC 带来巨大的运算压力,对 SIC 的性能要求极高,因而带来设计难度。利用双极化 RIS 对用户的复用特性,改善 NOMA 在不完全连续干扰消除下的性能表现。基于该方案,NOMA 系统和速率可以达到 9.81BPCU,相较于单极化 MIMO-NOMA 提高了 4.17BPCU。RIS 足够大时,即使 SIC 误差传播存在,该系统的速率依旧可以得到保证。

除利用 RIS 解决 NOMA 通信本身的局限,研究者在探究 RIS 对于提升 NOMA 其他性能方面也做出了巨大努力。有研究提出在 NOMA 网络的上下行链路中部署 RIS,可以增加信号的覆盖率[148]。通过将联合传输协调多点技术运用于 RIS 辅助的 NOMA 系统部署中,信道增益最大提高 92%。文献[149]通过闭式算法计算出 RIS 辅助的 NOMA 系统中 RIS 的最佳梯度相位。通过优化后的连续相移和 3 位离散相移设计分别使通信速率提高 16% 和 14.9%。文献[150]提出基于背向散射 RIS 的近远双用户 NOMA 系统模型,评估了该模型的中断概率、遍历容量和吞吐量等性能指标,并分析了 RIS 中反射元件的数量与系统性能之间的关系。

3. RIS 与 MEC 的融合

传统的无线网络架构中的核心网负责数据的调度,并通过云计算提高调度能力。移动边缘计算(mobile edge computing,MEC)在无线端增强了计算、存储、处理能力,将集中式计算调度模式改成分布式计算模式,可以提高通信速率,降低通信延时。

近年来,由于地面、空中和空间通信的集成,空间信息网络(SIN)作为一种新型网络体系结构被提出[151]。SIN 旨在使人们能向任何地方的任何物体提供无缝连接服务,极大地扩展了无线覆盖范围,还为网络运营商和服务提供商在各种应用场景上部署多功能、不间断的服务开辟了许多新领域。在 SIN 中提供高速和高容量服务,需整合地面、空中和空间基础设施,因此给设计带来严峻的挑战。SIN 必须与新兴网络技术相结合,以适应这种复杂的通信环境。在此基础上,如图 3.76 所示,提出一个 RIS 辅助 MEC 的空间信息网络体系结构的概念[152]。

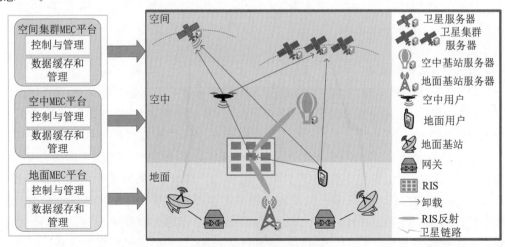

图 3.76　空间信息网络框架

如何更合理地配置 RIS,成为众多研究者思考的问题。通过研究 RIS 辅助的单小区多用户 MEC 系统,在其中部署了 RIS 完成配备 MEC 服务器的基站和多个单天线用户之间的通信。联合优化无源移相器、传输数据大小、传输速率、功率控制、传输时间和解码顺序,降低所有用户设备的总能耗。

MEC 拥有丰富的计算资源,并且能对移动和物联网设备生成的数据进行低延迟访问。这样的优势使其能为人工智能应用提供一个自然的平台。RIS 当运用于衔接 MEC 与用户设备时,相当于桥梁的作用,可以对过往数据进行处理。文献[153]提出,在 MEC 中引入 RIS 以构建完成机器学习任务的基础设施。基于 CARLA 平台和第二网络开发了一个统一的通信训练推理平台,并在该平台中展示了该方案在自动驾驶中三维目标检测的应用范例,如图 3.77 所示。

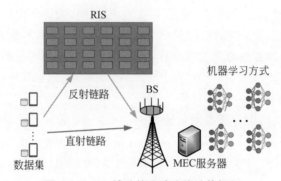

图 3.77　RIS 辅助的移动边缘计算框架

MEC 的资源调度问题同样值得深入研究。文献[154]探讨了基于优化和数据驱动,以提高 RIS 辅助的多用户 MEC 系统资源调度效率的方案。通过联合优化 RIS 反射系数、无线 AP 的接收波束形成向量、UE 的本地计算和卸载能量分配策略,在有限的能量预算内,增加给定时隙内所有用户设备的总输入比特。所提出的三步块坐标下(BCD)算法能优化 MEC 计算资源的调度。同年 6 月,该团队又在 IEEE 国际通信会议上,详细介绍在上述工作基础上进一步构建的轻量级在线深度学习体系结构。该体系结构降低了 BCD 算法的计算复杂度,并且当 UE 和 AP 之间存在视线直接链路时,鲁棒性更强,对信道状态信息和反馈的需求更低。

4. RIS 与 UAV 的融合

凭借 UAV 的高机动特性,UAV 辅助的无线中继通信系统具备机动灵活、覆盖范围广、部署方便等优点。将 RIS 集成到无人设备中,可进一步结合两者优势,在应急通信和军事通信中具有巨大的应用潜力[31]。UAV 的部署策略会直接影响到通信的可靠性。以 UAV 辅助的短数据超可靠低延迟技术(URLLC)为例,有研究指出为了实现数据传输的公平性,提高传输速率,UAV 的位置至关重要[155]。但受限于飞行环境,比如城市中高楼大厦的阻挡、战场复杂环境中有限的飞行区域,UAV 的位置并不能任意设置。RIS 的出现给 UAV 部署策略的构建提供了新思路,如图 3.78 所示。凭借 RIS 单元的无源波束形成功能,通过直接搜索法在理论模型中确定 UAV 的最佳位置和区块长度,总解码误码率得以降低。

当 RIS 用于辅助 UAV,新的性能优化问题随之出现。为了提高通信速率,提出的一种

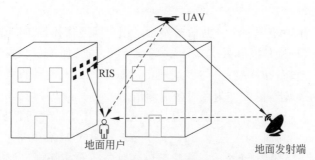

图 3.78　UAV 中继和 RIS 辅助的 URLLC 系统

基于逐次凸逼近和速率约束惩罚（CAR）的迭代算法，实现 UAV 轨迹、RIS 相移、太赫兹子带分配和功率控制的联合优化。为了优化能耗，基于机器学习衰减深度 Q 网络方法，提出联合设计无人机的位移、RIS 的相移、功率分配策略，以及动态解码顺序的优化框架。

UAV 的部署形式灵活，RIS 的部署也具备便利性，二者的自由组合为通信性能的提高提供了无限的可能性。当 RIS 安装于 UAV 上，凭借 UAV 的灵活性和机动性，可以实现三维信号反射。与传统地面 RIS（TRIS）相比，空中 RIS（ARIS）具有更高的部署灵活性、可靠的空对地链路和全景全角度反射。但是，由于 UAV 的有效载荷和电池容量有限，UAV 很难携带大量反射元件 RIS，无法保证孔径增益的可伸缩性。但在实践中，多个 UAV 可以形成一个 UAV 群，使 ARIS 能协同工作。文献[156]提出支持群集的空中可重构智能超表面（SARIS）协同通信的思想。SARIS 可以通过调整无人机上的反射系数来增加孔径增益。基于大规模路径损耗的视距和非视距连接，SARIS 三维部署设计为提高通信系统的孔径增益提供了新思路。

通信安全在 UAV 通信中是一个不可忽视的问题。考虑到无人机与地面用户通信被窃听的隐患，可以利用基于交替优化（AO）技术的高效算法，构造对无人机的轨迹、RIS 的无源波束形成和合法发射机的发射功率的联合设计的方案，以提高 UAV 通信的保密率。文献[157]针对不完全信道状态信息（CSI）条件下 RIS 辅助的毫米波 UAV 通信中的安全传输问题，提出基于机器学习的深度决策策略梯度（DDPG）框架，创建了双 DDPG 深度强化学习（TDDRL）算法。该算法可以有效应对 CSI 与无人机弹道耦合导致的复杂约束情形，通过 UAV 的主动波束形成、RIS 单元的反射特性和无人机轨迹共同设计，优化在多个窃听者的情况下所有合法用户的总保密率。

UAV 与 RIS 融合，未来将在物联网、车联网等领域发挥强大的作用。例如，文献[158]提出将 RIS 集成至 UAV，可以提高物联网设备的中继效率。文献[159]提出通过双 RIS 无人机辅助 MEC，实现对车联网能量分配的优化。

3.5　多址通信传输

随着网络通信业务的迅速增长，网络结构加速复杂化，所能使用的通信资源也越来越紧缺，多址通信技术在现代通信的作用日益凸显。在卫星通信、计算机通信、移动通信等通信网络中，当多个用户通过一个公共信道与其他用户进行通信时，就必须采用某种多址技术进

行调度和协调。

多址通信,多个用户使用一个公共信道实现各用户间通信传输的方式,又称任意选址通信和多元联接。在多址通信的联接方式下,一个地点(地址)的通信设备可以同时与另外多个地点(地址)的通信设备相联接;参与多址通信的各个地点的通信设备实际上构成了一个通信网。在工程上,多址通信也称为点对多点通信。

多址通信广泛用于移动通信网、卫星通信网,也广泛用于计算机区域网络,是一种很有发展前途的通信方式。多址接入技术可以分为正交多址(OMA)和非正交多址(NOMA)。OMA 技术也叫作固定分配多址技术。固定分配多址技术是指在用户访问信道时,将用户所拥有的信道资源分配给用户,在通信结束之前,这些资源一直独占,这种方法虽然能保证用户间资源分配的公平性,但在用户数量较少时,会造成资源的浪费。对于蜂窝移动通信系统,多址接入技术具有重要作用,是一个系统信号的基础性传输方式。传统的正交多址方案,如用户在频率上分开的频分多址(FDMA)、用户在时间上分开的时分多址(TDMA)、用户通过正交的码道分开的码分多址(CDMA)和用户通过正交的子载波的正交频分多址接入(OFDMA)。

3G 系统中采用了非正交技术——直接序列码分多址(DS-CDMA)技术。由于直接序列码分多址技术的非正交特性,系统需要采用快速功率控制(FTPC)解决手机和小区之间的远近问题。

在 4G 系统中采用正交频分多址(OFDM)技术,OFDM 不但可以克服多径干扰问题,而且和 MIMO 技术结合应用,可以极大地提高系统速率。

由于多用户正交,手机和小区之间不存在远近问题,所以系统将不再需要快速功率控制,转而采用自适应编码(AMC)的方法实现链路自适应。但是,传统的正交多路接入技术由于频谱利用率较低,因此不能满足 5G 的性能。

5G 不仅要大幅提升系统的频谱效率,而且还要具备支持海量设备连接的能力。此外,在简化系统设计及信令流程方面也提出了很高的要求,这些都将对现有的正交多址技术形成严峻挑战。NOMA 的提出,改变了原来在功率域由单一用户独占资源的策略,提出功率也可以由多个用户共享的思路,在接收端,系统可以采用干扰消除技术将不同用户区分开。

值得注意的是,虽然多址技术是多路复用技术的一种应用,但是多址与多路复用的含义还是有区别的:多址是指不同地点的通信站之间的联接关系;多路复用是指同一通信站内不同用户信号之间共用信道的关系。

3.5.1 正交多址

多址通信的具体联接方式有很多,目前常用的多址联接方式有频分多址(FDMA)、时分多址(TDMA)和码分多址(CDMA),以及它们的组合方式等。

TDMA 是将通信信道在时间坐标上划分成若干等时间的时隙,并且周期重复出现。每对通信设备将工作在某个分配或者指定的时隙,即不同的通信用户是靠不同的时隙划分实现通信,称为时分多址。现在的数字蜂窝无线通信系统 GSM 就采用了时分多址技术。

CDMA 是将不同的用户地址的通信信息在频率域区分开。TDMA 是将不同用户地址的通信信息在时域内区分开。CDMA 是利用码组的正交性,将承载的不同用户的通信信息区分开。每对通信的设备工作在某个分配的码组实现通信,称为码分多址。现在的数字蜂窝无线通信系统 CDMA,第三代移动通信系统 WCDMA、CDMA2000、SC-CDMA 采用的都是码分多址技术。

FDMA 是将通信的频段划分成若干等间距的信道频率,每对通信的设备工作在某个或指定的信道上,即不同的通信用户是靠不同的频率划分实现通信的,称为频分多址。早先的无线通信系统,包括现在的无线电广播、短波、大多数专用通信网都是采用 FDMA 实现的。

1. TDMA

TDMA 将时间划分为周期性并且没有重叠的帧,这些帧又进一步划分为几个相同的时隙,每一时隙表示一个信道,系统内的用户依照安排的时隙依次在信道上向基站发送信号在上行链路中完成多址访问。当系统定时和同步满足要求时,基站可在各时隙内接收相应的用户信号而不受干扰。基站在固定的时间间隔内发送特定的信号给每个用户。每个用户在事先分配好的时隙中就可以收到来自基站的信号,图 3.79 显示了 TDMA 的帧结构,它代表了一个基本的 TDMA 系统。假设该 TDMA 系统带宽为 B,一个 TDMA 帧内含有 M 个时隙,这 M 个时隙分给系统内有传输需求的用户,若采用平均分配即每个用户分配同样的时隙,则每个用户所占用的带宽将会减少到 B/M。在一个帧中,用户可以通过同步比特信息确认该时隙是否为自己被分配的时隙,进而实现用户的多址接入。一个 TDMA 内的时隙数是有限的,若要保证系统整体的吞吐量,则要对有限的时隙进行合理的分配。分配的用户数量过多或者过少,都会影响系统的性能。因此,TDMA 系统的关键问题是时隙的分配,既要保证系统的吞吐量尽可能高,又要保证系统内的用户可以顺利传输数据而没有冲突。式(3.5.1)为时域正交的表示式。各用户在同一频带中传送,时间上互不重叠,符合时域的正交条件。实际传输时,由于多径等各种影响可能破坏正交条件,形成码间串扰。

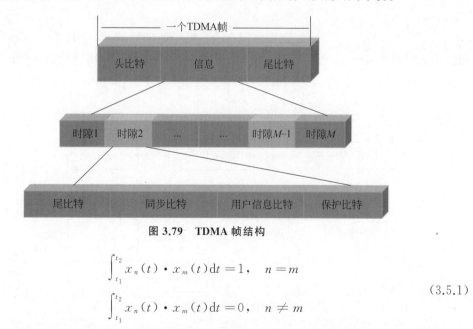

图 3.79　TDMA 帧结构

$$\int_{t_1}^{t_2} x_n(t) \cdot x_m(t)\mathrm{d}t = 1, \quad n = m$$

$$\int_{t_1}^{t_2} x_n(t) \cdot x_m(t)\mathrm{d}t = 0, \quad n \neq m$$

(3.5.1)

目前,依据时隙的分配策略可将时隙划分方法分为两种:一种是固定时隙分配策略;另

一种是动态时隙分配策略。固定时隙分配策略是系统内的用户被分到的时隙数都是固定且唯一的,用户只能在被分配到的时隙内进行通信,而不能占用其他时隙,若用户当前没有数据需要传输或接收,则该时隙处于空闲状态。这种方式系统内的所有用户是公平的且实现容易,但不足是,当空间用户较少时,系统信道的利用率较低,造成资源的浪费。当系统内的用户都有大量的数据需要传输时,又容易导致数据拥塞。鉴于此,这种方式多用于系统内用户较少的情况。动态时隙分配方案可以根据用户的数据量动态增加或删除时隙。当某一用户不需要进行通信时,则释放所占时隙,将其所占用的时隙重新分配给系统内的其他需要进行通信的用户。当某一用户有大量数据需要传输时,则将空闲时隙分配给该用户。这种方式最明显的优点是系统的资源利用率提高了,保证了系统的吞吐量,但是也会增加额外的开销。

2. CDMA

CDMA 的本质是应用扩频通信技术,用一个带宽远大于信号带宽的高速伪随机编码信号或其他扩频码调制所需传送的信号,使原信号的带宽被拓宽,再经载波调制后发送出去。接收端使用完全相同的扩频码序列,同步后与接收的宽带信号作相关处理,把宽带信号解扩为原始数据信息。不同用户使用不同的码序列,它们占用相同的频带,接收机虽然能收到,但不能解出,这样可实现互不干扰的多址通信。它以不同的互相正交的码序列区分用户,故称为"码分多址"。由于它是以扩频为基础的多址方式,所以也称为"扩频多址(SSMA)"。

扩频信号是将扩频码序列填充到所需传送的数据中形成的信号。频带展宽的倍数称为扩频系数,用分贝表示称为扩频增益。

目前应用最多的扩频方式有以下两类。

(1) 直接扩频方式码分多址(DS/CDMA),直接用扩频码作为地址码调制信号,通常用PSK 调制。

(2) 跳频扩频方式码分多址(FH/CDMA),属于间接型,用 MFSK 调制。通常用地址码控制特制的频率合成器,产生频率在较大范围内按一定规律周期性跳动的本振信号,与高速的信息码混频后输出。直接扩频通信 CDMA 的基本原理框图如图 3.80 所示。

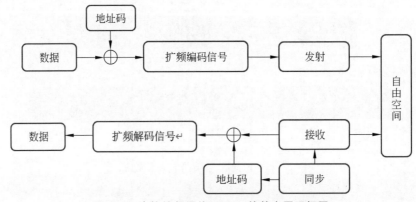

图 3.80 直接扩频通信 CDMA 的基本原理框图

在码分多址通信中,所用扩频码也就是地址码,应符合式(3.5.2)确定的正交条件:

$$\int \tau \varphi_n(t) \cdot \varphi_m(t) \mathrm{d}t = 1, \quad n = m$$

$$\int \tau \varphi_n(t) \cdot \varphi_m(t) \mathrm{d}t = 0, \quad n = m$$

(3.5.2)

有多少个互为正交的码序列,就可以有多少个用户同时在一个载波上通信。互正交的码序列数取决于码的位数和扩频码的类型。一般而言,位数越多,正交码序列数越多,但带宽也展得越宽。例如,用 511 位扩频码,带宽就要扩展 511 倍。至于序列数有多少,取决于扩频码的性质。

在 CDMA 系统中,由于带宽展宽带来很多优点,因此有很好的发展前景,CDMA 技术具有很多优点,例如抗多径干扰能力强、保密性强、抗干扰能力强等,下面对上述优点进行分析。

1) 抗多径干扰能力

由于信号在传输过程中,存在直射、反射和漫射等现象,这些信号经过的路径不同导致其达到接收端存在一定的时间差异,这样便形成了多径干扰,严重时甚至会引起通信中断。而 CDMA 系统能克服这种现象,其使用的扩频码具有严格的相关特性,使接收端接收到的其他信号只会影响其功率大小,而不会影响信号的频谱宽度。其接收到的其他多径信号会被系统看作噪声而抑制掉,不会对有用信号产生干扰。

2) 保密性

因为 CDMA 系统中的收发双方使用的是同一扩频序列,只有与发送端采用相同扩频序列才能提取出所需信息,而且其带宽被扩展,其功率谱密度相应会被压缩,使其不易被一般的检测设备检测出来,展现出优异的隐蔽性。因此,CDMA 技术一开始广泛应用于军事领域。

3) 抗干扰能力

处理增益 G 是评估系统抗干扰能力的一个指标。G 可以用式(3.5.3)表示:

$$G = \frac{\text{输出信号噪声功率比}}{\text{输入信号噪声功率比}}$$

(3.5.3)

可以看出,频谱被扩展得越宽,G 的值越大,从而系统的抗干扰能力就越强。因此,CDMA 较其他多址方式,其系统抗干扰能力要强一些。

3. FDMA

FDMA 将信道划分为若干不重叠的频带,每个频带都被称作一个子信道,再把划分好的子信道分配给系统内的用户。为了防止信号重叠,在信道之间留一个未使用的频带进行分离。每个子信道都有其对应的载波频率。拿下行链路来说,发送端利用有用信号和载波频率相乘的方法,将有用信号搬移到不同的高频处,使多个有用信号同时发送成为可能。接收机上可以应用与载波频率一致的 BPF 滤除其他的干扰信号,提取有用信号。

图 3.81 显示了 FDMA 的基本原理。图 3.81 中,将总信道带宽 B 分成了 M 份,表示 M 个子信道允许 M 个用户同时传输数据,$M=6$,若采用平均分配策略,则每个子信道所能占用的带宽为 B/M。但是,理想的 BPF 在实际应用中是不可能实现的,所以要在各个传输信号之间增加一定的间隔,被增加的间隔称作保护频带,用来防止其他信号的干扰,因此,FDMA 的信道上总会存在一定的浪费,使其不能被用户充分利用,降低其信道利用率。另

外,由于 FDMA 是固定分配的,即用户只能在系统规定的子信道上进行数据传输,当系统内某一个或多个用户并没有传输数据时,则没有信息传输的用户其对应的子信道便不再工作,这种情况也会导致浪费一定的信道资源。

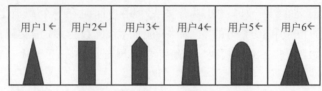

图 3.81   FDMA 的基本原理

OFDM 被证明可用来提升信道利用率。OFDM 在有线和无线通信系统中广泛使用,因为它是对由色散信道引起的 ISI 的有效解决方案,而且它可以将发送器和接收器的复杂性从模拟域转移到数字域。例如,尽管模拟滤波器的精确设计会对串行调制系统的性能产生重大影响,但在 OFDM 中,可以以很小的成本或根本没有成本在接收机的数字部分校正随频率变化的任何相位变化。尽管 OFDM 系统的许多细节非常复杂,但是 OFDM 的基本概念却很简单易懂。在 OFDM 中,选择副载波频率,使信号在一个 OFDM 符号周期内在数学上正交。使用逆快速傅里叶变换以数字方式实现调制和多路复用,因此,可以精确且以非常高效的计算效率生成所需的正交信号。在大多数 OFDM 实现中,通过使用称为循环前缀的保护间隔的形式消除任何残留的 ISI。当在常规系统中使用 FDMA 时,信息也会同时在多个不同的频率上传输。但是,OFDM 与这些常规系统之间存在许多关键的理论和实践差异。在 FDMA 中,子载波之间存在频带。在接收机处,使用模拟滤波技术恢复各个子载波。在 OFDM 中,各个子载波的频谱重叠,但是由于正交性,只要信道是线性的,就可以对子载波进行解调,而不会产生干扰,也无须进行模拟滤波来分离接收到的子载波。

采用理想滤波分割各用户信号时,满足式(3.5.4)所示的正交分割条件。实际的滤波器总达不到理想条件,各信号间总存在一定的相关性,总有一定的干扰,各频带之间必须留有一定的保护间隔以减少各频带之间的串扰。FDMA 有采用模拟调制的,也有采用数字调制的,也可以由一组模拟信号用频分复用方式(FDM/FDMA)或一组数字信号用时分复用方式占用一个较宽的频带(TDM/TDMA),调制到相应的子频带后传送到同一地址。模拟信号数字化后占用带宽较大,若要缩小间隔,必须采用压缩编码技术和先进的数字调制技术。总的来说,FDMA 技术比较成熟,应用也比较广泛。

$$
\begin{aligned}
\int_{f_1}^{f_2} x_n(f) \cdot x_m(f) \mathrm{d}f &= 1, \quad n = m \\
\int_{f_1}^{f_2} x_n(f) \cdot x_m(f) \mathrm{d}f &= 0, \quad n \neq m
\end{aligned}
\tag{3.5.4}
$$

3.5.2   非正交多址

非正交多址(NOMA)实现的是重新应用 3G 时代的非正交多用户复用原理,并使其融合到现在的 OFDM 技术中。从 2G、3G 到 4G,多用户复用多址技术主要集中于对时域、频域、码域的研究,而 NOMA 在 OFDM 的基础上增加了一个维度-功率域。新增的功率域可以用每个用户不同的路径损耗实现多用户复用。

NOMA 在发送端采用功率复用或多址接入签名码,使多用户信号能共享同一时频资源块,接收端采用 SIC 等多址干扰消除技术对不同用户区分解码。

(1) 功率复用技术。功率复用技术的核心是在时域和频域外增加一个功率的维度,利用不同用户之间的信道增益差异进行线性叠加传输。功率复用技术是非正交多址技术中最简单的类型。由于功率域的引入系统可以放松时频物理资源块的正交性限制,从而使系统容量、频谱效率得到提升。

(2) 多址接入签名码技术。多址接入签名码技术是经典的功率域非正交多址技术的演化升级版本,除传统的功率域,还引入了码域的扩频、加扰、交织,甚至包含了空域编码的多址信道标签,有助于进一步减少非正交多址带来的多址干扰(Multiple Access Interference,MAI),提高接收机对多用户信号的检测性能。

(3) 串行干扰消除技术。串行干扰消除技术的核心是对不同功率的多用户信号进行逐次干扰消除。接收信号中功率最大的信号最先被接收机检测出来并被消除,然后根据功率大小依次对各用户信号进行检测,最后完成对所有叠加信号的接收和解调。

NOMA 的基本原理如图 3.82 所示。

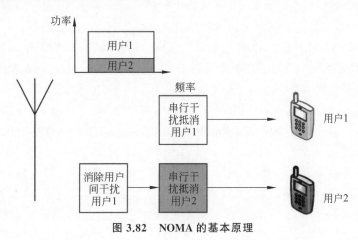

图 3.82　NOMA 的基本原理

NOMA 是一种功分多址的方案,与正交多址技术通过频域或码域上的调度实现分集增益不同,NOMA 通过将不同信道增益情况下多个用户在功率域上的叠加获得复用增益。

在发送端,不同发送功率的信号在频率完全复用,仅通过功率区分;在接收端,基于不同的信道增益,通过串行干扰抵消算法依次解出所有用户的信号。

在用户端,通过串行干扰抵消算法依次解出所有用户的发送信号。最优的解码顺序应该为用户接收信号的信干噪比的降序。在没有差错传播的理想情况下,每个用户都可以准确地解出已经发送的信号。

此外,与传统正交多址技术(如 OFDM)相比,NOMA 的用户复用将不再强依赖于衰落信道下瞬时频选发射机的相关信息,如信道质量指标(CQI)或 CSI,而这些信息都需要用户端对基站进行反馈。因此,在实际应用中,NOMA 较 OFDM,可以对用户端进行的信道相关信息反馈的延迟或误差具有更低的敏感度,系统也因此具有更稳健的性能。

NOMA 技术的性能优势如下。

(1) 提升频谱效率和系统容量。NOMA 技术可区分同一时间-频率域上的不同的用户,使得多个用户可以在相同间域和频率域上进一步复用资源。NOMA 的系统过载率相对于 OMA 技术更高,更接近多用户系统的理论容量界,在保证一定的通信质量的前提下进一步增加了系统总吞吐量。由于资源的非正交分配,不同用户的信号可以在相同的时频资源上叠加,实际上相对于 OMA 系统进一步拓展了可接入用户的数量,提升了系统的用户容量。

(2) 改善小区边缘用户性能。非正交多址技术为保障通信质量和用户公平性,会为小区边缘用户和信道条件较差的用户配置更高的功率。仿真显示,采用 NOMA 技术方案时,小区边缘用户的吞吐量得到有效提升。

(3) 更小时延和低信令开销。在目前研究的一些 NOMA 技术方案中,NOMA 可设计成免调度的接入方案,终端可使用开环功控选择合适的功率一次性上传数据,无须与基站进行多次交互,减少了接入时延,降低了信令交互的开销。

(4) 更强的系统鲁棒性。基于功率域的 NOMA 系统对接收端反馈的信道状态信息 CSI 的准确性的敏感度降低,在传输信道状态不发生大幅、快速改变的情况下,不准确的信道状态信息不会对系统性能产生严重影响。同时,由于接收端采用了 SIC 技术,因此系统具备一定的干扰消除能力,减少了干扰对通信的影响。

目前,主流的 NOMA 技术方案包括基于功率分配的 NOMA(Power Division Based NOMA,PD-NOMA)、基于稀疏扩频的图样分割多址(Pattern Division Multiple Access,PDMA),稀疏码多址接入(Sparse Code Multiple Access,SCMA)以及基于非稀疏扩频的多用户共享多址接入(Multiple User Sharing Access,MUSA)等。此外,还包括基于交织器的交织分割多址接入(Interleaving Division Multiple Access,IDMA)和基于扰码的资源扩展多址接入(Resource Spread Multiple Access,RSMA)等 NOMA 方案。尽管不同的方案具有不同特性和设计原理,但由于资源的非正交分配,NOMA 较传统的 OMA 具有更高的过载率,从而在不影响用户体验的前提下增加了网络总体吞吐量,实现了 5G 的海量连接,满足了高频谱效率的需求。尽管 NOMA 较 OMA 有明显的性能增益,但是由于多用户通过扩频等方式进行信号叠加传输,用户间存在严重的多址干扰,使得多用户检测复杂度急剧增加,因此,近似最大似然(Maximum Likelihood,ML)检测性能的低复杂度接收机的实现是 NOMA 实用化的前提。

1. PD-NOMA

PD-NOMA 根据用户信道质量差异,给共享相同时/频/空资源的不同用户分配不同的功率,在接收端通过串行干扰删除(Successive Interference Cancellation,SIC)技术将干扰信号删除,从而实现多址接入和系统容量的提升。有研究结果表明,PD-NOMA 相对 OMA 可以显著提升单用户速率以及系统和速率,尤其是小区边用户速率。以下行单小区 1 个基站服务 2 个用户为例,图 3.83 展示了 PD-NOMA 方案的发送端和接收端信号处理流程。

(1) 基站发送端假设用户 1 离基站较近,信噪比(Signal Noise Ratio,SNR)较高,分配较低的功率,用户 2 离基站较远,SNR 较低,分配较高的功率。基站将发送给两个用户的信号进行线性叠加,利用相同的物理资源发送出去,发送的等价复基带信号为

$$x = \sqrt{a}s_1 + \sqrt{1-a}s_2 \tag{3.5.5}$$

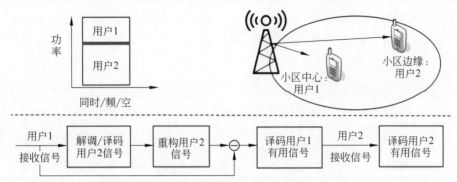

图 3.83 NOMA 收发端信号处理示意

其中,s_1、s_2 分别是发送给用户 1 和用户 2 的信号,α 是功率分配因子(一般地,$0 \leqslant \alpha \leqslant 0.5$);11Es$=$,21Es$=$是能量归一化的信号。利用香农公式可分别得到用户 1 和用户 2 的信道容量,根据和速率最大可进一步得到最优功率分配 α 的表达式:

$$a_{\text{opt}} = \frac{\ln(1+\text{SNR}_1) - \dfrac{\text{SNR}_1}{\text{SNR}_2} \cdot \ln(1+\text{SNR}_2)}{\text{SNR}_1 \cdot \ln\left(\dfrac{1+\text{SNR}_2}{1+\text{SNR}_1}\right)} \tag{3.5.6}$$

其中,SNR_1 和 SNR_2 表示用户 1 和用户 2 信噪比的线性值。由式(3.5.4)可知,最优功率分配因子与用户 1 和用户 2 信噪比均有关。

(2)用户 1 接收端。

经过无线信道,用户 1 的接收信号为

$$y_1 = h_1(\sqrt{a}\,s_1 + \sqrt{1-a}\,s_2) + n_1 \tag{3.5.7}$$

其中,h_1 是用户 1 的信道响应,$n_1 \sim \text{CN}(0,1)$ 表示接入噪声。由于分给用户 1 的功率低于用户 2,若想正确译码用户 1 的有用信号,需先解调/译码并重构用户 2 的信号,然后删除,进而在较好的信干噪比条件下译码用户 1 的信号,如图 3.83 所示。

(3)用户 2 接收端。

经过无线信道,用户 2 的接收信号为

$$y_2 = h_2(\sqrt{a}\,s_1 + \sqrt{1-a}\,s_2) + n_2 \tag{3.5.8}$$

其中,h_2 为用户 2 的信道响应,$n_2 \sim \text{CN}(0,1)$ 是接入噪声。虽然用户 2 的接收信号中,存在传输给用户 1 的信号干扰,但这部分干扰功率低于用户 2 的有用信号功率,不会对用户 2 带来明显的性能影响。因此,可以直接将用户 1 的干扰当作噪声处理,直接译码得到用户的有用信号。

2. PDMA

PDMA(Pattern Division Multiple Access)是基于发射机和接收机的联合设计,在发送端,采用基于时间、频率、功率和空域等多信号域非正交的特征的图形区分用户;在接收端,则利用多用户检测技术分离出多用户信号。为理解 PDMA 的原理,必须弄清特征图样和 PDMA 图形矩阵的概念。前者是一列包含二进制元素 0 和 1 的矢量,通过用户映射到资源模块,这里,"1"是用户在相应的资源模块要发送的信号;"0"则不是。当有若干资源模块可

利用时,会有众多不同的特征图可供选择,可从中选出不同数量的特征图,构成 PDMA 图样矩阵(或称编码矩阵)HPDMA,该矩阵确定了用户在资源模块上的映射方法,它对 PDMA 系统的性能和检测算法的复杂度有决定性影响。以图 3.83 为例,有 6 个用户共享 4 个资源模块时,相应的 PDMA 矩阵为

$$H_{\text{PDMA}} = \begin{bmatrix} 1 & 1 & 0 & 1 & 0 & 1 \\ 1 & 1 & 1 & 1 & 0 & 0 \\ 1 & 1 & 1 & 0 & 1 & 0 \\ 1 & 0 & 1 & 0 & 1 & 1 \end{bmatrix} \tag{3.5.9}$$

如图 3.84 所示,这时用户 1 在所有 4 个资源模块上发送数据,用户 2 用资源模块 1、2、3 发送数据,用户 3 用资源模块 2、3、4 发送数据,等等。最终形成的第一个资源模块上,包含用户 1、2、4、6 的信息,第二个资源模块上包含 1、2、3、4 的信息,第三个资源模块上包含用户 1、2、3、5 的信息,第四个资源模块上包含用户 1、3、5、6 的信息。

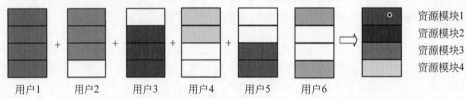

图 3.84　6 个用户共享在 4 个资源模块上的映射(见彩插)

与上面的映射对应,进行 PDMA 多用户图形设计时,按不同的信号域特征进行,如在功率域上进行图形设计时,采用不同的功率加权,在码域进行设计时,则采取不同时延的信道编码,等等。在接收端,通过前端检测和多用户联合检测,分离出各用户信号(见图 3.85)。前端检测模块的功能组成如图 3.86 所示。

图 3.85　PDMA 接收端的多址检测

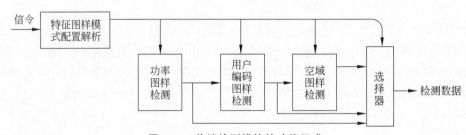

图 3.86　前端检测模块的功能组成

首先通过前端检测提取不同用户图样编码特征,然后采用低复杂度的检测算法,实现多用户的正确检测、接收。

3. SCMA

SCMA 是一种广义的低密度扩频(Low Density Spreading,LDS)技术,通过码域稀疏扩展和非正交叠加,将稀疏编码与多维星座调制相结合,实现在相同物理资源数下容纳更多的用户,使得在不影响用户体验的前提下,增加网络总体吞吐量。SCMA 包含单个或多个数据层,用于实现多用户复用,单个用户的数据对应其中的一层或多层,每个数据层有一个预定义的 SCMA 码本,并且同一 SCMA 码本中的码字具有相同的稀疏图样。在发送端,SCMA 通过一个编码器将发送的用户数据流直接映射得到稀疏的 SCMA 码字。SCMA 比特到码字的映射过程如图 3.87 所示,共有 6 个数据层,每一数据层对应一个码本。每个码本包含 4 个码字,码字长度为 4,每个码字包含两个非零元素和两个零元素。映射时,根据比特对应的编号从码本中选择码字,不同数据层的码字直接叠加。比如,对于用户 1 的编码数据 00,其选择用户 1 对应码本 1 中的第 1 个码字,对于用户 2 的编码数据 01,其选择对应码本 2 中的码字 2,其他用户依次类推。SCMA 的多用户码本设计是取得良好性能的一个关键。采用多维星座图设计可以获得编码和成形增益,基于此,SCMA 利用稀疏扩展模式设计和多维调制设计的联合优化,在整个多维星座点之间提供良好的距离特性(欧几里得和或积),以实现编码/成形增益最大化。

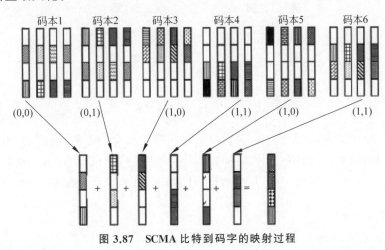

图 3.87 SCMA 比特到码字的映射过程

4. MUSA

MUSA 是一种基于复数域多元码的上行非正交多址接入技术,其原理如图 3.88 所示。首先,各接入用户使用基于 SIC 接收机的、具有低互相关的复数域多元短码序列对其调制符号进行扩展;然后,各用户扩展后的符号可以在相同的时频资源里发送;最后,接收端使用线性处理加上码块级 SIC 分离各用户的信息。扩频码决定了用户间的干扰及系统性能,因此,扩频码的设计对 MUSA 系统来说至关重要。传统的 CDMA 技术使用的是长伪随机扩频序列,这种序列具有相对较低的序列相关性,并可以达到较高的系统容量。但是,在支持海量通信使用 SIC 接收机时,共同使用长扩频码与 SIC 接收机会导致接收端的处理复杂度、时延、误码率等随着用户数目的增加而急剧上升。此外,长扩频码会产生较宽的时频扩展,这会降低传播效率、增大时延,并产生更大的功耗。因此,MUSA 中使用低相关性的短扩频码,有助于降低复杂度、时延、误码率以及功耗。MUSA 中使用的短随机复扩频码,其实部和虚部由一个多层次的均匀分布的实值集得到,如$\{-1,1\}$或$\{-1,0,1\}$,如图 3.89 所示。由于扩频码是短码,因此扩频灵活,在时域和频域均可扩频,并可支持符号级调制。

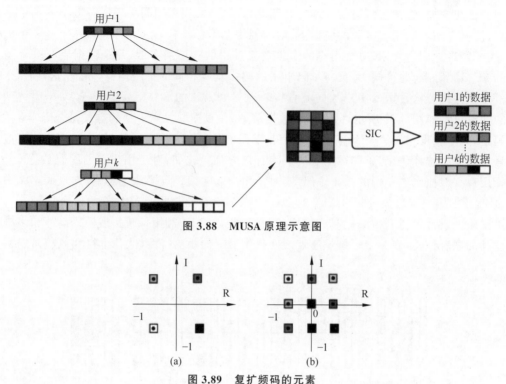

图 3.88   MUSA 原理示意图

图 3.89   复扩频码的元素

在接收端,MUSA 采用基于 SIC 的接收机。在第一次检测之前,根据功率或 SNR 的大小对用户进行排序,然后对具有最大功率或者 SNR 的用户进行检测;接着,从总的接收信号中减去该干扰信号,并对其他用户再次进行估计、判决、重构以及干扰删除,直至检测出所有用户的数据。

3.5.3   技术案例

1. 深度学习辅助 SCMA

第五代(5G)无线通信系统需要提供非常高的频谱效率以及极低的延迟,并且应能提供大规模连接。为了满足这些要求,设计了新技术,包括大规模 MIMO、PDMA 和 NOMA。SCMA 是一种有前途的 NOMA 方案,能同时提供大规模连接和高频谱效率。SCMA 的性能很大程度上取决于码本设计。然而,以手工方式设计码本是有问题的,因为码本中的码字彼此不正交,并且由多维复数值组成。假定不同的码字必须用于不同的环境,例如,在资源的数量不同的情况下,必须手动构建所有可能环境的码本。此外,ML 或迭代 MPA 用于解码,这两种方法都具有较高的计算开销,限制了 SCMA 的实时操作。近年来,深度学习技术为许多任务带来显著的性能改进。值得注意的是,一些研究证实了深度学习技术在通信领域的可行性。鉴于深度神经网络(DNN)能处理具有非线性特征的多维值,可应用于解决上述 SCMA 的问题。

文献[219]提出一种 D-SCMA,其中使用 DNN 进行数据到资源(码本)的映射和接收信号的解码。Kim 等人所提出的 DNN 根据环境以 BER 最小化的方式自主学习。据我们所知,这是首次尝试在 SCMA 中使用 DNN 结构。在 D-SCMA 中,使用 DNN 找到从输入数据到指定资源的星座平面的映射。从流 j 的 M 元符号 r_j 到单个资源 k 的复杂星座平面的映射表示为 $f_{kj}(r)$。为此,将多个基本 DNN 单元放置在流和资源之间,以便这些 DNN 单元可以学习适当的映射,参见图 3.90。在我们提出的方案中,基本 DNN 单位的隐藏层数量设置为 6,即 $L=6$,并且基本 DNN 中的每个隐藏层具有 32 个隐藏节点。因此,这些 DNN 单元和 $f_{kj}(r)$ 可分别被认为是码字生成器和生成的码字。

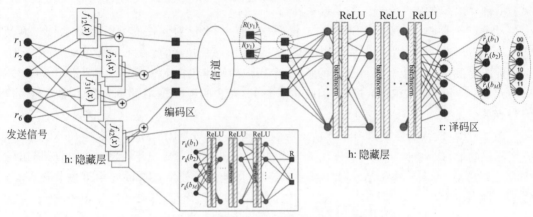

图 3.90　D-SCMA 的结构

设 $f_{kj}(r;\theta_f)$ 是当 DNN 的参数表示为 θ_f 时从资源 k 到流 j 的映射,θ_f 表示编码器的权重和偏差。然后,在接收机的资源 k 处的接收信号可写为如下形式:

$$y_k = \sum_{j=1}^{J} h_{kj} f_{kj}(r_j;\theta_f) + n_{kj} \qquad (3.5.10)$$

如图 8.90 所示,对于 M 元符号 r_j,DNN 编码器模块 $f_{kj}(r_j;\theta_f)$ 中的输入节点数为 M。

在图 3.91 中,比较了传统 SCMA 方案、具有 MPA 解码器的 D-SCMA 方案和 D-SCMA(DNN 解码器)方案的 BER,结果表明,基于 D-SCMA 的方案显著优于基于传统 SCMA 码本的方案,尤其是在高 SNR 情况下。我们还发现,基于 DNN 的解码器的 BER 几乎与 MPA 解码器相同,即使基于 DNN 解码器的计算复杂度远低于 MPA 解码器。

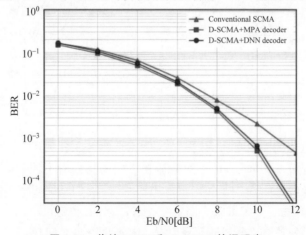

图 3.91　传统 SCMA 和 D-SCMA 的误码率

2. 可重构智能表面辅助上行链路稀疏码多址

可重构智能表面授权通信(RIS)和 SCMA 是未来几代无线网络的理想选择。前者增强了传输环境,而后者提供了高频谱效率传输。文献[218]提出了 RIS 辅助上行链路 SCMA(SCMA-RIS)方案的低成本设计,以提高传统 SCMA 的频谱效率,利用并修改消息传递算法(MPA)来解码 SCMA-RIS 发送的信号。此外,文献[218]同时也提出一种用于 SCMA-RIS方案的低复杂度解码器,以显著降低 MPA 解码复杂度并提高传统 SCMA 的误码率性能。蒙特卡洛模拟和复杂性分析支持了这一发现。

考虑 U 个用户,他们使用 SCMA 方案通过具有 N 个反射元件的 RIS 将数据传送到基站。每个用户通过使用唯一的稀疏码本 $Cu \in CR \times M, u=1, \cdots, u$ 访问介质,其分布在 R 个正交资源元素(ORE)上。值得注意的是,每个用户的码本包含 M 个码字,其具有 dv 个非零码字元素。U 用户在 ORE 上过载,因此共享每个 ORE 的用户数 df 是固定的。基站和用户配备有单个天线。

在本节中,蒙特卡洛模拟用于评估分析所提出的 SCMA-RIS 方案与传统 SCMA-MPA方案相比的 BER 性能。图 3.92 分别描述了 $M=2$ 和 $M=4$ 情况下,文献[218]所提出的SCMA-RIS-MPA 和传统 SCMA-MPA 之间的 BER 性能比较。从这些图中可以看出,与传统 SCMA-MPA 相比,两种 SCMA-RIS-MPA 方案(即盲和优化)显著提高了 BER 性能。例如,与 $K=4$ 的 SCMA-MPA 相比,$M=2$ 和 $M=4$ 的盲 SCMA-RIS-MPA 方案分别为 $N=20$、30 和 40($K=4$)的 BER 性能提供了约 13dB、15dB 和 16.5dB 的改善,与 $K=4$ 的 SCMA-MPA 相比,优化的场景和增加的反射元件数量提供了更多的 BER 改善。

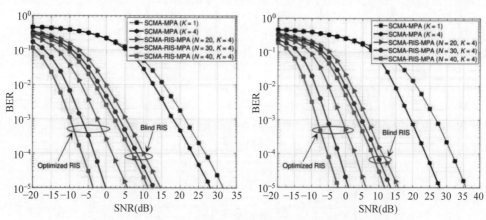

图 3.92　SCMA-MPA 和 SCMA-RIS-MPA 方案 BER 性能比较

3.5.4　多用户组网系统

传输技术中很重要的一点是有效性问题,也就是如何充分利用信道的问题。在多址联接方式中有一个信道分配的问题,这里的信道在不同的场合有不同的含义,在 FDMA 中指各用户占用的频段,在 TDMA 中指各用户占用的时隙,在 CDMA 指使用的正交码组。信道分配给各用户使用,其主要分配方式有固定分配、按需分配和随机占用 3 种方式。①固定分配(也称预分配):把公共信道分成若干子信道,任何两个站之间通信时要占用预先分配给它们的固定子信道,分配好后不再变更。用这种方式通信时不需要附加控制和调度信道,因而设备简单。但是,各信道的容量固定,不能增减,特别是当某站分得的信道空闲不用时,其他台站不能利用它,因此信道利用率低。②按需分配:按照需要和业务变动情况,随时把信道合理分配给用户使用。这类系统多数设有一中心站集中控制信道分配。当某用户需要通信时,它先与中心站联系,中心站根据当时情况给通信双方安排信道。有些系统采用分散控制方式,这时上述中心站的功能分别由各用户自己实现。采用按需分配方式,虽然系统设备复杂,但信道利用率高。③随机占用(也称争用):它没有信道控制系统,当用户需要通信时,可按一定的规程随机占用信道。这种方式适用于各用户通信量较小的情况。当系统中同时工作的用户过多时,会造成较大的互相干扰,甚至失效,因而信道利用率低。图 3.93 是一个多址信道的简单模型,该网络由 n 个用户和一个中心台组成。

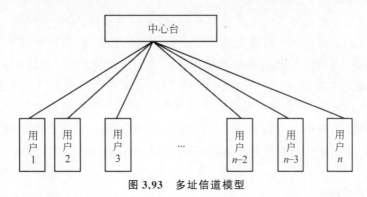

图 3.93　多址信道模型

1. 第一代无线网络

第一代无线网络是基于模拟通信技术的,所有的蜂窝系统都采用频率调制。图 3.94 为第一代蜂窝无线网组成框图。其中包括移动终端、基站和 MSC(移动交换中心)。通常,MSC 负责各个覆盖区的系统管理,完成所有的网络管理功能,如呼叫接续、维护、计费以及监控覆盖区内的非法行为。MSC 通过陆地干线和汇接交换机接到 PSTN(公共交换电话网)上,同时还通过专用信令信道与其他 MSC 连接,相互交换用户的位置、权限及呼叫信令,并且能提供基站与移动用户间的模拟语音和有效的低速率数据通信。

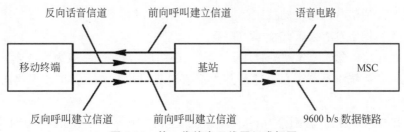

图 3.94　第一代蜂窝无线网组成框图

不过,语音信号常通过标准的时分复用数字化后,再在基站与 MSC 以及 MSC 与 PSTN 间传递。蜂窝网需要与所有在网络覆盖区内登记的用户保持联系,才有可能向处于任何位置的漫游用户转发呼入的呼叫。当移动电话处于开机状态但未通话时,它一直监测着附近信号最强的控制信道。当用户漫游到其他业务提供者负责的覆盖区时,无线网必须为其重

新登记,同时取消其在原先所属的业务提供者那里的注册,从而当用户来往于不同的 MSC 覆盖区时,网络能把呼叫连接到用户那里。

2. 第二代无线网络

第二代无线网络采用了数字调制技术和先进的呼叫处理技术,包括全球移动通信系统(GSM)、美国的 TDMA 和 CDMA、无绳电话(CT2)英国无绳电话标准、个人接入通信系统(PCCS),以及欧洲的无绳及市内电话标准——欧洲数字增强无绳通信(DECT)。

第二代无线网采用了新的网络结构,使 MSC 的计算量降低,并引入了一个新的概念-基站控制器(BSC)。BSC 接在 MSC 与几个基站之间,在 PACS/WACS 中,称 BSC 为无线端口控制单元。这种结构上的变革使 MSC 和 BSC 之间的数据接口标准化,因此运营商可以使用不同制造商的 MSO 和 BSC 设备。

标准化和互操作性是第二代无线网的新特征,它最终使得 MSC 和 BSC 成为可采购的现成产品。所有的第二代无线网都采用了数字语音编码和调制,在空中接口中采用了专用控制信道(公共信令信道)。通话中语音和控制信息通信能在用户、基站和 MSC 间同时进行。第二代无线网还在 MSC 及每个 MSO 与 PSTN 之间提供了专用语音线路和信令线路。

与第一代网络相比,第二代网络增加了用来传输寻呼与其他数据业务的功能,如传真、高速数据接入等。网络控制功能则分散于网络中,移动站承接了更多的控制功能。网络口的移动单元有许多第一代网中用户单元没有的功能,如接收功率报告、临近基站搜索、数据编码及加密等。

3. 第三代无线网络

第三代无线网络将在业已成熟的第二代无线网络的基础上建立起来,其目的是用单独的一套标准满足广泛的无线通信的需求,并在全世界提供通用的通信接口。在第三代无线网络中,无线电话与蜂窝电话将没有多大区别,各种语音、数据和图像通信业务也将通过通用个人通信设备实现。

宽带 ISDN 将在第三代无线网络中应用,以提供诸如 Internet 及其他公用和专用数据库这样的信息网络的接口,可以传输不同的信息(语音、数据和图像);在各种环境都能提供服务;不论是固定用户还是高速移动的移动用户,都能进行通信;在保证可靠信息传输的同时,将采用无线分组通信分散网络的控制。

第三代无线网络具有以下几个基本特征。

(1) 全球普及和全球无缝漫游的系统:第二代移动通信系统一般为区域或国家标准,而第三代移动通信系统将是一个在全球范围内覆盖和使用的系统。它将使用共同的频段,全球统一标准。

(2) 具有支持多媒体(特别是 Internet)业务的能力:现有的移动通信系统主要以提供语音业务为主,随着发展,一般仅能提供 100～200kb/s 的数据业务,GSM 演进到最高阶段的速率能力为 384kb/s。而第三代移动通信的业务能力将比第二代有明显改进,它能支持从话音到分组数据再到多媒体业务;能根据具体的业务需要,提供必要的带宽。ITU 规定的第三代移动通信系统 RTT 技术必须满足以下三种环境的最低要求,即快速移动环境,最高速率达 144kb/s;步行环境,最高速率达 384kb/s;室内环境,最高速率达 2Mb/s。

（3）便于过渡、演进：在第三代移动通信系统引入时，第二代网络已具有相当规模，所以第三代网络一定要能在第二代网络的基础上逐渐灵活演进而成，并应与固定网兼容。

（4）高频谱效率。

（5）高服务质量。

（6）低成本。

（7）高保密性。

多信道共用技术利用信道占用的间断性，使许多用户能任意地、合理地选择信道，以提高信道的使用效率，这与市话用户共同享有中继线类似。

在多用户组网中经常提到可见光组网技术，可见光高速高容量传输技术相对成熟，但无论是可见光组网的理论研究，还是实际落地应用，都还处在刚刚发展崭露头角的阶段，其涉及的理论基础和技术细节等问题尚不清晰、明确。现有可见光通信组网方案多为混合异构方式，只将可见光应用在下行链路，上行链路使用传统的 WiFi 或红外方式组成异构网络，但是基于混合异构网络的可见光组网模型实际应用困难。因为 WiFi 节点和可见光节点不具备互联互通性，同时大量终端不具备红外端口，致使可见光的混合组网尚未形成成熟的技术方案。同时，现有的 IEEE 802.15.7 所提出的 VLC 接入控制协议必须进行复杂的信令交换，而网络中的用户具有随机的移动性，导致该协议并不适用于可见光网络，限制可见光组网系统的应用基础研究。可见光组网技术及协议的研发难度大、周期长，至今还没有成熟可靠的多用户接入方法和组网协议，导致高速的 VLC 链路不具备全双工通信的自由组网能力。加快 VLC 组网技术研究，有利于未来移动通信在新频谱资源上的探索和拓展。

可见光组网最重要的一个环节是全双工通信的实现。但是，可见光组网目前还处在刚刚发展阶段，一个重要问题是全双工技术还不能满足多用户（尤其是动态多用户）的要求。目前已有一些机构对可见光全双工组网进行了探索与创新。然而，大多数研究工作主要集中在点对点单用户场景和半双工模式上。为了将 VLC 转变为一个多用户、可扩展、全双工的无线技术，许多研究人员致力于关于 VLC 全双工系统的研究。

还有文献引入了常规的 CDMA 技术来解决 VLC 的多用户访问。有人设计了一种基于 OFDM 平台的多载波 CDMA 系统，该系统使用了适合于室内 VLC 环境的强度调制/直接检测方案。CDMA 与色移键控（CSK）调制相结合用于 RGB-LED-VLC 的多路访问传输，以增强系统容量并减轻光干扰。另外，许多其他研究对 VLC 系统使用了多路访问和多路访问优化，例如，下行链路传输应用 VLC 和用于上行链路传输的 RF 的混合网络。OFDM 作为一种流行的方案，由于峰均功率比高而遭受非线性失真的困扰。此外，由于子载波分配给商用 LED 窄带宽内的多个用户，因此 OFDM 增加了信号干扰。尽管 CDMA 代表了传统的多路访问，但由于扩频码、ISI 和多址干扰问题，最大用户数受到限制。另外，在先前的一些研究中，仅执行了下行链路或上行链路 VLC 通信，双向 VLC 的考虑甚至更少。

相比于国外，国内可见光领域的研究工作起步较晚，但最近几年，国内众多研究机构如信息工程大学、哈尔滨工业大学、南京邮电大学在可见光与 WiFi 的异构组网研究中取得了很多成果，包括：通过对光接入点的数量和放置位置对系统进行改进，以达到最大化吞吐量和最小化干扰的目的；利用硬件技术组建可见光和射频的异构网络，实现端到端传输；搭建

可见光和射频的异构网络,实现全双工通信。通过将可见光与 IEEE 802.11p 技术相结合,西安电子科技大学车联网组网在网络实时性和可靠性方面都得到了提高,特别是在车辆密集区域的网络通信性能方面得到提高。无论是国外还是国外的相关研究,VLC 多用户自由组网的机制和相对完善的双向可见光组网通信方案仍非常少。由此可知,针对可见光组网的多用户接入研究是非常必要且迫切的,在实际应用中具有重要的价值和意义。

第4章 智能计算信息处理

4.1 智能分布式计算

随着互联网、物联网、区块链以及多媒体处理等技术的高速发展,特别是随着 5G、6G 时代的到来,人们在日常生活、工作中处理的数据越来越多。由单台计算机或个人处理这些庞大的数据,很难在短时间内完成,因此需要对这些数据进行划分,然后将其分配给多个计算机进行处理,从而达到缩短处理时间的目的。这个划分数据并分别处理的过程就是分布式计算。

4.1.1 分布式计算

分布式计算是利用网络把成千上万的计算机连接起来,组成一台虚拟的超级计算机,完成单台计算机无法完成的大规模的问题求解。分布式计算概念中的分布性主要指数据分布和计算分布。数据分布是指将数据切分,存储在网络节点上的不同计算机中;计算分布则是把程序结构分散到不同的计算机上,数据通过这些计算节点进行计算。

分布式计算必须解决存储和计算两大问题。对于存储,随着信息化时代的来临,海量信息充斥着整个世界,数据也一直在爆发式增长,如何存储这些数据成为迫切要解决的问题,目前普遍采用的是分布式存储技术,通过网络将计算机连接起来,这些计算机作为一个个节点,通过进程互相交互,将一台台计算机封装起来,使其对外看是一个大的存储系统,内部数据共享互相通信,因此节点间如何通信是存储的关键。对于计算,如何将计算任务分配给不同计算机,同时作业,实现分布计算,除要考虑计算如何分布外,还需要考虑数据各自的特点,有的是流数据的形式不间断,有的是海量的离线数据。基于存储和计算,早期谷歌为了其业务需求,采用 MapReduce 计算框架和 GFS 谷歌文件系统,作为其分布式存储和计算的平台,并在 2003 年公布,这成为之后各种分布式系统的开端。后来,在谷歌的基础上涌现了一大批分布式的平台框架,如 Hadoop、Spark 等,这些分布式框架各有优势,后来逐渐商业化,广泛应用到各行各业。

针对这些分布式框架,Hadoop 最早被提出,它的思想来源于谷歌的三篇论文——GFS(Google File System)、MapReduce(计算框架)和 BigTable(数据模型),在此基础上,最终形成自己的分布式文件存储系统(HDFS)、分布式计算框架(MapReduce),之后慢慢形成自己的一个大的生态圈。MapReduce 在处理海量的大数据上有很大优势,但是,其在处理迭代时,很不方便。HDFS 作为分布式文件系统,一直被业界广泛使用,很多分布式框架底层依

旧沿用 HDFS 作为分布式文件系统。Spark 是一个基于内存计算的分布式平台,2009 年诞生于加州大学伯克利分校的 AMP 实验室,2014 年成为 Apache 的顶级项目,之后 Spark 逐渐形成以机器学习库 MLlib、图计算 GraphX 框架、流式处理 Spark Streaming 框架,以及 Spark SQL 等为主的生态系统,目前 Spark 在分布式计算平台中已经占据非常重要的地位。Spark 最重要的设计是弹性分布数据集(RDD)。RDD 是 Spark 中的数据抽象模型,是 Spark 计算的基本单元,其允许在内存中使用和存储数据,以达到减少磁盘读写、加快计算速度的目的,而且 Spark 能较好地应对大量的迭代运算。

许多框架被设计为高效和有效的管理分布式计算系统,其中 MapReduce 和 Spark 系统是最流行的分布式计算机管理系统。后文会详细介绍这两个分布式计算框架。

1)分布式计算的优点

(1)可靠性、高容错性:一台服务器的系统崩溃不会影响其他的服务器。

(2)可扩展性:分布式计算系统可以根据需要增加更多的机器。

(3)灵活性:容易安装、实施和调试新的服务。

(4)计算速度快:分布式计算机系统可以有多台计算机的计算能力,使得处理速度较其他系统更快。

(5)开放性:由于它是开放的系统,因此本地和远程都可以访问到该服务。

(6)高性能:相较于集中式计算机网络集群,可以提供更高的性能,以及更高的性价比。

2)分布式计算的应用范围

(1)分布式存储,使用多个节点共同提供云计算平台数据资源服务。

(2)分布式 VXLAN 网络,解决云计算平台大规模二层网络使用问题。

(3)分布式数据库,由多个节点共同组成的一个逻辑集中,物理分布的大型数据库。

(4)分布式安全产品,解决云环境下的虚拟化安全问题,提供了分层次、全方位、可扩展的安全隔离和安全防护。

下面将详细介绍两种经典的分布式计算框架。

4.1.2　MapReduce

1. MapReduce 介绍

为了处理海量数据的检索、处理以及计算等问题,Google 提出 MapReduce 分布式计算模型,Hadoop 开源实现了 MapReduce 作为平台的分布式计算核心组件。MapReduce 模型主要由 Map、Shuffle、Reduce 阶段组成,Map 阶段执行的 Map 函数以及 Reduce 阶段的 Reduce 函数由用户编程实现,然后将作业分解为多个 Map 任务和 Reduce 任务进行分布式计算,并且可以从 HDFS 中轻松取得计算结果。

1)MapReduce 原理

图 4.1 为 MapReduce 的工作原理图。MapReduce 的工作流程描述如下。

(1)客户端将输入数据划分为多个切片(逻辑切分),每个切片都对应一个 Map 任务,默认设置为一个数据块对应一个切片和一个 Map 任务,Split 包含的信息包括对应切片的元数据信息、起始位置、长度和所在节点列表等。

(2)Map 函数将按行读取切片数据,组成键值对 key-value,默认的 key 为当前行在源文

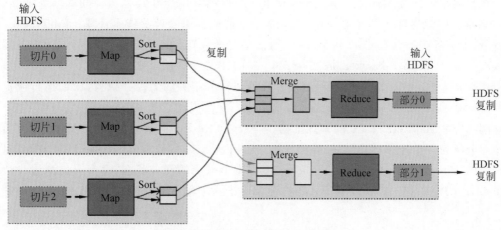

图 4.1　MapReduce 的工作原理图

件中的字节偏移量,value 为读到的字符串。如果执行 Map 任务的节点上没有所需的输入数据,则需要通过网络将数据传输到本地。

（3）Map 任务将对每个键值对进行计算,输出<key,value,partition(分区号)>格式的数据,partition 表示应该将此键值对发送到哪个 Reduce 任务进行计算。

（4）当 Map 任务处理完毕,Map 函数的输出数据将发送给对应的 Reduce 任务所在的节点,在 Reduce 任务处理前将 Map 任务的输出结果先进行 Shuffle。

（5）Reduce 任务把 Shuffle 得到的数据作为函数输入进行计算得到最终结果。

从图 4.1 可以看出,MapReduce 作业 Reduce 阶段需要等待 Map 阶段的输出数据,所以可以通过减少 Map 阶段的执行时间来减少 MapReduce 作业的整体执行时间。Map 任务首先需要读取切片数据,如果数据在任务节点上,则可以节省将数据网络传输到本地的时间,提高 Map 任务的执行速度。

2）MapReduce 的数据本地性

MapReduce 的数据本地性指的是 Map 阶段的输入数据副本与 Map 任务所在 Container 是否处于同节点、同机架,也可以理解为输入数据副本和 Container 之间的网络距离。数据本地性是影响 MapReduce 性能的主要因素之一,可以影响作业的执行时间、集群的资源利用率,以及 MapReduce 的性能。

数据本地性的三个等级分别为同节点(node-local)、同机架(rack-local)以及跨机架(off-switch)。如果数据副本与 Container 处于同一节点,则属于同节点等级;如果 Container 所在节点没有存放数据副本,但是同机架的节点上有数据副本,则属于同机架等级,否则属于跨机架等级。当处于同节点数据本地性时,不需要通过网络传输数据副本,节省了 Map 阶段的执行时间,以及集群的网络 I/O 资源。同机架数据本地性下的网络 I/O 消耗也优于跨机架,所以应尽量将 Map 任务放置在满足同节点数据本地性或者同机架数据本地性的节点上。

2. MapReduce 1.0 作业运行流程

在 Hadoop 1.0 时期,一个 MapReduce 作业包括 4 个顶级的组件：客户端、JobTracker、TaskTracker、分布式文件系统(一般为 HDFS)。

客户端用于提交 MapReduce 作业,分布式文件系统用于在其他组件间共享作业文件。JobTracker 作为集群的管理者,同时负责整个集群的资源管理及作业管理。JobTracker 启动后,通过与各个节点上的 TaskTracker 通信得到每个节点的资源使用情况,以及任务运行的进度等信息。TaskTracker 是主从架构中的工作者,可以在每个计算节点上启动。TaskTracker 通过与 JobTracker 通信接收各种与任务相关的命令并执行,比如运行或提交任务等,同时其不断将本地节点上各个任务的执行进度发送给 JobTracker。

图 4.2 为 MapReduce 1.0 的系统架构,客户端向 JobTracker 提交作业,JobTracker 负责将作业分解为各个任务,然后把任务分发给 TaskTracker。TaskTracker 将任务分配到对应的资源池 Slot 中执行,不断向 JobTracker 汇报本节点上的任务状态,每个节点配置一个或多个 Slot 用以执行任务,MapSlot 只能执行 Map 任务,ReduceSlot 只能执行 Reduce 任务。

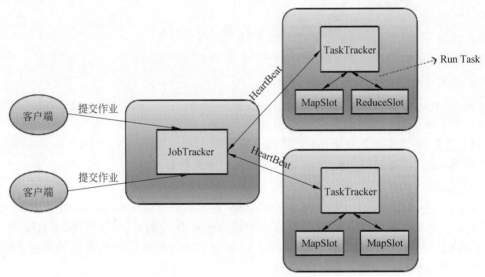

图 4.2　MapReduce 1.0 的系统架构

图 4.3 为 MapReduce 1.0 作业的运行流程,具体描述如下。

(1) 客户端使用 Job 的 submit()方法提交 MapReduce 作业到 Job,创建一个 JobSummiter 实例,然后调用其提交作业方法。

(2) Job 首先向 JobTracker 请求作业 ID,为了防止之前作业的输出数据被覆盖,JobTracker 将检查是否存在输出目录,如果存在,则终止流程并返回错误信息;如果输入数据目录不存在,则终止流程并返回错误信息。最后,JobTracker 根据设定的数据块大小切分输入数据,切分的每个分片的大小等于数据块大小。

(3) 将作业运行所需要的资源复制到分布式文件系统中,并使用步骤(2)中申请的作业 ID 命名资源存放的目录。

(4) 客户端向 JobTracker 提交作业,然后等待作业执行完成。

(5) JobTracker 进行作业的初始化,将作业放入作业队列,然后由作业调度器进行作业调度,作业调度器为此作业创建一个正在运行的 Job 对象来跟踪任务的状态和进度。

(6) 作业调度器从分布式文件系统中获取在客户端已经计算完成的输入分片信息,根

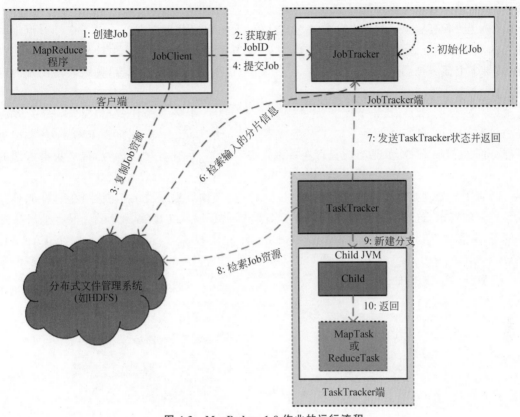

图 4.3　MapReduce 1.0 作业的运行流程

据切片数量及用户设定的 Reduce 任务数量分别创建 Map 任务和 Reduce 任务。

（7）TaskTracker 每隔固定的时间便向 JobTracker 发送本节点的状态信息，如果 JobTracker 长时间未接收到 TaskTracker 的信息，则判断此节点死亡；如果接收到 TaskTracker 的信息，则证明此节点存活，JobTracker 可以向 TaskTracker 发送信息操作节点上的任务。

（8）任务执行。首先通过分布式文件系统将作业的 Jar 文件传输到 TaskTracker 所在的节点。TaskTracker 将任务所需要的全部文件从分布式缓存复制到本地，然后 TaskTracker 将 jar 文件解压到一个新建的文件夹下。

（9）TaskRunner 为每个任务启动一个新的 Java 虚拟机，在虚拟机中运行任务可以隔离任务，以避免任何程序问题影响到其他任务及 TaskTracker。

3. MapReduce 2.0（YARN）

1）YARN 介绍

随着第一代 MapReduce 的广泛使用，人们发现其主要存在以下几个缺点。

（1）JobTracker 需要同时负责集群的资源管理以及作业管理，如果 JobTracker 所在节点死机或存在网络故障时将导致整个 Hadoop 集群无法继续工作，即容易发生单点故障问题。

（2）当集群中作业较多时，JobTracker 同时负责资源分配以及作业调度，会造成过多的

资源消耗,其所在的节点性能可能会成为整个集群性能的瓶颈。

(3) 当 MapReduce 作业非常多时,会造成很大的内存开销。在 TaskTracker 节点上将任务的数目作为资源量的表示过于简单,并没有考虑此节点的 CPU 性能及内存的占用情况,如果多个任务被调度到同一节点并且这些任务需要消耗大量的内存,则很容易出现内存溢出。

(4) 每个 TaskTracker 节点的资源被简单划分为一个或多个任务槽(Slot),分为 Map 任务槽和 Reduce 任务槽两种。Map 任务槽不能分配给 Reduce 任务,同时 Reduce 任务槽也不能分配给 Map 任务,如果当前只存在一种任务,则另一种任务槽会闲置,造成集群资源的浪费。

随着用户处理数据量的增大,MapReduce 1.0 的架构导致集群的扩展性较差,性能难以满足用户的需求,这些问题已经不能依靠开发者通过程序优化解决。为了从根本上解决这些问题,需要将架构进行重组,所以 Hadoop 开发者发布了 MapReduce 2.0(YARN)。YARN 与 MapReduce 1.0 一样采用了主从架构,但是它将 JobTracker 的职能划分为多个实体。YARN 系统架构如图 4.4 所示。

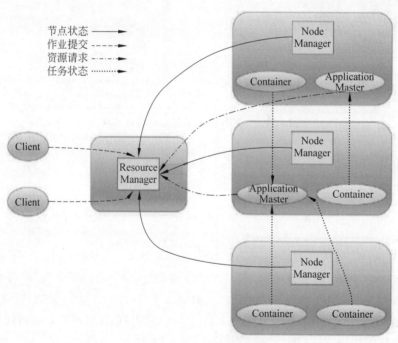

图 4.4 YARN 系统架构

除与 MapReduce 1.0 相似的客户端和分布式文件系统,新增的组件有 YARN 资源管理器、YARN 节点管理器、Container、ApplicationsManager 以及 ApplicationMaster 等,这些组件的功能如下。

(1) YARN 资源管理器 ResourceManager(RM)。RM 接管了 MapReduce 1.0 中 JobTracker 的资源管理功能,包括定时调度器(Scheduler)和应用管理器(ApplicationManager)两个重要的组件。RM 作为 YARN 主从架构中的管理者角色,统一管理、调度整个集群的所有资源,其主要功能包括 ApplicationMaster 管理、NodeManager 管理、作业管理等。

(2) YARN 节点管理器 NodeManager(NM)。NM 位于集群的各个计算节点上,作为 YARN 架构中的工作者角色。NM 负责启动和管理其所在节点上的计算容器,并监控节点上每个容器的资源使用情况,如容器当前所使用的内存以及 CPU 等,同时维持与 RM 的交互并上传所在节点的资源情况。

(3) 容器(Container)。与 MapReduce 1.0 中的资源单位 Slot 不同,Container 是 YARN 中的动态资源分配的容器,每个 Container 拥有一定的内存和 CPU 核数。Container 由 RM 分配给 ApplicationMaster、Map 任务或者 Reduce 任务,然后任务将在 Container 中运行。MapReduce 作业中的数据本地性可以通过 Container 和任务输入数据之间的网络距离得到。

(4) 应用总管(ApplicationMaster)。ApplicationMaster 接管了 MapReduce 1.0 中 JobTracker 的作业管理功能,集群中的每个作业都有自己的 ApplicationMaster。在作业执行的过程中,由 ApplicationMaster 先向 RM 申请 Container,然后将申请到的 Container 与任务匹配。

(5) 应用管理器(ApplicationsManager)。应用管理器主要负责接收用户提交的作业,并申请一个 Container 用于执行 ApplicationMaster,同时当 ApplicationMaster 的 Container 失败时,应用管理器需要重启 Container。

(6) 调度器(Scheduler)。调度器负责向应用程序分配资源,如向 MapReduce 作业的 ApplicationMaster 分配用于执行任务的 Container。

2) 在 YARN 上运行 MapReduce 作业流程

图 4.5 为在 YARN 上运行 MapReduce 作业的流程,具体描述如下。

(1) 提交作业的开始阶段,客户端首先定义一个 Job 对象,此对象包含作业的 Mapper 组件、Reducer 组件、作业的输入数据目录,以及输出目录等。此过程用户使用的 API 与 MapReduce 1.0 阶段基本相同,方便用户编写客户端程序。

(2) Job 对象向 RM 申请一个新的应用程序 ID。

(3) Job 检查输出、输入目录,如果输出目录已经存在或者输入目录为空,则直接停止作业提交,返回错误信息。按照集群配置文件中设定的数据块大小切分输入数据,每个数据切片大小与数据块大小相同。最后把作业的 jar 文件、作业配置和数据分片信息复制到 HDFS,NM 将从 HDFS 中获取到这些信息。

(4) Job 调用 RM 的提交作业方法,此时作业提交流程完毕,客户端将维持与资源管理器的连接直到作业完成,可以通过与 RM 通信得到作业执行进度。

(5) RM 将收到的客户端提交作业的请求传递给调度器,调度器将为该作业的 Master 进程(ApplicationMaster)分配一个 Container,然后在此 Container 中运行作业的 ApplicationMaster。

(6) 启动作业的 ApplicationMaster 后,ApplicationMaster 完成作业的初始化。MapReduce 作业的 ApplicationMaster 是通过 Java 语言实现的 MRAppMaster,其负责完成作业的初始化,以及记录作业的完成进度,用户可以通过 MRAppMaster 获得每个任务的完成进度和日志。

(7) MRAppMaster 从 HDFS 中获取作业的输入分片信息,并根据分片信息创建此作业的 Map 任务对象和 Reduce 任务对象,每个输入数据分片生成一个对应的 Map 任务对象,

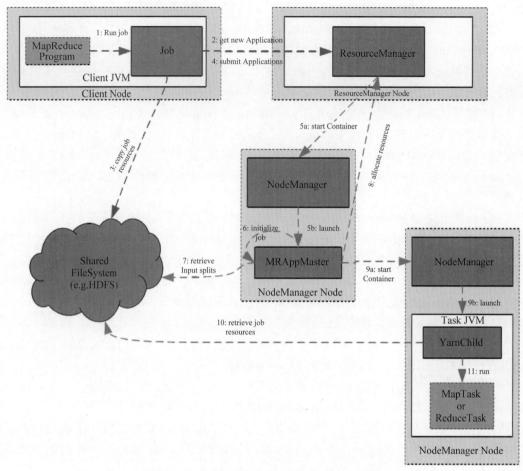

图 4.5　在 YARN 上运行 MapReduce 作业的流程

Reduce 任务的数量由用户设定。

（8）MRAppMaster 向 RM 请求 Container 来执行该作业中的 Map 任务和 Reduce 任务。

（9）MRAppMaster 将 RM 分配给作业的 Container 和需要执行的任务进行匹配,然后和 NM 进行 RPC 通信在节点上启动 Container 执行任务。Map 任务匹配将考虑任务与 Container 所在的节点的数据本地性,优先满足同节点数据本地性的 Map 任务,其次满足同机架的任务,最后将剩余的任务和 Container 一一匹配。

（10）在 Container 执行任务之前,需要将作业的 jar 文件、作业配置以及所有 HDFS 中缓存的文件复制到 Container 所在的节点本地磁盘上。

（11）Map 任务或 Reduce 任务在 Container 中执行。

4.1.3　Spark

Spark 是继 Hadoop 之后推出的基于内存计算的高性能计算引擎,是一款适用于复杂性分析的大数据并行运算处理框架[20]。与 Hadoop 相比,Spark 使用了血统和检查点机制,它可以将运算的中间结果保存在内存中,大量减少了保存磁盘 I/O 操作过程。据 Spark 官网公布的数据显示,使用 Spark 计算的应用计算速度可以达到 MapReduce 引擎的 100 倍。

1. Spark 运行机制

Spark 集群中包含 Master 和 Slaver 两种节点,Master 节点的地位处于整个集群的核心,主要负责集群的资源调度和计算资源的管理。Slaver 节点负责执行实际的物理任务,并将所有 Task 的计算结果通过通信模块返回给 Master 节点[21];另一个工作则是为弹性分布式数据集(Resilient Distributed Datasets,RDD)的计算过程提供计算时所需要的内存空间。Spark 平台通常可以配备 Standalone、Yarn 和 Mesos 三种资源管理器,Standalone 是 Spark 的默认资源管理器,另两种则需要通过安装外部组件并进行配置。在没有进行任何配置的情况下,Standalone 资源管理器管理的应用程序会将集群中所有的 CPU 内核全部占用,给每个任务分配固定的内存;Yarn 资源管理器可以用--master yarn-client 和--master yarn-client 命令对集群任务进行提交,分别代表客户端模式和集群模式,在这种模式下可以通过这两个命令后面编写的参数对所需要的进程数和 CPU 内核数量进行配置。

Spark 运行机制如图 4.6 所示,任务提交后,首先对 Application 应用环境执行初始化操作,运行 SparkContext 程序并为 Executor 申请执行时需要用到的计算资源,每个节点上的 Executor 会以心跳的方式返回状态。SparkContext 应用程序将 RDD 对象构建成 DAG 有向无环图,DAG 调度器将上述 DAG 有向无环图以宽依赖、窄依赖为界限拆分成多个 Stage,每个 Stage 的所有 Task 都会封装成一个 TastSet,然后将 TastSet 发送给 Task 调度器去执行,当该 Stage 所有 Task 执行完成后继续执行下一个 Stage,直到所有 Stage 全部执行完成后,系统才会释放计算资源。

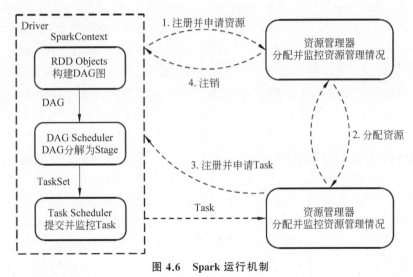

图 4.6　Spark 运行机制

2. Spark 调度模型

Spark 调度模型共分为 4 个维度,分别是 Application 层、Job 层、Stage 层、Task 层。Application 调度模型运行时,应用程序首先会获取应用 coresPerExecutor、memoryPerExecutor、maxCores 参数,它们分别代表了每个 Executor 在该集群上每个节点所需要的最少核心数、

所有参与计算的节点的 Executor 在该集群上每个节点所需要的最小内存大小,以及这个进程最多需要的 CPU 内核数量,并且还需要获得每个 Worker 节点的 FreeCores,即当前 Worker 节点可以用的 CPU 核心数,及 memoryFree,即当前 Worker 节点剩余可用的内存大小。Application 拥有两种调度算法:SpreadOut 算法和非 SpreadOut 算法。SpreadOut 算法会将调度的任务均匀分到每个满足要求的节点上,一次遍历完成后从头开始继续遍历下一个满足条件的节点。而非 SpreadOut 算法则会在第一个满足条件的节点一直分配调度任务,直到该节点的 CPU 核心数小于 coresPerExecutor 或该节点的内存大小小于 memoryPerExecutor 再去消耗下一个节点的资源。如此一来带来的结果将会是过于依赖一个节点而放弃了其他优质的计算资源,从而将会产生局部的数据倾斜问题,严重影响计算效率。

Job 调度模型的流程是加载数据块中的数据生成 RDD 算子,再将 RDD 经过调度器调度计算后得到最后结果。Job 调度策略有两种算法:一种是先进先出(First Input First Output,FIFO)算法;另一种是 FAIR 公平算法。FIFO 算法是 Job 控制器默认的调度算法,即哪个 Job 先被调度哪个 Job 就先执行,若当前 Job 所需资源过大,则下一个 Job 将会被挂起等待,直到当前 Job 完成后再执行。FAIR 公平算法则会以轮询的方式使各个任务在集群中被公平对待,由于需要执行完所有的 Job 才可以继续进行下一步计算,这样可以剩下多余的等待,从而减少大量的计算时间。由多个 Stage 组成一个 Job,由于每个 Job 都是多个 RDD 算子的操作集合,而 RDD 算子之间的界限则是 Shuffle(洗牌)。上文中提到,在 Spark 中有宽依赖和窄依赖的定义,窄依赖包括 union、map 等简单算子,而宽依赖包括 groupByKey、join、partitionBy 等,宽依赖的执行会引发 Shuffle,同时还会引发 ShuffleRead 和 ShuffleWrite 操作。每次的 Shuffle 都发生在宽依赖和窄依赖的交接处,由此可以划分出不同的 Stage。

一个 Stage 通常划分出多个 Task,如图 4.7 所示。Task 在血统模型中是以分区划分的,在程序计算时每个分区都会实例化出一个 Task,前一个 RDD 中 Task 的执行结果会以分区的形式将结果传递给下一个 RDD,以此对下一个业务逻辑需求进行计算。Spark 计算引擎还是借鉴了之前 MapReduce 引擎的计算模型,在 Map 程序阶段,分区的数量不会改变,而在 Reduce 程序阶段,分区的数量则会根据具体的业务逻辑代码进行分片操作,进而数据可能会被分配到其他不同分区中。

1) Spark 四大功能组件

从 2009 年 Spark 诞生,到正式加入 Apache 基金会作为该基金会正式开源的项目,再到本文撰写前夕,仅十几年的光景,在该平台基础上就诞生了许多优秀的大数据生态相关工具,每一次版本的更新迭代都会有不少的性能提升以及优秀组件的出现。在大数据领域,Spark 拥有基于内存计算的优越性,在分布式存储和计算领域,可以让分布在各处的数据被操作时像操作本地数据集合一样简单、方便。由于其出色的性能,不知不觉中 Spark 已发展成一个完整的生态,在整个 Spark 生态中有四个具有重要地位的功能组件,分别是 SparkSQL、SparkStreaming、GraphX 和 MLlib。由于是大数据平台,所以数据的存储和查询肯定离不开数据库管理语言,Spark 在 Hive 的基础上提供了 SparkSQL。SparkSQL 的优点是在可以处理 Hive 数据的基础上直接操作 RDD,这让开发人员可以轻松同时处理这两

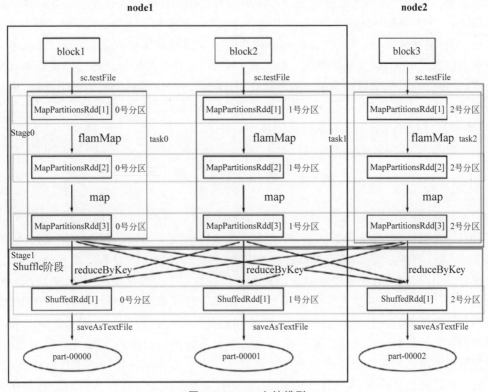

图 4.7　Spark 血统模型

种数据,优化了之前的 Spark On Hive 的模式,给后期开发人员的开发和维护带来很大便利。

在大数据领域,面对如此巨大的数据量,对于一些需要即时性反馈的平台,则离不开流式计算的支持。Spark 提供了一款叫作 SparkStreaming 的流计算工具,其中流式数据包括用户操作日志、服务器状态日志等信息,SparkStreaming 针对这些需求提供了完整的解决方案,在用户操作层面提供了处理流数据的丰富的 API,其可以消费类似于 Kafka、Strom、Hive 等多种数据来源的信息,通过高效、简便的方式实时存储在 HDFS 等存储平台中。SparkStreaming 还具有非常强的稳定性,在数据保存维度和驱动层面的双重容错的考量下,能满足 7/24 状态下的数据集群环境的正常运行。

同时,Spark 还提供了一个优秀的图计算框架,最开始 Spark 平台上搭建了一个简单的 Bagel 模块,该模块为 Spark 装备了图计算的简单功能实现。直到下一版本更新迭代后,Spark 开发者社区在生态中为图计算专门开展了一个领域的研究,最终在 1.0 版本正式命名为 GraphX,并开启正式的产品应用阶段。虽然图计算需要较多的迭代次数,但在海量数据的环境中,GraphX 仍旧能够继续保持很高的执行效率。最关键的是,在 Spark 大数据环境中,GraphX 能做到与其他大数据组件进行无缝衔接,相比其他图计算工具更有优势,所以大数据背景下的图计算都优先使用 GraphX。

MLlib 在 Spark 大数据生态中的地位也非常重要,作为一个机器学习算法库,在大数据

平台的基础上为用户提供了常见机器学习算法。大数据平台发展之初,Hadoop 开源社区研发了 Mahout 和 MapReduce 两个通用引擎来应对需要多次迭代的机器学习算法,但从 Hadoop 的计算模式看,每次迭代计算的中间临时结果都将被保存在磁盘中,因此没办法避免多次 I/O 操作,导致计算效率很低,而 Spark 基于内存计算的特征正好适合机器学习的训练操作,大幅提升了模型训练效率。因此,MLlib 推出后,很快得到大家的鼎力支持,也为后面的更新迭代打下了基础,目前 MLlib 中的算法囊括回归、分类、聚类、关联规则、推荐等算法[23],也被广泛应用到各大公司的生产环境中。

4.2 智能边缘计算

随着互联网和计算机技术的发展,信息和数据呈现出爆炸式增长的趋势。如何有效地处理和利用海量信息,提高服务质量,已成为一个亟待解决的问题。在此背景下,云计算的概念应运而生。作为并行计算和网格计算的延伸,云计算得到学术界和工业界的广泛关注。云计算在云中存储数据,在云中存储应用和服务。它通过充分发挥 ECS 强大的数据处理和存储能力,为用户提供便捷、可靠的服务。由于 ECS 与终端设备物理位置的距离限制,集中处理和存储数据的云计算模式面临延迟、带宽和能耗等方面的问题。我们需要新的解决方案弥补云计算的短板。边缘计算是指在用户终端设备的网络边缘附近处理和存储数据,并为附近用户提供可靠和稳定服务的一种计算模式。由于边缘服务器和终端设备距离较近,边缘服务器直接提供服务,保证了低时延,避免了服务器在本地处理数据时将所有数据上传到云端,从而减少了带宽压力。同时,广泛分布的边缘服务器一定程度上减少了 ECS 的能源消耗。由于边缘计算架构的独特优势,因此相关研究也越来越多。自 2015 年以来,边缘计算的相关研究在理论和应用上都呈现出快速增长的趋势。

4.2.1 边缘计算的发展

1. 内容分发网络

边缘计算的概念可以追溯到 20 世纪 90 年代。Akamai 提出了 CDN 技术,以解决网络带宽小、用户访问量大且不均匀等问题。CDN 通过增加缓存服务器实现内容服务,并在用户的网络边缘附近设置边缘服务器。用户的请求将被引导到离用户最近的低负载节点,从而提高了用户访问的响应速度,特别是在视频和音频等流媒体服务方面。CDN 边缘服务器负责内容转发,而边缘计算节点负责数据处理。

2. 云计算

2007 年,IBM 和谷歌宣布在云计算领域进行合作后,云计算逐渐成为学术界和产业界的研究热点。伯克利云计算白皮书[1]中对云计算的定义是:云计算包括互联网上各种服务形式的应用和数据中心内提供这些服务的软硬件设施。云分为公共云和私有云。云计算系统具有支持虚拟化、保证服务质量、高可靠性和可扩展性等特点。对于终端设备计算资源有限的问题,云计算提供了一个解决方案,在远程高性能计算服务器上执行应用程序,并通过网络与云服务器进行交互。然而,这种架构也有局限性,如网络延迟波动大,网络带宽有限,传输成本高,数据安全和隐私问题。

3. Cloudlet

2009 年,Satyanarayana 等提出一个基于 Cloudlet 的架构[2]。云网是一个可信的、资源丰富的计算机集群,分布广泛,其计算和存储资源可以被附近的移动计算机使用。将 ECS 计算迁移到靠近用户的 Cloudlet,通过移动终端和 Cloudnet 之间的密切互动,减少网络延迟,提高服务质量。

4. 雾计算

2011 年,思科首次提出雾计算的概念[3],它通过在移动设备和云之间引入一个中间雾层来扩展云计算。中间的雾层由部署在移动设备附近的雾服务器组成。雾服务器是具有数据存储、计算和通信功能的虚拟设备。雾计算将少量的计算、存储和通信资源放在移动设备附近,并通过本地短程无线连接为移动用户提供快速服务。通过基于位置分布的雾服务器,雾计算解决了云计算无法感知位置和高延时的问题。

5. 边缘计算

在学术界,2016 年 5 月,石巍松教授首次给出边缘计算的正式定义:边缘计算是指网络边缘的计算技术,边缘是指数据源和云数据中心之间的任何计算和网络资源节点。理论上,边缘计算应该在数据源附近进行计算、分析和处理[4]。文献[4]研究了边缘计算的应用场景,其在云端卸货、视频分析、智能家居、智慧城市、边缘协作等方面具有良好的应用前景,同时提出边缘计算所面临的挑战和机遇,并从编程可行性、命名、数据抽象、服务管理、隐私安全和优化等方面进行了阐述,其中提出的基于双向计算流的边缘计算模型如图 4.8 所示。

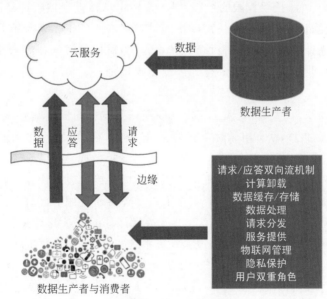

图 4.8　边缘计算模型

2016 年 10 月,ACM 和 IEEE 联合举办了边缘计算峰会(ACM/IEEE Symposium Edge Computing),截至 2019 年 3 月,已经举办了三届。SEC2016 包括 11 篇论文,主要集中在架构实现、认证、边缘传感器、编程可行性等领域。Liu 等提出一个特定的边缘计算平台 ParaDrop[5],它提供计算和存储资源。它将 WiFi 接入点(AP)和无线网关作为网络的边缘,实现了敏感数据的定位,从而保护了用户的隐私,WiFi 接入网络的低延迟,以及上传互联网

的低数据量。Nastic 等提出支持物联网云多级配置的中间件，为物联网云系统多级配置提供了全面支持[6]。Echeverria 等提出一种基于安全密钥生成和交换的边缘节点认证方法[7]，用于在战术环境等断开的环境中建立可信身份。

2017 年 10 月，SEC2017 第二届会议共收录论文 20 篇，主要围绕边缘计算在车辆中的应用、边缘计算的管理与应用、迁移、性能与评估、视频分析、框架等主题展开。在车辆领域，会议重点讨论了如何利用边缘计算解决人员流动分析、驾驶员区分和交通流等问题。Qi 等提出 Trellis，一个基于 WiFi 的低成本车辆监控和跟踪系统[8]。该系统基于运行在车辆上的边缘计算平台，提供车辆内外人员的各种分析，以及交通系统中乘客的活动趋势。在迁移领域，会议主要研究如何高效、透明地迁移边缘服务器或虚拟机。Ma 等提出基于 Docker 容器的边缘服务器迁移方法[9]，通过容器迁移实现了服务迁移，并通过使用分层存储系统降低了文件系统的同步成本。

2018 年 10 月，SEC2018 第三届会议共收录论文 23 篇，呈现逐年递增的趋势。本次会议包括 6 个议题：支持边缘应用、隐私安全、边缘视频、边缘计算与物联网、基础设施与云边缘交互。这 6 个议题表达了边缘计算的发展现状和未来趋势。例如，第一个专题研究了边缘计算在流行的 VR[10] 和车辆驾驶[11] 中的应用，它可以大大降低边缘云在 VR 应用中的计算负担，并可以在车辆驾驶应用中近乎实时地检测危险事件。第二个议题关注边缘计算带来的潜在隐私和安全问题，通过引入适合家庭环境的隐私意识智能中心 HomePad、引入 virginia 实现对 Java 语法授予权限的控制、引入差异化隐私机制控制神经网络训练，以及采取其他措施提高边缘计算的安全性。ICDCS、INFOCOM、ICFEC 等国际会议也开始关注边缘计算，增加了边缘计算的分会或研讨会。其中，作为通信领域的顶级会议，INFOCOM（计算机通信国际会议）收录的边缘计算论文数量逐年增加，从 2016 年的 8 篇增至 2018 年的 29 篇。

在业界，随着物联网、大数据、人工智能、5G 通信等技术的快速发展，边缘计算也逐渐兴起。在国外，2015 年 9 月，欧洲电信标准化协会（ETSI）发布了《移动边缘计算白皮书》；同年 11 月，思科、ARM、戴尔、英特尔、微软、普林斯顿大学联合成立了 Openfog 联盟；2017 年 3 月，ETSI 正式将移动边缘计算行业规范工作组更名为多接入边缘计算。国际标准化组织物联网标准分委会 ISO/IEC JTC1/SC41 成立了边缘计算研究组。2018 年 1 月，第一本边缘计算的专业书籍《边缘计算》正式出版。该书从边缘计算的需求和意义、边缘计算的典型应用、边缘计算系统平台、边缘计算挑战、边缘计算系统实例、边缘计算安全和隐私保护等多方面阐述了边缘计算。2018 年 2 月，OpenStack 基金会正式发布《边缘计算—跨越传统数据中心》白皮书，阐述边缘计算所面临的机遇和挑战。在中国，边缘计算也发展迅速。2016 年 11 月，华为技术有限公司、中国科学院下沈阳自动化研究所、中国信息通信研究院、英特尔、ARM 等在北京成立了边缘计算产业联盟（ECC），旨在搭建边缘计算产业合作平台，推动运营技术与信息通信技术的开放合作；2018 年 9 月，在上海召开的世界人工智能大会上，举办了以"边缘计算，智能未来"为主题的边缘智能主题论坛。2019 年 2 月，在世界移动大会 MWC2019 上，边缘计算成为一个热门话题。中国移动联合中国电信、中国联通及产业链合作伙伴发布 OTII 边缘定制服务器，推动移动边缘计算 MEC 的建设。

4.2.2　边缘计算的概述

1. 边缘计算与传统云计算的区别

传统云计算利用集中式的部署降低管理和运行的成本,但这种处理方式不是一劳永逸的。近年来,随着移动互联网、物联网等新兴技术的发展和应用,计算资源的分布趋向于分散化。传统海量数据的存储和处理依赖于强大的云平台,云计算具有资源集中的优势,其数据处理方式具有非实时性和长周期性的特点。与云计算相比,边缘计算不仅具有良好的实时性和隐私性,还避免了带宽瓶颈的问题,更适用于本地数据的实时处理和分析。

目前,海量数据的处理和存储主要依赖于云计算。尽管云计算有很多优点,但是随着移动互联网和物联网的发展,云计算也凸显出很多问题。云服务提供商在世界各地建立大型的数据处理和存储中心,有足够的资源和能力服务用户。然而,资源集中意味着终端用户设备与云服务器之间的平均距离较大,增加了网络延迟和抖动。由于物理距离的增加,云服务无法直接、快速地访问本地网络的信息,如精确的用户位置、本地网络状况和用户移动性行为等。此外,云计算的规模日益增长,其固有的服务选择问题在集中式的资源配置模式下始终是一个开放性的问题[3]。对于车联网、虚拟现实/增强现实(Virtual Reality,VR/Augmented Reality,AR)、智慧交通等延迟性敏感的应用,云计算无法满足低延迟、环境感知和移动性支持等要求。

与云计算不同,边缘计算具有快速、安全和易于管理等特点,更适用于本地服务的实时智能处理和决策。与传统云计算实现的大型综合性功能相比,边缘计算实现的功能规模更小、更直观,正在以实时、快捷和高效的方式对云计算进行补充。两个计算模型的优势互补,表现在:一方面,边缘计算靠近数据源,可作为云计算的数据收集端,同时,边缘计算的应用部署在网络边缘,能显著降低上层云计算中心的计算负载;另一方面,基于云计算的数据分析状况,可以对边缘计算的理论及关键技术实施修正和改进。边缘计算与传统云计算的工作方式如图 4.9 所示,传统的云计算模型将数据全部上传至云端,利用云端的超级计算能力进行集中处理。边缘计算通过将算力下沉到边缘节点,实现边缘与云端的协同处理。

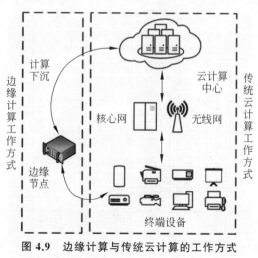

图 4.9　边缘计算与传统云计算的工作方式

面对万物互联场景中高带宽、超低时延的需求,云计算在以下3方面存在不足。

1) 数据处理的及时性

云计算无法满足数据处理的实时性。考虑物联网设备的数量将几何式增长,单位时间内产生的数据大量增加,数据处理的时效性显得更加重要。传统的云计算受限于远程数据传输速率以及集中式体系结构的瓶颈问题,无法满足大数据时代各类应用场景的实时性要求。如在工业领域中运用云端融合技术解决大数据处理的实时性和精准性等问题,实现工业大数据的处理分析决策与反馈控制的智能化和柔性化[4]。

2) 安全和隐私

在云计算中,所有数据都要通过网络上传至云端进行处理,计算资源的集中带来数据安全与隐私保护的风险[5]。即使是谷歌、微软和亚马逊等全球性的云计算服务提供商,也无法完全避免数据的泄漏和丢失。云计算中不安全的应用程序接口、账户劫持和证书认证体系缺陷等问题对数据安全会造成很大威胁。

3) 网络依赖性

云计算提供的服务依赖于通畅的网络,当网络不稳定时,用户的使用体验很差。在没有网络接入的地方,无法使用云服务。因此,云计算过度依赖于网络。云计算的诸多不足加速了边缘计算的产生,边缘计算将计算和存储功能下沉至网络边缘的数据产生侧,将传统云计算的部分处理任务迁移至边缘计算节点,很好地解决了云计算存在的问题。目前,边缘计算并不能完全取代云计算,二者的发展与应用相辅相成。边缘计算与云计算共同协作能够有效减少数据传输、合理分配计算负载和高效进行任务调度。边缘计算基础设施在网络边缘侧提供计算卸载、数据处理、数据存储和隐私保护等功能。

2. 边缘计算的整体架构

边缘计算的整体架构主要分为云计算处理中心、边缘节点和终端节点3层[6],具体架构如图4.10所示。

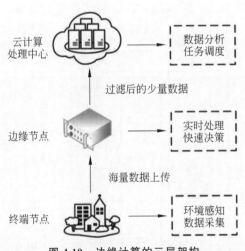

图4.10 边缘计算的三层架构

(1) 云计算处理中心。尽管云计算处理中心将部分任务分发至边缘计算节点,但其仍然是现阶段的数据计算中心,超大规模数据的处理和分析任务还是由云计算处理中心完成。

边缘计算的结果由云计算处理中心进行永久性存储。

（2）边缘节点。边缘节点是物理世界与数字世界的连接枢纽。边缘计算的计算任务最终由边缘节点本身或边缘网关、路由器等完成。因此，如何在动态的网络拓扑中对计算任务进行分配和调度是边缘计算的研究热点。通过设计高效的网络架构，合理部署边缘计算节点，优化地调配网络边缘侧的计算和存储资源，可提供高质量、低时延的服务。

（3）终端节点。终端设备由各种物联网设备构成，主要进行数据采集，将数据导向边缘节点或云中心。数据产生后由终端节点，即各类传感器和边缘设备收集并上传至边缘节点。边缘节点负责边缘设备的接入管理，同时，对收到的原始数据进行实时分析、处理和决策，然后将少量数据（如计算结果等重要信息）上传至云计算处理中心。云计算处理中心对来自边缘节点的数据进行集成，进一步实施大规模的整体性数据分析，在此过程中适当对计算任务进行调度和分配，与边缘计算节点进行协作。边缘计算这种新兴的计算模型涵盖移动互联网、车联网、蜂窝网和物联网等众多应用领域，需要应对网络边缘侧不同的网络设备和应用场景。最初，多数网络服务提供商尝试利用软件解决方案实现边缘计算，如诺基亚的移动边缘计算软件是使基站能够提供边缘计算服务，Cisco IOx(iOS and Linux)网络基础设施为多业务路由器的集成提供了执行环境，iOS 是指互联网操作系统。但是，类似的解决方案都与特定的硬件密切相关，不能很好地应对复杂的异构环境[7]。不同领域的大量应用导致边缘计算数据的多样化和复杂性。因此，除图 4.10 所示的 3 层架构外，还必须针对不同的应用场景和计算模式设计具体的架构，规划计算、存储和网络等软硬件资源的配置，使得边缘计算节点的具体落地方案在性能、安全和能源消耗等方面达到最优化。

3. 边缘计算的独特优势

边缘设备的扩展使得应用程序可以在边缘区域处理数据，无须将数据全部传送至云计算中心，可以最小化服务延迟和带宽消耗，有效降低云计算服务器的负载，显著减小网络带宽的压力，提高了数据处理的效率。对于云计算无法适应的时延敏感计算、低价值密度和应急场景等问题，边缘计算技术也可以较好地解决。边缘计算技术本身的特点使其具有以下 4 个优点。

（1）实时数据处理和分析。边缘计算节点的部署更靠近数据产生的源头，数据可以实时地在本地进行计算和处理，无须在外部数据中心或云端进行，减少了处理迟延。

（2）节约成本。智慧城市和智能家居中终端设备产生的数据量呈指数增长，边缘计算能减少集中处理，通过实时处理更快地做出响应，进而改善了服务质量。数据本地化处理在管理方面的开销相比于传统的云计算中心要少很多。

（3）缓解网络带宽压力。边缘计算技术在处理终端设备的数据时可以过滤掉大量的无用数据，只有少量的原始数据和重要信息上传至云端，显著减小了网络带宽的压力。

（4）隐私策略实施。物联网系统高度集中且规模较大，边缘设备的数据隐私保护不容忽视，通常用户不愿意将比较敏感的原始传感器数据和计算结果传送到云端。边缘计算设备作为物联网传感器等数据基础设施的首要接触点，能在将数据上传到云端之前执行数据所有者所应用的隐私策略，提升数据的安全性。

4.2.3　边缘计算的关键技术

边缘计算的核心技术问题主要包含软硬件及存储、网络通信，以及安全与隐私 3 方面。

1. 软硬件及存储

（1）软件方面。针对未来万物互联所产生的海量数据及各类应用场景对时延、带宽的苛刻要求，边缘计算环境下的应用软件必须具有可重配置性、可移植性，以及各种应用领域中的互操作功能[30]。如部署在工业物联网及智能交通等领域的边缘计算节点上的软件，必须根据生产需求的改变和实时路况的更新及时做出调整，基于实时数据进行计算和分析，进而对系统进行优化。此外，需要加强对边缘计算应用软件的远程管理功能。

（2）硬件方面。与传统的云计算相比，边缘计算节点对硬件的要求更严苛。考虑边缘计算的分布式部署特性，边缘节点可能位于车间、小区、校园和街道等任何位置，这给边缘节点的硬件设计和维护带来巨大的挑战。只有采用高标准的硬件设备，才能尽可能地降低故障率、减少设备维护。目前，工业界尚未形成统一的标准，各大厂商所生产的硬件设备之间缺乏互联互通和互操作性。由于部署环境和任务需求的不同，边缘计算节点的硬件设备在研发时必须综合考虑集成度、硬件加速、能量消耗及协议规范性等问题。

（3）存储方面。边缘计算的很多应用场景对延迟极其敏感，如网络和嵌入式应用程序。虽然用闪存驱动器代替机械磁盘是存储设备发展的趋势，但是现有存储系统的设计很大程度上取决于磁盘的特性，而不是闪存驱动器的特性。随着边缘计算技术的发展，高速、节能的小型闪存驱动器将大量部署在边缘节点上。无论单个磁盘还是全闪存服务器，都需要匹配相应的存储软件，面向闪存的软件存储系统是边缘计算的一项关键技术。

2. 网络通信

在边缘计算中，存储和计算资源从云数据中心转移到边缘节点，同时计算任务从骨干网络下沉至边缘节点。服务器内部与外部的交互大量增加，传统的传输控制协议/网际协议（Transmission Control Protocol/Internet Protocol，TCP/IP）技术很难满足具体应用的需求。为了应对这一挑战，无限带宽（InfiniBand）、远程直接内存访问（Remote Direct Memory Access，RDMA）和数据平面开发套件（Data Plane Development Kit，DPDK）成为边缘计算的关键加速技术[31]。随着 5G 技术的发展与应用，引入网络切片技术对 5G 网络的 3 类应用场景进行统一管理。在接入网、承载网和核心网 3 个层面，分别采用 NFV、SDN 和服务化架构（Service Based Architecture，SBA）3 个技术对网络进行切片。

（1）作为一种电缆转换技术，InfiniBand 支持并发链路，具有高带宽、低延迟和高扩展性的特点，适用于服务器与服务器、服务器与存储设备，以及服务器与网络之间的通信[32]。远程直接内存访问技术可以将数据直接通过网络传输到计算机的存储区域，即数据可以直接从一个系统快速地传输到另一个远程系统的内存中。该技术对设备的计算能力没有很高的要求，避免了外部存储器上的复制和交换操作，提高了系统性能。DPDK 是由英特尔等多家公司研发的应用程序开发套件[33]，其能够提高数据包的处理速度，将控制线程和数据线程绑定到不同的 CPU 内核，提供内存池和无锁的环形缓冲区，减少线程之间 CPU 内核的调度。

（2）网络切片技术主要分为通信管理、网络切片管理及网络切片子网管理。通过将一个物理网络分割成若干逻辑网络，同一物理网络可以为不同的应用场景提供按需应变的定制化网络服务[34]，能够满足人们的个性化需求和服务质量要求。边缘计算技术的发展必须考虑如何与网络切片技术更好地结合，进而为工业物联网、车联网和 AR/VR 等垂直行业提供低时延、高可靠及通信安全的网络服务。

3. 安全与隐私

首先,仅保证云-边-端各层之间的安全,并不能保证整体性的数据安全,需要协调云-边、边-端、云-端等各种安全机制,实现异构边缘数据中心之间的协作[35]。安全机制的设定需要尽可能地自治,避免过分依赖基础设施,减少针对基础设施的恶意攻击。考虑边缘计算节点的分布十分广泛,环境差异较大,社区和个人的边缘计算节点普遍缺乏商用服务器的各种硬件保护机制。因此,这类边缘计算节点的安全与隐私保护也是一大挑战。

其次,由于边缘节点在网络中分布不均匀,终端设备对数据的收集、聚合和分析无法有效地进行集中控制[36]。智能家居设备等保护性较差的边缘节点,很可能成为入侵者实施恶意攻击的首选目标。如何保证边缘计算敏感数据的机密性和关键数据的完整性是安全与隐私保护的重点。此外,边缘节点处于网络边缘,靠近应用场景中的关键业务设备、智能手机、智能家居和各类传感器等终端设备。因此,必须考虑具体的硬件设备、网络环境及应用程序的安全性。

4.2.4　MEC 计算与通信模型

本节介绍典型 MEC 系统关键计算/通信组件的系统模型。这些模型提供将各种功能和操作抽象为优化问题并促进理论分析的机制,如以下章节所述。对于图 4.11 所示的 MEC 系统,关键组件包括移动设备(也称为终端用户、客户端、服务订户)和 MEC 服务器。MEC 服务器通常是由云运营商和电信运营商部署的小型数据中心,与终端用户非常接近,可以与无线 AP 在一起。通过网关,服务器连接到数据中心。移动设备和服务器通过空中接口分开,在空中接口中可以使用先进的无线通信和网络技术建立可靠的无线链路。以下小节将介绍 MEC 系统不同组件的模型,包括计算任务、无线通信信道和网络的模型,以及移动设备和 MEC 服务器的计算延迟和能耗模型。

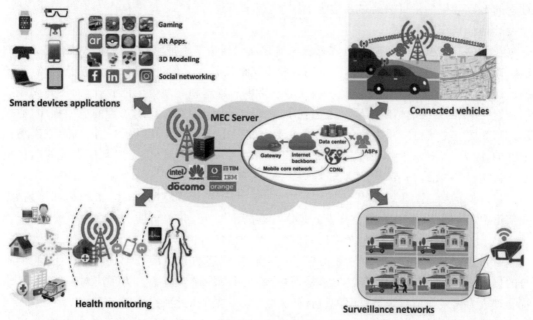

图 4.11　MEC 系统

1. 计算任务模型

在建模计算任务时,有各种参数起着关键作用,包括延迟、带宽利用率、上下文感知、通用性和可扩展性。尽管为任务开发精确的模型是非常复杂的,但也有一些简单的模型是合理的,并且允许数学处理。

部分卸载的任务模型:实际上,许多移动应用程序由多个过程/组件组成(例如,AR应用程序中的计算组件),从而可以实现细粒度(部分)计算卸载。具体地,程序可以被分成两部分:一部分在移动设备上执行;另一部分被卸载用于边缘执行。

用于部分卸载的最简单的任务模型是数据分区模型,其中任务输入位是位独立的,并且可以任意划分为不同的组,并由MEC系统中的不同实体执行,例如,在移动台和MEC服务器上并行执行。然而,许多应用程序中不同程序/组件之间的依赖性不能被忽略,因为它严重影响执行和计算卸载的过程,原因如下。

首先,不能任意选择函数或例程的执行顺序,因为某些组件的输出是其他组件的输入。

其次,由于软件或硬件限制,某些功能或例程可以卸载到服务器进行远程执行,而这些功能或例程只能在本地执行,例如图像显示功能。

这需要比上述数据分区模型更复杂的任务模型,该模型可以捕捉应用程序中不同计算函数和例程之间的相互依赖关系。一个这样的模型叫作任务调用图。该图通常是一个有向无环图(DAG),它是一个没有有向环的有限有向图,我们将其表示为G(V,E),其中顶点集合V表示应用程序中的不同过程,边集合E指定其调用依赖关系。有三种典型的子任务依赖模型,即顺序依赖、并行依赖和一般依赖,如图4.12所示。对于移动启动的应用程序,第一步和最后一步,例如,收集I/O数据并在屏幕上显示计算结果,通常需要在本地执行。因此,图4.12中的节点1和节点N是必须在本地执行的组件。此外,还可以在任务调用图的顶点中指定每个过程所需的计算工作量和资源,例如所需的CPU周期数和内存量,而每个过程的I/O数据的量可以通过在边缘上施加权重来表征。

2. 通信模型

在MCC的文献中,移动设备和云服务器之间的通信信道通常被抽象为具有给定分布的恒定速率或随机速率的比特管道。采用这种粗略模型是为了便于处理,并且对于MCC系统的设计可能是合理的,其中重点是解决核心网络中的延迟和大规模云的管理,而不是无线通信延迟。MEC系统的情况不同。考虑到小规模的边缘云和针对延迟关键的应用程序,通过设计高效的空中接口来减少通信延迟是主要的设计重点。因此,所提到的比特管道模型是不够的,因为它们忽略了无线传播的一些基本特性,并且过于简化,无法实现先进的通信技术。具体而言,无线信道与有线信道在以下方面有所不同[61]:

(1)由于大气管道、来自环境中散射物体(例如,建筑物、墙壁和树木)的反射和折射,无线信道中存在众所周知的多径衰落,使得信道高度时变,并可能导致严重的符号间干扰(ISI)。因此,可靠传输需要有效的ISI抑制技术,如均衡和扩频。

(2)无线传输的广播特性导致信号被占用相同频谱的其他信号干扰,这降低了它们各自的接收信号干扰加噪声比(SINR),从而导致检测中的错误概率。为了应对性能下降,干扰管理成为无线通信系统最重要的设计问题之一,并被广泛地研究[62-64]。

(3)频谱短缺一直是非常高速率无线电接入的主要敌人,激发了对开发新频谱资

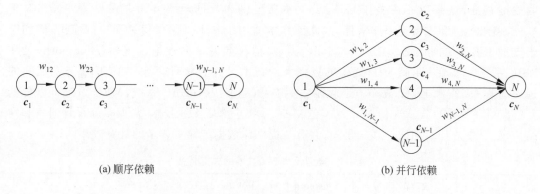

(a) 顺序依赖　　　　　　　　　　　　　　　(b) 并行依赖

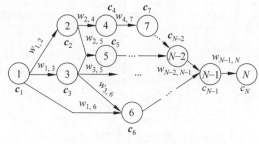

(c) 一般依赖

图 4.12　任务调用图的典型拓扑

源[65-66]、设计新型收发机架构[67-69]和网络范例[70-71]以提高频谱效率的广泛研究,以及开发频谱共享和聚合技术,以促进碎片化和未充分利用的频谱资源的有效利用[72-74]。

无线信道在时间、频率和空间上的随机变化使得设计高效 MEC 系统以无缝集成计算卸载和无线电资源管理的控制变得非常重要。例如,当无线信道处于深度衰落时,远程执行对执行延迟的减少可能不足以补偿由于传输数据速率的急剧下降而导致的传输延迟的增加。对于这种情况,期望延迟卸载,直到信道增益有利或切换到具有更好卸载质量的替代频率/空间信道。此外,增加传输功率可以增加数据速率,但也会导致更大的传输能耗。上述考虑需要卸载和无线传输的联合设计,其应基于准确的信道状态信息(CSI)适应时变信道。

在 MEC 系统中,AP 和移动设备之间的通信通常具有直接 D2D 通信的可能性。MEC服务器是由云计算/电信运营商部署的小型数据中心,可与无线 AP(如公共 WiFi 路由器和BS)合用,以减少资本支出(CAPEX)(如场地租金)。无线 AP 不仅为 MEC 服务器提供无线接口,还可以通过回程链路访问远程数据中心,这可以帮助 MEC 服务器进一步将一些计算任务卸载到其他 MEC 服务器或大型云数据中心。对于由于无线接口不足而无法与 MEC服务器直接通信的移动设备,与相邻设备的 D2D 通信提供了将计算任务转发给 MEC 服务器的机会。此外,D2D 通信还实现了在移动设备集群内的资源共享和计算负载平衡方面的对等协作。

目前,存在用于移动通信的不同类型的商业化技术,包括近场通信(NFC)、射频识别(RFID)、蓝牙、WiFi 及诸如长期演进(LTE)的蜂窝技术。这些技术可以支持从移动设备到AP 或点对点移动协作,用于不同的数据速率和传输范围。表 4-1 列出了典型无线通信技术

现代智能信息处理

的关键特征,这些特征在操作频率、最大覆盖范围和数据速率方面存在显著差异。对于
NFC,覆盖范围和数据速率非常低,因此该技术适用于几乎不需要信息交换的应用,例如电
子支付和物理访问认证。RFID 与 NFC 类似,但仅允许单向通信。蓝牙(Bluetooth)是在
MEC 系统中实现短距离 D2D 通信的更强大的技术。对于移动设备和 MEC 服务器之间的
远程通信,WiFi 和 LTE(或 5G)是两种主要技术,能够接入 MEC 系统,MEC 系统可以根据
其链路可靠性进行自适应切换。为了在 MEC 系统中部署无线技术,需要重新设计通信和网
络协议,以集成计算和通信基础设施,并有效提高比数据传输更复杂的计算效率。

表 4-1   典型无线通信技术的关键特征

NFC	RFID	Bluetooth	WiFi	LTE	5G	
最大的覆盖率	10cm	3m		100m	100m	高达 5km	极高的覆盖率
操作频率	13.56MHz	低频:120～134kHz 高频:13.56MHz 极高频:850～960MHz	2.4GHz	2.4GHz 5GHz	TDD:1.85～3.8GHz FDD:0.7～2.6GHz	6～100GHz
数据速率	106212414kb/s	低频到极高频	22Mb/s	135Mb/s	DL:300Mb/s UL:75Mb/s	室内/密集室外:高于 10Gb/s 城市/农村:>100Mbps

3. 移动设备的计算模型

本节将介绍移动设备的计算模型,并讨论评估计算性能的方法。

移动设备的 CPU 是本地计算的主要引擎。CPU 性能由 CPU 周期频率 f_m(也称为
CPU 时钟速度)控制。最先进的移动 CPU 架构采用先进的动态频率和电压缩放(DVFS)技
术,允许逐步提高或降低 CPU 周期频率(或电压),从而分别提高和降低能耗。实际上,f_m
的值由最大值 f_{CPU}^{max} 限制,这反映了移动设备计算能力的限制。基于前面介绍的计算任务模
型,可以相应地计算任务 $A(L,\tau,X)$ 执行延迟为

$$t_m = LX/f \tag{4.2.1}$$

这表明,为了以较高的 CPU 能耗为代价减少执行延迟,需要较高的 CPU 时钟速度。

由于移动设备受到能量限制,因此本地计算的能耗是移动计算效率的另一个关键衡量
指标。根据电路理论,CPU 功耗可分为几个因素,包括动态功耗、短路功耗和泄漏功耗,其
中动态功耗占主导地位。特别地,动态功耗与 $V_{cir}^2 f_m$ 的乘积成正比,其中 V_{cir} 是电路供应电
压。当在低电压极限下工作时,CPU 芯片的时钟频乘积率与电压供应近似线性成比例。因
此,CPU 周期的能耗由 κf_m^2 给出,其中 κ 是与硬件架构相关的常数。对于 CPU 时钟速度为
f_m 的计算任务 $A(L,\tau,X)$,可以导出能耗

$$E_m = \kappa LX f_m^2 \tag{4.2.2}$$

可以观察到,移动设备可能无法在所需的期限内完成计算密集型任务,或者移动执行所
产生的能量消耗如此之高,以至于车载电池将快速耗尽。在这种情况下,需要将任务执行过
程卸载到 MEC 服务器。

除 CPU 外,移动设备中的其他硬件组件,如随机存取存储器(RAM)和闪存,也会导致

计算延迟和能量消耗。

4. MEC 服务器的计算模型

本节将介绍 MEC 服务器的计算模型。与移动设备类似,计算延迟和能量消耗特别令人感兴趣。

与 MEC 系统中的通信或本地计算延迟相比,服务器计算延迟可忽略不计,其中服务器的计算负载远低于其计算能力。如果服务器的计算负载在延迟和计算容量约束下由多用户资源管理调节,则该模型也适用于具有资源约束服务器的多用户 MEC 系统。

另一方面,由于边缘服务器的计算资源相对有限,因此有必要在 MEC 系统的总体设计中考虑不可忽略的服务器执行时间,从而得出本节剩余部分讨论的服务器计算模型。文献[109]中考虑了两种可能的模型,分别对应确定性和随机服务器计算延迟。对于延迟敏感型应用程序提出考虑精确服务器计算延迟的确定性模型,该模型使用 VM 和 DVFS 等技术实现。具体而言,假设 MEC 服务器为不同的移动设备分配不同的 VM,允许独立计算。设 $f_{s,k}$ 表示为移动设备 k 分配的服务器的 CPU 周期频率。与移动设备计算模型类似,由 $t_{s,k}$ 表示的服务器执行时间可以计算为 $t_{s,k} = \dfrac{w_k}{f_{s,k}}$,其中 w_k 是处理卸载的计算工作量所需的 CPU 周期数。该模型已广泛用于设计计算资源分配策略。文献[219]提出了一个类似的模型,其中假设 MEC 服务器为总卸载计算工作负载执行负载平衡。换句话说,MEC 服务器上的 CPU 周期按比例分配给每个移动设备,使得它们经历相同的执行延迟。此外,除 CPU 处理时间外,对于计算能力相对较小的 MEC 服务器,应考虑服务器调度排队延迟,其中通过虚拟化技术进行并行计算是不可行的,因此需要顺序处理计算工作负载。在不失一般性的情况下,将 k 表示为移动设备的处理顺序,并将其命名为移动 k。因此,包括由 $t_{s,k}$ 表示的设备 k 的排队延迟在内的总服务器计算延迟可以如下给出

$$T_{s,k} = \sum_{i \leqslant k} t_{s,i} \tag{4.2.3}$$

对于延迟容忍应用程序,可以基于随机模型导出平均服务器计算时间。例如,在文献[87]中,任务到达和服务时间分别通过泊松和指数过程建模。因此,可以使用排队理论中的技术导出平均服务器计算时间。最后,对于所有上述模型,共享同一物理机器的多个虚拟机将在不同虚拟机之间引入 I/O 干扰,这会导致由 $T'_{s,k}$ 表示的每个 VM 的计算延迟变长这可以通过 $T'_{s,k} = T_{s,k}(1+\epsilon)^n$ 建模,其中 ϵ 作为延迟增加百分比的性能退化因子[88]。

MEC 服务器的能耗由 CPU、存储器、内存和网络接口的使用情况共同决定。由于 CPU 的贡献在这些因素中占主导地位,因此它是文献[109]中的主要焦点。MEC 服务器的能耗通常采用两种可控制的模型。一种模型基于如下所述的 DVFS 技术,考虑处理 K 个计算任务的 MEC 服务器,并且第 K 个任务被分配有 CPU 周期频率为 $f_{s,k}$,w_k 个 CPU 周期。因此,MEC 服务器上 CPU 消耗的总能量(用 E_S 表示)可以表示为

$$E_S = \sum_{k=1}^{K} \kappa w_k f_{s,k}^2 \tag{4.2.4}$$

这与移动设备的情况类似。另一种模型基于工作[89-91]中的观察结果,即服务器能耗与 CPU 利用率呈线性关系,这取决于计算负载。此外,即使对于空闲服务器,在 CPU 全速运行的情况下,平均而言,它仍消耗高达 70% 的能耗。因此,MEC 服务器的能耗可以根据

$$E_S = \alpha E_{\max} + (1 + \alpha) E_{\max} \mu \qquad (4.2.5)$$

得出。其中 $E_{\max}$ 是充分利用的服务器的能耗，α 是空闲能耗的一部分（如 70%），μ 表示 CPU 利用率。该模型表明，在轻负载和将计算负载合并到较少活动服务器的情况下，节能 MEC 应允许服务器切换到睡眠模式。

4.3　智能云计算

4.3.1　云计算的简要历史和定义

1961 年，计算机科学家 John McCarthy 提出一个想法："如果我倡导的计算机能在未来得到使用，那么有一天，计算机也可能像电话一样成为公用设施。计算机应用将成为一种全新的、重要的产业基础。简单来说，就是企业用户可以通过互联网资源实现对数据的处理、存储和应用等问题，企业不需要再组建自己的数据中心[160]。"云计算的概念就此形成，1969 年，ARPANET 项目（Advanced Research Project Agency Network，APRANET，为 Internet 的前身）的首席科学家 Leonard Kleinrock 也表示："现在，计算机网络还处于初期阶段，但是随着网络的进步和复杂化，我们将可能看到计算机应用的扩展……[160]"。

"云"中计算的想法可以追溯到效用计算的起源，从 20 世纪 90 年代中期开始，人们就已经开始通过各种形式使用基于 Internet 的计算机应用，如搜索引擎（Yahoo!、Google）、电子邮件（Hotmail、Gmail）、开放的发布平台（MySpace、Facebook、YouTube），以及其他类型的社交媒体（Twitter、LinkedIn）。虽然这些服务都是以用户为中心的，但是它们的普及很好地验证了现代云计算基础的核心概念。

20 世纪 90 年代后期，Salesforce 公司率先将远程提供服务的概念引入企业中。2002 年，亚马逊启用 Amazon Web 服务（Amazon Web Service，AWS）平台，该平台是一套面向企业的服务，提供远程配置存储、计算资源以及业务功能。20 世纪 90 年代早期，网络行业出现了"网络云"或"云"这一术语概念，但其含义与现在略有不同。它是指异构公共或半公共网络中数据传输方式派生出的一个抽象层，虽然蜂窝网络也使用"云"这个术语，但是这些网络主要使用分组交换。此时，组网方式支持数据从一个端点（本地网络）传输到"云"（广域网），然后继续传递到特定端点。由于网络行业仍然使用"云"这个术语，所以，"云"被认为是较早采用的奠定效能计算基础的概念[161]。

一直到 2006 年，"云计算"这一术语才正式出现在商业领域。在这个时期，Amazon 推出其弹性计算云（Elastic Compute Cloud，EC2）服务，使得企业可以通过"租赁"计算容量和处理能力来运行其企业应用程序。同年，Google Apps 也推出了基于浏览器的企业应用服务。三年后，谷歌应用引擎（Google App Engine）成为另一个里程碑[162]。

Gartner 公司在其报告中将云计算放在战略技术领域的前沿，并进一步重申了云计算将是整个行业的发展趋势。在这份报告中，Gartner 公司正式将云计算定义为：一种计算方式，能通过 Internet 技术将可扩展的和弹性的 IT 能力作为服务交付给外部用户。这个定义对 Gartner 公司 2008 年的原始定义做了一些修订，将原来的"大规模可扩展性"修改为"可扩展的和弹性的"。这表明了可扩展性与垂直扩展能力相关的重要性，而不仅仅与规模庞大相关[163]。

Forrester Research 公司将云计算定义为：一种标准化的 IT 性能(服务、软件或者基础设施)，以按使用付费和自助服务方式，通过 Internet 技术进行交付。该定义被业界广泛接受，它是由美国国家标准与技术研究院(NIST)制定的。早在 2009 年，NIST 就公布了其对云计算的原始定义，随后在 2011 年 9 月，根据进一步评审和企业意见，发布了修订版定义：云计算是一种模型，可以实现随时随地、便捷地、按需地从可配置计算资源共享池中获取所需的资源(如网络、服务器、存储、应用程序及服务)，资源可以快速供给和释放，使管理的工作量和服务提供者的介入降低至最少。这种云模型由 5 个基本特征、3 种服务模型和 4 种部署模型构成。

中国云计算网络将云计算定义为：云计算是分布式计算(Distributed Computing)、并行计算(Parallel Computing)和网格计算(Grid Computing)的发展，或者说是这些科学概念的商业实现[163]。

对比以上 3 条定义可以知道，他们给出的定义相似之处是都提到了云计算提供服务，用户可以在不了解具体实现的情况下通过 Internet 获取服务。结合上述定义，可以总结出云计算的一些本质特征，即分布式的计算和存储特性，高扩展性，用户友好性，良好的管理性，用时付费等。

4.3.2　云计算的基本概念和本质

本节主要讲述云计算的一些基本概念，之后再阐述云计算的本质，解释一些关键要点和特点，以供读者更好地了解云计算。

云(Cloud)指的是一个独特的 IT 环境，其设计的目的是在远程提供可扩展和可测量的 IT 资源。这个术语原本比喻 Internet，本质上是由网络构成的网络，用于远程访问一组分散的 IT 资源。在云计算正式成为 IT 产业的一部分之前，云符号作为 Internet 的代表，出现在各种基于 Web 架构的规范和主流文献中。而现在，同样的符号则专门用于表示云环境的边界，如图 4.13 所示。

图 4.13　云符号

正确区分术语"云"、云符号与 Internet 是非常重要的。作为用于远程提供 IT 资源的特殊环境，云的边界是有限的。通过 Internet 可以访问到单个云。Internet 提供了对多种 Web 资源的开放接入，与之相比，云通常是私有的，而且对提供访问的 IT 资源也是需要计量的[164]。

二者的区别在于，Internet 主要提供对通过万维网发布的基于内容的 IT 资源的访问。而对于由云环境提供的 IT 资源来说，主要提供的是后端处理能力和对这些能力进行基于用户的访问。另一个关键区别在于，虽然云通常是基于 Internet 协议和技术的，但是它基于 Web 并非必需的。这里的协议指的是一些标准和方法，使计算机能以预先定义好的结构化方式相互通信。而云可以基于任何允许远程访问其 IT 资源的协议。

IT 资源(IT Resource)是指与 IT 相关的物理或虚拟的事物，它既可以是基于软件的，比如虚拟服务器或定制软件程序，也可以是基于硬件的，比如物理服务器或网络设备。

云服务(Cloud Service)是指任何通过云远程访问的 IT 资源。与其他 IT 领域中的服务技术——比如面向服务的架构不同，云计算中"服务"一词的含义非常宽泛。云服务既可以

是一个简单的基于 Web 的软件程序,使用消息协议就可以调用其技术接口,也可以是管理工具或者更大的环境和其他 IT 资源的一个远程接入点。

云服务用户(Cloud Service Consumer)是一个临时的运行时角色,由访问云服务的软件程序担当。云服务用户常见类型包括:能通过已发布的服务合同远程访问云服务的软件程序和服务,以及运行某些软件的工作站、便携计算机和移动设备,这些软件可以远程访问被定位为云服务的其他 IT 资源。

依照他们与云以及承载云的 IT 资源之间的关系或如何与他们进行交互,组织机构与人可以担任不同类型的、事先定义好的角色。每个角色参与基于云的活动并履行与之相关的职责。NIST 云计算参考框架定义以下这些角色。

云提供者(Cloud Provider)是提供基于云的 IT 资源的组织机构。如果角色是云提供者,则该组织机构要依据每个 SLA 保证,负责向云用户保证云服务可用。云提供者还必须保证整个云基础设施持续运行。云提供者通常自己拥有 IT 资源,将这些 IT 资源提供给云用户租用。不过,也有些云提供者会通过“转售”从其他云提供者那里租来的 IT 资源供云用户租用。

云用户(Cloud Consumer)是组织机构或者个人,他们与云提供者签订正式的合同或者约定来使用云提供者提供的 IT 资源[163]。具体地,云用户使用云服务用户访问云服务,如图4.14 所示。

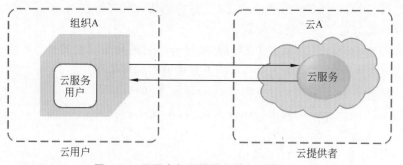

图 4.14　云用户与云提供者的云服务交互

云服务拥有者(Cloud Service Owner)是在法律上拥有云服务的个人或者组织。云服务拥有者可以是云用户,或者是拥有该云服务所在的云的云提供者。

云资源管理者(Cloud Resource Administrator)是负责管理基于云的 IT 资源(包括云服务)的人或者组织。云资源管理者可以是云服务所属的云的云用户或云提供者,还可以是签订了合约来管理基于云的 IT 资源的第三方组织。之所以不把云资源管理者称为“云服务管理者”,是因为这个角色可能要管理不以云服务形式存在但又是基于云的 IT 资源。例如,如果云资源管理者属于云提供者,那么一些不能通过远程访问的 IT 资源就可以由这样的角色管理,而这种类型的 IT 资源是不会归类为云服务的。

云审计者(Cloud Auditor)是对云环境进行独立评估的。第三方承担的是云审计者的角色。这个角色的主要责任包括安全控制评估、隐私影响以及性能评估,目的是提供对云环境的公平评价,帮助加强云用户和云提供者之间的信任关系。

云代理(Cloud Broker)这个角色要承担管理和协商云用户和云提供者之间云服务使用

的责任。云代理提供的仲裁服务包括服务调解、聚合和仲裁。

云运营商(Cloud Carrier)负责提供云用户和云提供者之间的线路级连接。这个角色通常由网络和电信提供商担任。

以上这些角色包含大部分的云计算的架构场景。此外,还有与云环境有关的逻辑网络边界,如组织边界和信任边界,它们共同组成云计算的基本架构。

对云计算而言,其借鉴了传统的分布式计算的思想,通常情况下,云计算采用计算机集群构成数据中心,并以服务的形式交付给用户,使得用户可以向使用水、电一样按需购买云计算资源。云计算的本质就是按需服务,一切皆服务 XaaS[165]。云计算有 3 类服务模式:基础设施即服务(Infrastructure-as-a-Service, IaaS)、平台即服务(Platform-as-a-Service, PaaS),以及软件即服务(Software-as-a-Service, SaaS)。云计算还有 4 种常见的部署模型:公有云、私有云、混合云与社区云,其中混合云是主要趋势。这些将在云计算的体系架构中详细介绍。

结合上述云计算的基本概念和本质,可以总结出云计算的几个特性。

(1)虚拟化[166]。云计算系统可以看作一个虚拟资源库,支持用户在任意位置使用各种终端获取应用服务。所请求的资源来自"云",而不是固定的有形的实体。用户无须了解云计算的具体机制,也不用担心应用运行的具体位置,只需一个联网设备就能获取服务,提高了资源的利用率。

(2)高可靠性。"云"使用数据多副本容错、计算节点同构可互换等措施来保障服务的高可靠性,在没有专用的硬件可靠性部件的支持下,采用软件的方式使用云计算比使用本地计算机可靠。

(3)高可用性。云计算不针对特定的应用,在"云"的支撑下可以构造出千变万化的应用,同一个"云"可以同时支撑不同的应用运行。通过集成海量存储和高性能的计算能力,"云"能提供较高的服务质量。

(4)高扩展性。云计算系统能根据应用和用户规模增长的需求自由伸缩。

(5)经济性。"云"的特殊容错措施可以采用极其廉价的节点来构成云,"云"的自动化集中式管理使大量企业无须负担日益高昂的数据中心管理成本。

(6)自治性。云计算系统是一个自治系统,系统的管理对用户来讲是透明的,不同的管理任务是自动完成的,系统的硬件、软件、存储能自动进行配置,从而实现对用户按需提供。

4.3.3　云计算的体系架构和关键技术

云计算的部署模型表示的是某种特定的云环境类型,主要是以所有权、大小和方式区别的。下面分别介绍四种常见的云部署模型。

公有云(Public Cloud)是由第三方云提供者拥有的可公共访问的云环境。公有云里的 IT 资源通常是按照事先描述好的云交付模型提供的,而且一般是需要付费才能提供给云用户的,或者是通过其他途径商业化的。云提供者负责创建和持续维护公有云及其 IT 资源。图 4.15 给出了公有云部分视图。

私有云是由一家组织单独拥有的。私有云使得组织把云计算技术当作一种手段,可以集中访问不同部分、位置或部门的 IT 资源。私有云的使用会改变组织和信任边界的定义和应用。私有云环境的实际管理可以是由内部或者外部人员实施的。如果一家组织采用了私有云,那么他既是云用户,又可以是云提供者。私有云部署模型如图 4.16 所示。

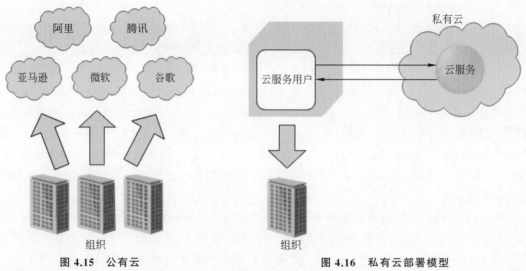

图 4.15 公有云 　　　　　　　　　　　　图 4.16 私有云部署模型

混合云是由两个或者两个以上不同云部署模型组成的云环境。如图 4.17 所示的混合云部署模型上,云用户可能选择把处理敏感数据的云服务部署到私有云上,而将其他不敏感的数据云服务部署到公有云上。

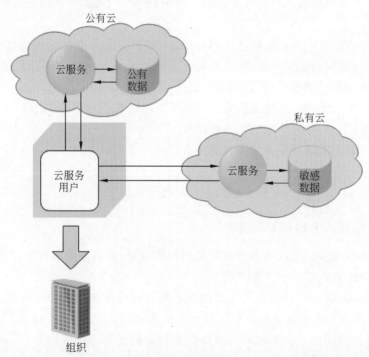

图 4.17 混合云

社区云与公有云类似,只是它的访问对象被限制为特定的云用户社区。社区云是社区成员或提供具有访问限制的公有云的第三方云提供者共同拥有的。社区的云用户成员通常共同承担定义和发展社区云的责任。社区中的成员不一定能访问或控制云中的所有 IT 资源。除非获得社区的许可,否则社区外的组织不能访问社区云。

云计算可以按需提供弹性的 IT 资源,它的表现形式是一系列服务的集合。结合当前云计算的应用与研究,其体系架构可分为核心服务、服务管理、用户访问接口 3 层,如图 4.18 所示。核心服务层将硬件基础设施、软件运行环境、应用程序抽象成服务,这些服务具有可靠性强、可用性高、规模可伸缩等特点,可以满足多样化的应用需求。服务管理层为核心服务提供支持,进一步确保核心服务的可靠性、可用性与安全性。用户访问接口层实现端到云的访问[167]。

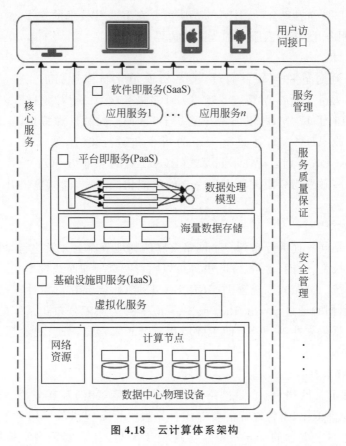

图 4.18　云计算体系架构

云计算的核心服务分为 3 个层次:基础设施即服务(IaaS)、平台即服务(PaaS)、软件即服务(SaaS)。

IaaS 提供硬件基础设施部署服务,为用户按需提供实体或虚拟的计算、存储和网络等资源。在使用 IaaS 层服务的过程中,用户需要向 IaaS 层服务提供商提供基础设施的配置信息、运行基础设施的程序代码,以及相关的用户数据。由于数据中心是 IaaS 层的基础,因此近年来数据中心的管理和优化问题成为研究热点。另外,为了优化硬件资源的分配,IaaS 层引入了虚拟化技术。借助 Xen、KVM、VBware 等虚拟化工具,可以提供可靠性高、定制性强、规模可扩展的 IaaS 层服务。

PaaS是云计算应用程序运行环境,提供应用程序部署与管理服务。通过PaaS层的软件工具和开发语言,应用程序开发者只上传程序代码和数据即可使用服务,而不需要关注底层的网络、存储、换作系统的管理问题。由于目前互联网应用平台的数据量日趋庞大,因此PaaS层应充分考虑对海量数据的存储与处理能力,并利用有效的资源管理与调度策略提高处理效率。

SaaS是基于云计算基础平台所开发的应用程序。企业可以通过租用SaaS层服务解决企业信息化问题,如企业通过Gmail建立属于该企业的电子邮件服务。该服务托管于Google的数据中心,企业不必考虑服务器的管理、维护问题。对于普通用户来讲,SaaS层服务将桌面应用程序迁移到互联网,可实现应用程序的泛在访问。

作为众多IT服务的集合,云计算的底层需要众多关键技术的支撑,而且还不断有新的技术被产品化、服务化,扩展云服务的范围与边界。

1. 虚拟化技术

虚拟化就是通过软件与硬件解耦,实现资源池化与弹性扩展。主流虚拟化技术有KVM、Xen、VMware、Hyper-V等。目前KVM是最受欢迎的虚拟化技术,AWS、阿里云、华为云都从Xen转向了KVM,腾讯云本身就基于KVM。除软件虚拟化,还有硬件辅助虚拟化(如Intel-VT或ADM-V),通过引入新的指令和运行模式,使VMM(Virtual-machine monitor)和Guest OS分别运行在不同模式(ROOT模式和非ROOT模式),解决了软件虚拟化无法模拟某些敏感指令而无法实现完全的虚拟化的问题,同时也提升了虚拟化性能与处理能力。

2. 分布式技术[168]

分布式就是把同一任务分布到多个网络互联的物理节点上并发执行,最后再汇总结果。分布式系统的扩展性、性能、容量、吞吐量等可以随着节点增加而线性增长,非常适合云计算这种大规模的系统。分布式系统遵循CAP、BASE原则,需要在可用性、一致性和分区容错性上做一些均衡,同时通过Paxos、Raft或Gossip等算法保障分布式系统的一致性,通过多副本机制保障数据可靠性等。云上的主要应用有分布式存储、分布式数据库、分布式缓存、分布式消息队列等。

3. SDN与NFV

SDN是软件定义网络,核心是网络的控制面(网络策略)和转发面(数据流向)分离;NFV是网络功能虚拟化,是将以往需要专用且昂贵的设备提供的网络功能,比如负载均衡与防火墙,通过软件和普通的x86服务器实现。SDN与NFV实现网络的集中配置管理与维护,同时降低设备成本。

4. 云原生技术

容器、微服务和DevOps号称"云原生三驾马车",是实现技术中的重要组件。容器是非常轻量秒级部署的虚拟化技术,通过Linux命名空间、Cgroups与rootfs构建进程隔离环境,将应用软件及其运行所依赖的资源与配置打包封装,提供独立可移植的应用运行环境。微服务架构是对SOA(面向服务的架构)升华,将应用解耦成更加轻量化、独立自治、敏捷开发、部署与治理、可通过HTTP方式访问的服务。微服务部署可以基于虚拟机、容器或Serverless函数。DevOps是敏捷开发运维,通过持续集成与持续部署CICD等自动化工具与流程,打通应用开发、测试、发布、运维的各个环节,大幅提升系统效率与可靠性。

5. 云安全技术[169-171]

云环境由于规模巨大,组件复杂,用户众多,其潜在攻击面较大、发起攻击的成本很低,受攻击后的影响巨大。所以,云安全形势非常严峻,涉及主机安全、网络安全、应用安全、业务安全、数据安全等,各厂商在相关领域都有比较成熟的产品和技术。

6. 人工智能/大数据

大数据和人工智能关系密切。如果大数据是原油,人工智能就是高端的开采和炼油技术,两者结合才会发挥巨大的效用。大数据具有 4V 特征:Volume(数据量大)、Value(价值密度低)、Velocity(产生速度快)、Variety(数据类型多)。大数据的收集、传输、存储与处理对系统要求比较高,需要专门的组件支持,如 HBase、HDFS、Spark 等。人工智能有五大关键要素:大数据、算法、计算力、边界清晰和应用场景。海量的大数据是根本,然后通过机器学习、智能模拟等算法对数据进行加工处理,需要使用 GPU、TPU、FPGA 提供强大的计算力;主要限制在于机器只能对边界相对清晰的事务进行学习和判断,同时找到合适的应用场景,才能更好地发挥价值,如语音处理、图像识别、智能驾驶等[172-174]。

7. 云管理平台

云计算是一个非常复杂的系统,对整个云平台进行敏捷高效的管控运维非常重要。云管理通常涉及 4 个层面:一是租户端管理,让用户能有效使用基本的云服务;二是运营管理,涉及云服务运营策略,如资源管理、计量计费、消息通知等;三是运维管理,涉及云平台的可用性与可靠性保障,如自动化运维、监控告警、运维排障等;四是多云纳管,当前对于很多企业,混合云是一个趋势,私有云+公有云,或者引入和均衡多个云厂商,所以需要提供能统一纳管多种云,以及传统 IT 环境的管理平台。

除此之外,云计算还有很多重要的技术,如边缘计算、IoT、区块链等。

4.3.4　云计算的五大趋势

当下,数字经济已逐渐成为经济发展的主形态,其发展速度之快、辐射范围之广、影响程度之深前所未有。拥抱"数字"就是拥抱未来,而云计算作为数字经济中最重要的基础设施组成部分,是衡量数字经济发展程度的重要要素,是数字经济发展的重要生产力。可以预见,未来将有越来越多的行业迈向"云端",云计算将迎来全新的发展阶段,并呈现出以下五大趋势[175]。

趋势一:业务模式轴向行业垂直化

数字时代,企业使用"云"不再是单一地满足客户的 IT 需求,而是逐渐转变为帮助行业客户实现数字化转型,实现业务升级与创新。同时,在云计算发展的这些年里,云计算行业已经从以互联网行业为主的早期市场逐步迈向以数字政府、工业、交通、金融等为主的政企行业市场。相较于过去互联网企业上云,政企的数字化转型对云计算的需求有较大差异,具体行业客户甚至细分行业在数据安全、云部署方式等方面的需求也存在较大差异。这就要求云服务商提供更有针对性的、更贴合其自身特性的场景,以更好地满足特定行业差异化需求的解决方案,实现行业客户的数字化、智能化转型。

趋势二:技术应用走向融合化

随着 5G、VR、AR、人工智能等在各个领域都有涉及,作为数字经济发展的重要新技术,

元宇宙、数字孪生等数字技术迎来快速发展,这些技术的基础就是云和网的深度融合与升级,云是"脑",负责计算与数据处理,网是"线",提供更加智能、灵活的连接,5G、光纤等技术通过云化或云网一体化构建低时延、广覆盖的网。总之,云网融合在提供云计算能力的同时,也在专网的安全、可靠、高速等方面提供了极优的保障,可以支撑企业建立行业云、混合云、跨域连接等场景。随着企业加快数字化转型进程,云网融合在细分行业不断渗透,将进一步加速基础设施的敏捷化、智能化,并逐步形成以云为中心、以网为根基的云、网、数、智、安、边、端深度融合的新型信息基础设施。

趋势三:运营服务走向敏捷化

云市场的竞争是激烈的,互联网云和运营商云都把速度和敏捷视为企业在数字化时代成功的关键要素。在企业数字化技术和实时、按需、在线的互联网商业模式的相互作用下,云服务商对运营服务敏捷化也有了新的含义,对内云服务商构建了全新的业务架构和商业模式,对外则提供实时、按需全在线、服务自助、一站式全网部署能力。未来云服务商还需要建立灵活敏捷的运营体系,提高用户体验,全面提升敏捷交付能力和运营效率[176]。

趋势四:产业链体系构建走向国产化

大力发展中国信创产业,建立自主可控的云软硬件体系在国内已成为共识。一方面,在政策引领下,全国各级政府、事业单位及国有企业陆续开启国产替代进程,信创产业规模加速扩展。另一方面,经过多年发展,我国信创行业逐步建立起从上游芯片到下游应用的国产化替代产业链条。因此,国内云服务商已从去 IOE 层面过渡到去 IOEWICS 阶段,对应的全球巨头分别是 IBM、Oracle、EMC、Microsoft、Intel、Cisco、SAP。信创云对上支撑大数据、人工智能、物联网、5G 等新一代企业级应用,对下承载芯片、整机、操作系统等软硬件基础设施,在整个信创产业链体系中起到承上启下、贯穿生态的重要作用。

趋势五:生态建设走向全局化

云计算市场的重心逐渐从互联网行业转向政企行业客户,企业上云将会进入更深层次的阶段,将不仅仅只使用基础的云资源,更深层次的 PaaS、SaaS 的应用也将加快进程。政企客户往往会从全局的视角出发,评估云服务商联合解决方案的能力,所以对云服务商来说,全局化的统筹生态合作将显得至关重要,如很多政企客户需要一站式的服务内容,像智慧城市项目,这些客户既有智慧服务应用的需求,也有营商环境、公共支撑、公安、交通等智慧应用的需求。因此,政企客户需要云服务商具备更强的生态能力、更强的平台能力、更强的聚合能力。在数字时代,云服务商竞争开始由"大鱼吃小鱼"的企业之争变为"鱼群生态"的整体性竞争。

4.3.5 云计算经典案例

云计算有许多应用,这里只简单提一个经典例子。云计算除 4.3.3 节介绍的技术外,还可用于任务卸载。计算卸载是通过在云中执行移动应用程序的一些组件解决移动设备电池电量有限的有效方法。汉明距离终止的动态规划(DPH)是一种新的卸载算法。该算法使用随机化和汉明距离终止准则快速找到一个接近最优的卸载解决方案。在网络传输带宽较高时将尽可能多的任务卸载到"云"中,从而提高所有任务的总执行时间,并最大限度地减少移动设备的能源使用。此外,该算法可扩展以处理更大的卸载问题,而不会损失计算效率。

考虑一个由一些不可卸载（即本地）任务和 N 个可卸载任务组成的应用程序。通常，本地任务包括直接处理用户交互、访问本地 I/O 设备或访问移动设备上的特定信息的任务。因此，本地任务必须由移动用户本地处理。我们可以将所有的本地任务合并成一个任务。

考虑具有 N 个独立任务的手持移动设备，这些任务可以在本地执行，也可以转移到云端执行，如图 4.19 所示。假设移动设备可以使用 WiFi 无线网络，但网络传输带宽可以动态变化。通常，无线干扰和网络拥塞会动态改变网络传输带宽。移动设备需要根据当前的无线网络传输带宽决定每个任务是在本地处理，还是卸载。

由于存在所有任务的总执行时间约束，因此通过无线链路在移动设备和云之间传输任务所花费的时间是一个重要问题。动态规划算法在计算决策时必须考虑当前的无线网络带宽。

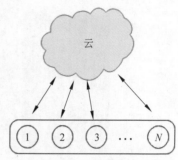

图 4.19　网络模型

DPH 算法使用 MATLAB 编程。采用基于诺基亚 N900 的移动设备特性，并将任务数设置为 N=10。

移动设备必须决定应该卸载移动应用程序的哪些计算任务，以便在满足执行时间约束的同时最小化能量消耗。为此，提出了一种称为 DPH 的高效启发式算法来解决这个最佳化问题，它使用动态规划结合随机化，还使用汉明距离作为终止准则。

仿真结果表明（见图 4.20~图 4.23），使用 DPH 算法可以找到接近最优的解，并且可以在不损失计算效率的情况下轻松处理更大的问题。DPH 算法可以动态使用，以适应网络传输速率的变化。当网络性能良好时，该算法将倾向于卸载尽可能多的任务，从而快速收敛到接近最优的解，执行时间非常短。

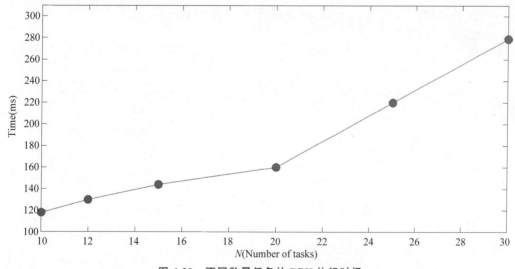

图 4.20　不同数量任务的 DPH 执行时间

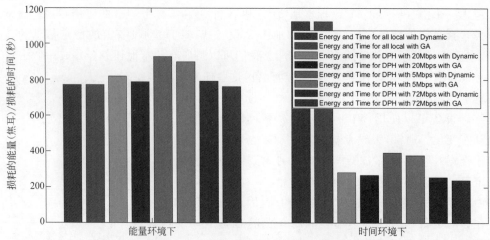

图 4.21　使用动态或 GA 比较本地执行任务的能量和时间（见彩插）

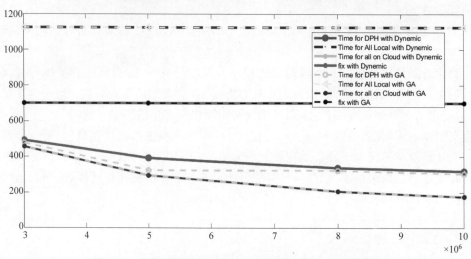

图 4.22　使用动态或 GA 在云上比较本地执行任务的时间

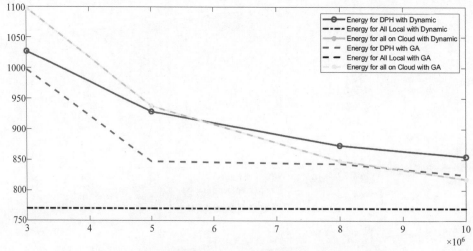

图 4.23　使用动态或 GA 在云上比较本地执行任务的能量

4.4 智能区块链

4.4.1 什么是区块链

1. 区块链的起源

探寻区块链的机制和发展,比特币是永远无法绕过的话题。区块链作为一种独立的技术出现,最早可以追溯到比特币系统中。2008 年有一个笔名为中本聪的人在网络上发布了一篇名为《比特币——一种点对点的电子现金系统》的文章,又在 2009 年公开了其早期的实现代码,比特币就此诞生。那时还没有多少人关注区块链技术,直到 2013 年人们才意识到比特币在没有任何中心化机构运营和管理的情况下,稳定地运行了将近十年,并且没有出现任何问题。于是,很多人才开始注意到比特币的底层技术,即区块链[177-178]。

作为以比特币为代表的数字加密货币体系的核心支撑技术,狭义来讲,区块链是一种采用密码学算法和链式关联结构组织数据块,由参与节点共同维护以保证数据几乎不可能被修改的、最终保证数据一致性的分布式数据存储技术;是一种按照时间顺序将数据区块以顺序相连的方式组合成的链式数据结构,并以密码学方式保证的不可篡改和不可伪造的分布式账本。广义来讲,区块链指在所有节点均不可信的点对点网络中,通过共识算法和经济学常识建立信任机制,并最终实现节点数据存储一致性的网络系统。区块链不但是比特币的底层技术,更是一种采用了二分部是数据存储、点对点网络、共识机制、加密算法等计算机技术的新型应用模式。区块链技术的核心优势是去中心化,能通过运用数据加密、时间戳、分布式共识和经济激励等手段,在节点无须互相信任的分布式系统中实现基于去中心化信用的点对点交易、协调与协作,从而为解决中心化机构普遍存在的高成本、低效率和数据存储不安全等问题提供了解决方案。

抛去比特币价格的跌宕起伏,仅探讨比特币系统本身的设计,可以把它视作一次电子货币在概念和技术上的实验:在传统的电子支付系统(如银行转账或第三方支付等)中,由银行或支付服务提供方验证并记录系统中发生的交易,账本在中心机构手中。而比特币在人类历史上第一次实现了去中心化的电子货币发行和交易,即不需要一个中心化的第三方认证机构或账务管理系统对交易进行验证和记录,全网共同维护更新一份相同的账本。比特币的出现使得电子货币系统出现了由传统的"中心化账本+中介"的模式向"公共账本+共识"的模式转变的可能性,而这种转变正是由区块链技术实现的。因为区块链不等于比特币,将区块链作为一种革新的技术,已经被应用于许多领域,包括金融、政务服务、供应链、版权和专利、能源、物联网等。未来,与区块链技术接触的群体将会越来越多,对区块链技术进行更深入的了解与探究将是很多领域的创新创业中不可或缺的一环[179]。

2. 区块与链

区块链由"区块"+"链"构成。区块(Block),指存储已记录数据的文件,里面按时间先后顺序记录了链上已发生的所有价值交换活动,是一种被标记上时间戳和上一个区块的哈希值的数据结构,区块经过区块链的共识机制验证并确认区块的交易。每个区块均由三部分构成:本区块的哈希值(包括本区块的大小、生成时间等所有信息)、所有交易单(每一笔交易的详细情况)与在其前后的区块哈希值(即前后区块中所有交易信息经过算法压缩后形

成的一个字符串)。区块的生成时间由系统设定,通常平均每几分钟区块链中会生成一个新区块。每个区块都包括前一区块和后一区块的哈希值,这种设计使得每个区块都能找到其前后节点,从而可以一直追溯至起始节点,形成一条完整的交易链条,即构成区块链[180]。

"区块"+"链"=时间戳(Time Stamp):区块链让全网所有节点都在每一个区块上盖一个时间戳用以记录每条信息写入的时间,整个区块链由此形成一个不可篡改、不可伪造的数据库。时间戳可以证明某人在某天确实做过某事,可以证明某项活动的最先创造者是谁。任何事情的"存在性"证明变得十分简单。从第一个区块开始,到最新产生的区块止,区块链上存储了系统全部的历史数据,区块链上的每一条交易数据,都可以通过链式结构追本溯源,一笔一笔进行验证[181]。

区块的基本构成如图 4.24 所示。

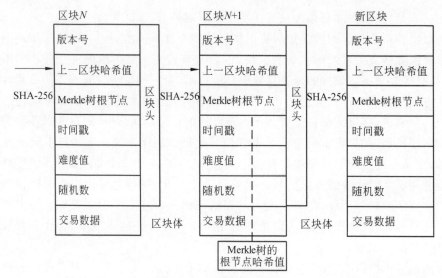

图 4.24 区块的基本构成

区块头(Block Header):记录当前区块的元信息,包含当前版本号、上一区块的哈希值时间戳、随机数、Merkle 树根节点的哈希值等数据。区块体的数据记录通过 Merkle 树的哈希过程生成唯一的 Merkle 树根节点的哈希值记录于区块头。

区块体(Block Body):记录一定时间内所生成的详细数据,包括当前区块经过验证的区块创建过程中生成的所有交易记录或其他信息,可以理解为账本的一种表现形式。

时间戳(Time Stamp):从区块生成的那一刻起就存在于区块中,是用于标识交易时间的字符序列,具备唯一性,时间戳用以记录并表明存在的、完整的、可验证的数据,是每一次交易记录的认证。

区块容量(Block Size):区块链的每个区块都用来承载某个时间段内的数据,每个区块通过时间的先后顺序,使用密码学技术将其串联起来,形成一个完整的分布式数据库,区块容量代表了一个区块能容纳多少数据的能力。

区块高度(Block Height):一个区块的高度是指该区块在区块链中与创世区块之间相隔的块数。

3. 区块链的特性

从外部看,区块链应具备以下几个特性。

(1) 自治性。区块链技术试图通过构建一个可靠的自治网络系统,从根本上解决价值交换与转移中存在的欺诈和寻租现象。在具体应用中,区块链采用基于协商一致的规范和协议,各个节点都要按照这个规范操作,这样就使所有的工作都由机器完成,使得对人的信任变成了对机器的信任,杜绝了人为的干预[182]。

(2) 多方写入,共同维护。这里的多方仅指记账参与方,不包含使用区块链的客户端。区块链的记账参与方应当由多个利益不完全一致的实体组成,并且在不同的记账周期内,由不同的参与方主导发起记账(轮换方式由不同的共识机制决定),而其他的参与方将对主导方发起的记账信息进行共同验证[183]。

(3) 开放性。区块链系统是开放的,除与各方的私有信息直接相关的数据会通过非对称加密技术加密外,区块链中的数据对所有节点公开,因此整个系统信息高度透明。

(4) 可追溯。一个区块链系统通过区块数据结构存储了创世区块后的所有历史数据,区块链上的任意一条数据皆可通过链式结构追溯其本源。

(5) 不可篡改。一条交易信息被添加进区块链后,就被区块链上的所有节点共同记录,并通过加密技术使这条交易信息与其之前和之后加至区块链中的信息互相关联,从而对区块链中的某条记录进行篡改的难度非常大,成本非常高。

(6) 去中心化。区块链是不依赖单一信任中心的系统,在处理只涉及链内封闭系统中的数据时,区块链本身能创造参与者之间的信任。但是,在某些情况下,如在身份管理等场景不可避免会引入外部数据时,并且这些数据需要可信第三方的信任背书,此时对于不同类型的数据,其信任来源于不同的可信第三方,不依赖单一的信任中心。在这种情况下,区块链本身不创造信任,而是作为信任的载体。

4. 区块链的类型

根据不同场景下信任的构建方式,可以将区块链分为两类:非许可链(Permissionless Blockchain)和许可链(Permissioned Blockchain)。

非许可链也称为公有链(Public Blockchain),是一种完全开放的区块链,即任何人都可以加入网络并参与完整的共识记账过程,彼此之间不需要信任。公有链以消耗算力的方式建立全网节点的信任关系,具备完全的去中心化特点的同时,也带来资源浪费、效率低下等问题。公有链多应用于比特币等去监管、匿名化、自由的加密货币场景。

许可链是一种半开放的区块链,只有指定的成员可以加入网络,且每个成员的参与权各有不同。许可链往往通过颁发身份证书的方式事先建立信任关系,具备部分去中心化特点,相比于非许可链拥有更高的效率。许可链还可以细分为联盟链(Consortium Blockchain)和私有链(Private Blockchain)。联盟链由多个机构组成的联盟构建,账本的生成、共识、维护分别由联盟指定的成员参与完成。在结合区块链与其他技术进行场景创新时,公有链的完全开放与去中心化特性并非必需,其低效率更无法满足需求,因此联盟链在某些场景中成为实用性更强的区块链。私有链较联盟链而言中心化程度更高,其数据的产生、共识、维护过程完全由单个组织掌握,被该组织指定的成员仅具有账本的读取权限。

4.4.2 区块链的体系结构和关键技术

1. 区块链的体系结构

一般来说,区块链系统由数据层、网络层、共识层、激励层、合约层和应用层组成。其中,共识层主要封装各类共识算法;激励层将激励机制集成到区块链技术体系中,主要包括经济激励的发行机制和分配机制等;合约层主要封装各类脚本、算法和智能合约,是区块链可编程特性的基础;应用层则封装了区块链应用于各种应用场景的应用程序。该模型中,基于时间戳的链式区块结构、分布式节点的共识机制、基于共识算法的激励机制和灵活可编程的智能合约是区块链技术最具代表性的创新点[184]。

数据层、网络层、共识层是组成区块链应用的必要元素,而激励层、合约层和应用层则不是每个区块链应用的必要元素,一些区块链应用并不完全包含此三层结构。区块链的层级结构如图 4.25 所示。

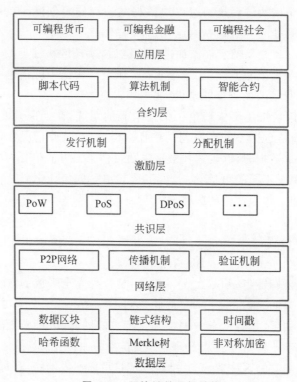

图 4.25 区块链的层级结构

数据层(Data Layer):是整个区块链系统中最底层的数据结构,描述了区块链从创世区块起始的链式结构,包含了区块链的区块数据、链式结构及区块上的随机数、时间戳、公私钥数据等信息。

网络层(Network Layer):包括分布式组网机制、数据传播机制和数据验证机制等网络层,主要通过 P2P 技术实现,因此区块链本质上可以说是一个 P2P 网络。

共识层(Consensus Layer):主要包含共识算法及共识机制,能让高度分散的节点在去中心化的区块链系统中高效地针对区块数据的有效性达成共识,是区块链的核心技术之一,也是区块链社群的治理机制。目前已经出现十余种共识机制算法,其中最著名的有工作量证明机制(PoW)、权益证明机制(PoS)、股权授权证明机制(DPoS)等[185]。

激励层(Actuator Layer):将经济因素集成到区块链技术体系中,主要包括经济激励的发行机制和分配机制,其功能是提供一定的激励措施,鼓励节点参与区块链的安全验证工作。激励层主要出现在公有链中,因为在公有链中必须激励遵守规则参与记账的节点,并且惩罚不遵守规则的节点,才能让整个系统朝着良性循环的方向发展。所以,激励机制往往也是一种博弈机制,让更多遵守规则的节点愿意进行记账。而在私有链中,则不一定需要进行激励,因为参与记账的节点往往在链外完成了博弈。

合约层(Contract Layer):主要包括各种脚本、代码、算法机制及智能合约,是区块链可编程的基础。通过合约层将代码嵌入区块链或令牌中,实现可以自定义的智能合约,并在达到某个确定的约束条件的情况下,无须经第三方就能自动执行,是区块链实现机器信任的基础[186]。

应用层(Application Layer):区块链的应用层封装了区块链面向各种应用场景的应用程序,如搭建在以太坊上的各类区块链应用就部署在应用层。应用层类似于 Windows 操作系统上的应用程序、互联网浏览器上的门户网站、搜寻引擎、电子商城或是手机端上的 App,开发者将区块链技术应用部署在如以太坊、EOS、QTUM 上并在现实生活场景中落地。

2. 区块链的关键技术

分布式账本(Distributed Ledger)是一种在网络成员之间共享、复制和同步的数据库,记录网络参与者之间的交易,如资产或数据的交换,其本质上是一种可以在多个网络节点、多个物理地址或者多个组织构成的网络中进行数据分享、同步和复制的去中心化数据存储技术。相较于传统的分布式存储系统,分布式账本技术主要具备以下两种不同的特征[187]。

(1)传统分布式存储系统执行受某一中心节点或权威机构控制的数据管理机制,分布式账本往往基于一定的共识规则,采用多方决策、共同维护的方式进行数据的存储、复制等操作。

(2)传统分布式存储系统将系统内的数据分解成若干片段,然后在分布式系统中进行存储,而分布式账本中任何一方的节点都各自拥有独立的、完整的一份数据存储,各节点之间彼此互不干涉、权限等同,通过相互之间的周期性或事件驱动的共识达成数据存储的最终一致性。

这两种特有的系统特征,使得分布式账本技术成为一种非常底层的、对现有业务系统具有强大颠覆性的革命性创新。

共识机制是用于在多个区块链维护者对区块链状态达成统一共识的一类协议,是区块链的核心组成部分之一。分布式系统的共识达成需要依赖可靠的共识算法,共识算法通常解决的是分布式系统中由哪个节点发起提案,以及其他节点如何就这个提案达成一致的问题。根据传统分布式系统与区块链系统间的区别,可以将共识算法分为可信节点间的共识算法与不可信节点间的共识算法。前者已经被深入研究,并且在现在流行的分布式系统中广泛应用,其中 Paxos 和 Raft 及其相应变种算法最著名。对于后者,虽然也早被研究,但直到近年区块链技术发展如火如荼,相关的共识算法才得到大量应用。而根据应用场景的不同,后者又分为以 PoW(Proof of Work)和 PoS(Proof of Stake)等算法为代表的适用于公有

链的共识算法和 PBFT(Practical Byzantine Fault Tolerance)及其变种算法为代表的适用于联盟链或私有链的共识算法。表 4-2 为共识机制的总结[188-190]。

表 4-2 共识机制

基于证明的共识机制	proof of work 类	proof of work
		cuckoo cycle
		useful proof of work
		proof of learning
	proof of stake 类	proof of stake
		delegated proof of stake
		ouroboros
		proof of luck
	其他类	proof of device
		proof of human
		proof of negotiation
		bitcoin-NG
基于投票的共识机制	crash fault tolerance 类	paxos
		raft
	Byzantine fault tolerance	practical Byzantine fault tolerance
		proof of authority
		redundant Byzantine tolerance
		tendermint

无论是 PoW 算法还是 PoS 算法,其核心思想都是通过经济激励鼓励节点对系统的贡献和付出,通过经济惩罚来阻止节点作恶。公有链系统为了鼓励更多的节点参与共识,通常会发放代币(token)给对系统运行有贡献的节点。而联盟链或者私有链与公有链的不同之处在于,联盟链或者私有链的参与节点通常希望从链上获得可信数据,这相对于通过记账获取激励而言有意义得多,所以他们更有义务和责任维护系统的稳定运行,并且通常参与节点数较少,PBFT 及其变种算法恰好适用于联盟链或者私有链的应用场景。

智能合约(Smart Contract)是一种旨在以信息化方式传播、验证或执行合同的计算机协议。作为区块链中的程序脚本,通常负责区块链中数字操作的执行,并实现多步骤流程的自动化。以太坊将智能合约描述为一个加密的盒子,只有在满足某些条件时才能解锁。一旦激活了,合约条款便会在网络参与者之间自动执行,无须依赖第三方或中心节点。相较于比特币的未花费的交易输出(UTXO),智能合约的灵活性和多样性使区块链不再仅局限于一个简单的加密货币交易系统,而是让区块链形成一个分布式虚拟机。数字资产(如存储、传输和计算)和操作(如交易、收费和利息)都可以通过智能合约中的数字签名和密钥对轻松地进行授权和认证。随着以太坊的逐渐普及,智能合约已成为各种新兴区块链应用必不可少的组成部分,并且智能合约的功能也得到了极大扩展[191]。

信息安全及密码学技术,是整个信息技术的基石。在区块链中,使用了大量现代信息安全和密码学的技术成果,包括哈希算法、对称加密、非对称加密、数字签名、数字证书等。这里简要介绍一下哈希算法。

哈希算法,又称散列算法,它是一类数学方法,将任意长度的二进制值转换成较短的固定长度的二进制值,这个二进制值叫作哈希值。通过哈希算法转换而成的哈希值有几个特点:如果某两段信息是相同的,那么生成的哈希值也是相同的;如果两段信息十分相似,但只要是不同的,那么生成的哈希值将十分杂乱随机,并且两个字符串之间完全没有关联。这两个特点分别称为单向性和确定性。依靠这两个特点可以设计各类哈希算法。目前常见的哈希算法主要有 MD 算法和 SHA 算法。

MD 算法主要包括 MD4 和 MD5 系列。MD4 是 MIT 的 Ronald L.Rivest 在 1990 年设计的,其输出为 128 位,但已被证明不够安全。MD5 是 Rivest 于 1991 年对 MD4 的改进版本,其输出也是 128 位。MD5 的抗分析和抗差分性能比 MD4 好,但相对来说其运算过程也比较复杂,运算速度较慢。

SHA 算法主要包含 SHA-1 和 SHA-2(SHA-224,SAH-256,SHA-384,SHA-512)系列,其中 224、256、384、512 是指其输出的位长度。比如,SHA-256 由美国国家安全局研发,由美国国家标准与技术研究院(NIST)在 2001 年发布。把任何一串数据输入 SHA-256 都会得到一个 256 位的 Hash 值。

目前 SHA-1 算法已经被破解,大多数应用场景下,推荐使用 SHA-256 以上的算法。由于哈希函数的多样性,不同的哈希算法特性不尽相同。SHA 算法相对于 MD 算法来说,防碰撞性更好,而 MD 算法的运行速度比 SHA 算法更快。

此外,区块链中还应用了现代密码学最新的研究成果,包括同态加密、零知识证明等在区块链分布式账本公开的情况下,最大限度地提供隐私保护能力。这方面的技术,还在不断发展完善中。

区块链安全是一个系统工程,系统配置及用户权限、组件安全性、用户界面、网络入侵检测和防攻击能力等,都会影响最终区块链系统的安全性和可靠性。区块链系统在实际构建过程中,应当在满足用户要求的前提下,在安全性、系统构建成本及易用性等维度取得一个合理的平衡。

4.4.3　区块链的应用

随着区块链技术的逐步发展,其应用潜力正得到越来越多行业的认可。从最初的加密数字货币到金融领域的跨境清算,再到供应链、政务、数字版权、能源等领域,甚至已经有初创公司在探索基于区块链的电子商务、社交、共享经济等应用。只要涉及多方协同、不存在一个可信中心的场景,区块链均有用武之地。当前区块链应用处于发展初期,主流的区块链应用均是利用区块链的特性在原有业务模式下进行的改进式创新,区块链作为从协议层面解决价值传递的技术理应有更广阔的应用场景。

如果说互联网传递的是消息,那么区块链传递的则是价值;如果说"互联网＋传统行业"

模式的结果是催生出一个垄断的行业巨头,那么"区块链＋传统行业"模式则是在视图构建一个新兴的行业生态系统。区块链特别适合应对以下问题。

1) 促进多方之间去中心化的安全交易

基于分布式账本天然的去中心化特质,区块链对于处理多方面参与的分布式交易尤其高效。而且,基于多方的加密确认和验证流程,区块链为每个交易都提供了高度的安全性[192]。

2) 增强安全性与互信,减少欺诈

由于区块链上的每笔交易都单独加密,且这样的加密被区块链上的其他各方验证,任何试图篡改、删除交易信息的行为都会被其他方察觉,然后被其他节点修正[193]。

3) 促进多方交易中的透明度和效率

在任何涉及两个或两个以上交易方参与的交易中,交易通常被单独地由各方记入各自独立的系统中。在资本市场上,同样的交易会被记入两个交易方的自有系统,这笔交易需要经过一系列步骤烦琐的处理,一旦发生错误,就需要漫长的对账流程和人工干预。如果使用区块链技术中的分布式账本技术,机构将可以获得更顺畅的清算和结算流程,缩短结算周期,降低运营成本。

鉴于区块链在金融、医疗、教育、公证等领域的应用,以及在以往的研究中有详细描述,这里不再复述,只简要介绍一下区块链在智慧城市、边缘计算和人工智能领域的前沿应用研究现状。

1. 智慧城市

智慧城市是指利用 ICT(信息与通信技术)优化公共资源利用效果、提高居民生活质量、丰富设施信息化能力的研究领域,该领域包括个人信息管理、智慧医疗、智慧交通、供应链管理等具体场景。智慧城市强调居民、设施等各类数据的采集、分析与使能,数据可靠性、管理透明化、共享可激励等需求为智慧城市带来许多技术挑战。区块链去中心化的交互方式避免了单点故障、提升管理公平性,公开透明的账本保证数据可靠及可追溯,多种匿名机制利于居民隐私的保护,因此区块链有利于问题的解决。

2. 边缘计算

边缘计算是一种将计算、存储、网络资源从云平台迁移到网络边缘的分布式信息服务架构,试图将传统移动通信网、互联网和物联网等业务进行深度融合,减少业务交付的端到端时延,提升用户体验。安全问题是边缘计算面临的一大技术挑战,一方面,边缘计算的层次结构中利用大量异构终端设备提供用户服务,这些设备可能产生恶意行为;另一方面,服务迁移过程中的数据完整性和真实性需要得到保障。区块链在这种复杂的工作环境和开放的服务架构中能起到较大作用。首先,区块链能在边缘计算底层松散的设备网络中构建不可篡改的账本,提供设备身份和服务数据验证的依据。其次,设备能在智能合约的帮助下实现高度自治,为边缘计算提供设备可信互换作操作基础[194]。

3. 人工智能

人工智能是一类智能代理的研究,使机器感知环境和信息,然后进行达成人类预定的某些目标的行为决策。人工智能的关键在于算法,而大部分机器学习和深度学习算法建立于体积庞大的数据集和中心化的训练模型之上,该方式易受攻击或恶意操作使数据遭到篡改,其后果为模型的不可信与算力的浪费。此外，数据采集过程中无法确保下游设备的安全性，无法保证数据来源的真实性与完整性，其后果将在自动驾驶等场景中被放大。区块链不可篡改的特性可以实现感知和训练过程的可信。另外，去中心化和合约自治特性为人工智能训练工作的分解和下放奠定了基础，在保障安全的基础上提高了计算效率[194]。

4.4.4　区块链的未来

1. 区块链的价值及前景

基于中心化的组织或机构构建的信用体系是传统商业社会的基础。区块链技术出现之前，人们无法构建一个行之有效的去中心化大规模信用系统。以比特币为代表的区块链技术的社会化实验，首次实现了真正去中心化的价值交换系统，保证了数字货币交易系统安全、稳定地长期运行。随着区块链技术的快速发展，其必将在更多领域更深层次地影响和改变商业社会的发展。区块链技术对商业社会的影响具体体现在以下 3 方面。

1）降低社会交易成本

区块链系统的去中心化特征，决定了所有的交易均由参与方通过共识机制建立分布式共享账本，参与方通过区块链网络对交易内容进行提交、确认、追溯等操作。换言之，区块链网络中的所有信息都是经过多方共识、可信、不可篡改的。这将极大简化传统交易模型中所要面对的冗长的交易审查、确认等流程，甚至不再需要重复的账目核对、价值结算、交易清算等操作，从而实现社会交易成本的大幅降低。传统的社会交易往往依赖人与人之间的信任或人对第三方机构的信任，然而这种信任是不安全的，因为即便是正规的法律合同，在执行过程中也难免存在灰度部分，可能导致交易参与方的权利和义务得不到充分保障。区块链技术中智能合约的提出，是这一问题的有效解药，通过在交易协商过程中将合约内容"代码化"，区块链系统将为整个合约的执行负责，保证交易执行的有效性和参与方的合法权益。

2）提升社会效率

随着区块链技术应用于经济社会的各个领域，必将优化各领域内的业务流程，降低运营成本，提高协同效率。以金融领域内的场景为例：当前金融系统是一个复杂庞大的系统，跨行交易、跨国汇兑往往需要依赖各类"中介"组织实现。漫长的交易链条，加之缺乏统一的监管方式，使得交易效率低下，大量资产在交易过程中被锁定或延时冻结。而借助区块链系统实现的去中心化体系，社会中的投资和交易将可以实现实时结算，这将有助于大幅提升投资和交易效率。扩展场景到其他领域，各类需要依赖"中介"解决信任问题的场景，或者依赖来回核对解决信息一致的场景，都可以使用区块链技术作为其解决方案，可以大大减少操作步骤及人力投入，降低对中心化机构的依赖，提升效率。

3）交易透明可监管

信息的实时性及有效性是监管效率的关键。除涉及个人隐私或商业机密等情况外，区块链技术可以实现有效的交易透明、不可篡改特性，监管机构还可以实现实时的透明监管，甚至可以通过智能合约对交易实现自动化的合规检查、欺诈甄别等能力。互联网技术一直以来均处于高速发展状态，为人们带来巨大的便利，也给人们的生活方式带来巨大的革新。而细观区块链技术的发展历程，又与互联网的发展有很大重合。

2. 区块链的发展趋势

区块链采用了 P2P、密码学和共识算法等技术，具有数据不可篡改、系统集体维护、信息

公开透明等特性。区块链提供一种在不可信环境中进行信息与价值传递交换的机制,是构建未来价值互联网的基石。自 2009 年以来,加密数字货币在全球范围内兴起,区块链技术逐步走进人们的视野。目前,世界各国政府、产业界和学术界都高度关注区块链的应用发展,相关的技术创新和模式创新不断涌现。

趋势一:区块链已从探索阶段进入应用阶段,从价目数字货币向非金融领域渗透

区块链技术作为一种通用性技术,从加密数字货币加速渗透至其他领域,和各行各业创新融合。未来,区块链的应用将由两个阵营推动,它们分别属 IT 阵营和加密数字货币阵营。IT 阵营从信息共享着手,以低成本建立信用为核心,逐步覆盖数字资产等领域;加密数字货币阵营从货币出发,逐渐向资产端管理、存证领域推进,并向征信和一般信息共享类应用扩散。

趋势二:企业应用成为区块链的主战场,联盟链、私有链将成为主流方向

目前,区块链的实际应用集中在加密数字货币领域,属于虚拟经济。而未来的区块链应用将转向实体经济,更多的传统企业使用区块链技术降成本、提升协作效率,激发实体经济增长。与公有链不同,在区块链的企业应用中,大家更关注区块链的管控、监管合规、性能、安全等因素。因此,联盟链和私有链这种强管理的区块链部署模式,更适合企业在应用落地中使用,是区块链技术在企业中应用的主流发展方向。

趋势三:应用催生多样化的技术方案,区块链性能将不断得到优化

票据、支付、保险、供应链等不同应用,对区块链技术在实时性、高并发性、延迟和吞吐等多个维度上的需求高度差异化,这将催生出多样化的区块链技术解决方案。区块链技术还远未定型,在未来一段时间还将持续演进,共识算法、服务分片、处理方式、组织形式等技术环节上都有性能优化与提升的空间。

趋势四:区块链的跨链需求增多,互联互通的重要性凸显

随着区块链应用领域的不断拓展,支付结算、物流追溯、医疗病历、身份验证等领域的企业或行业,都将建立各自的区块链系统。未来,区块链系统间的跨链协作与互通是一个必然趋势。可以说,跨链技术是区块链实现互联网价值的关键,区块链的互联互通将成为越来重要的议题。

趋势五:区块链知识产权保护的竞争愈发激烈

随着参与区块链技术的企业逐渐增多,各主体间的竞争将越来越激烈,竞争的范围也将不断扩大,企业对区块链的技术、产品、商业模式等需求,将逐步扩展到对区块链相关专利的竞争与保护,未来企业将在专利保护方面加强布局。目前,区块链专利主要分布在美国、英国、中国和韩国,中美之间的区块链专利数量差距在缩小,中国 2016 年的专利申请量已超越美国。可以预见,未来的区块链专利争夺将日趋激烈。

趋势六:区块链标准规范的重要性日趋凸显

当前区块链项目日益增多,项目的质量与标准差别很大、良莠不齐,难以形成统一的规范体系,导致区块链项目兴起快、消亡也快。因此,亟待形成一套规范的标准体系,用于指导区块链技术与监管的规范工作,降低区块链技术与产品、产业之间的衔接成本。2018 年 6 月,工业和信息化部公布《全国区块链和分布式记账技术标准化技术委员会筹建方案公示》,提出基础、业务和应用、过程和方法、可信和互操作、信息安全 5 类标准,并初步明确了 21 个

标准化重点方向和未来一段时间内的标准化方案。未来,区块链的标准将结合各个产业的需求,以凸显区块链价值为导向,围绕扶持政策、技术攻关、平台建设、应用示范等多个层次与维度,不断规范区块链的技术体系和治理能力,指导区块链相关产业发展。

趋势七:区块链和新技术结合带来新的产品与服务

区块链的影响力,不局限于区块链自身的技术领域和相关的产业生态圈,它还不断与云计算、大数据、人工智能等最新技术结合,碰撞出新的火花。在与云计算结合方面,各大云厂商将会把区块链技术与云服务深度结合,将区块链作为云的重量级服务。在与大数据结合方面,区块链的可信任性、安全性和不可篡改性,保证了数据的质量,并打破了信息孤岛的障碍,增强了数据间的流动。区块链新的分布式账本数据存储方式,也影响着传统数据库和存储系统等大数据基础技术的形态。在与人工智能结合方面,区块链重构生产关系,人工智能可以提高生产力,二者优势互补,具有很大的应用潜力。部分公司正在尝试通过区块链构建去中心化的机器学习系统,从而达到构建安全可信、能保护用户数据隐私的高效机器学习平台的目的;另外,也有公司尝试通过区块链构建机器学习模型和算力的交易平台,使得机器学习从业者可以通过这些平台进行模型和算力的共享。

第5章　现代智能信息处理开发

5.1　开发语言基础

5.1.1　Python 语言基础

Python 的第一个编译器由 Guido van Rossum 于 1989 年发明，并在 1991 年公开发行。Python 是一种易写易读、功能强大、可以跨平台的解释型编程语言。由于其内置的标准库和第三方库的支持，因此可以利用该编程语言进行各种复杂的科学计算。经过多年的发展，Python 在数据处理、人工智能、网页开发等领域已有广泛应用。本章仅介绍 Python 的一些基础知识和几种处理数据扩展库的使用，如果你对这些内容非常了解。

1）Python 的安装

Python 的安装很简单，进入 Python 官方网站 https://www.python.org，单击 Downloads，然后选择想要的版本号进行下载。安装完成后，可以在终端窗口输入"python"命令查看计算机是否已经安装成功，以及安装的 Python 版本。Linux 系统一般都自带 Python 支持，不需要重复安装，只要升级版本就行。

2）扩展库的安装

进行数值分析时，Python 需要利用 pip 导入相关的扩展库，如果有搭建 Anaconda 的话，则不需要自行导入，其一般都自带常用的工具库（NumPy、SciPy、Matplotlib）。可以访问网址 https://www.anaconda.com 下载相关资源和文档。pip 提供了对 Python 包的查找、下载、安装、卸载等功能，下面列出 pip 的常用命令。

- 安装模块：pip install <包名>。
- 卸载模块：pip uninstall <包名>。
- 查找模块：pip freeze 或 pip list。
- 升级模块：pip install --upgrade <包名>。

1. Python 基础知识

Python 中不需要声明变量，通过赋值操作便可创建不同类型的数据类型。Python 中有 5 种标准的数据类型：字符串（Strings）、列表（List）、元组（Tuple）、字典（Dictionary）、集合（Set）。

1）字符串（Strings）

字符串通过引号进行创建，在实际编程中通常会接触大量的字符串操作，下面简要介绍一些字符串的基本操作。

表 5-1 令 a 为字符串"intelligent"，b 为字符串"communication"。

表 5-1　字符串输入与输出

输　　入	输　　出
a＋b　 ♯连接字符串	intelligentcommunication
a＊2　 ♯连续输出字符串	intelligentintelligent
a[2]　 ♯输出指定位置字符	t
a[2:4]　 ♯截取字符串	te
'o' in a　 ♯判断 a 中是否包含字符'o'	False
'b' not in a ♯判断 a 中是否不包含字符'b'	True

Python 中也存在大量针对字符串的内建函数,使用这些函数可以极大地简化代码,而且运行时更加稳定、快速。下面介绍一些常用内建函数的使用(见表 5-2),详细的函数介绍可以参考 Python 官方文档。

表 5-2　常用的内建函数

函　　数	描　　述
max(str)、min(str)	返回字符串中最大的字母、最小的字母
str.capitalize()	把字符串的第一个字母大写
str.center(L)	str 居中,用空格填充至长度 L
str.ljust(L)	str 左对齐,用空格填充至长度 L
str.rjust(L)	str 右对齐,用空格填充至长度 L
str.isdigit ()	若 str 中存在数字,则返回 True,否则返回 False
str.join(li)	用 str 连接 li 字符串中的每个元素
str.lower()	str 中所有大写字符转小写
str.upper()	str 中所有小写字符转大写
str.lstrip()	去掉 str 中最左边的空格
str.rstrip()	去掉 str 中最右边的空格

2) 列表(List)

Python 中没有数组,但是有更加强大的列表,同样是把所有元素放在一对方括号“[]”中,各元素用“,”隔开。不同的是,列表内可以存放数、字符串、列表、元组、集合等 Python 可以支持的任何数据类型,并且同一列表可以存放不同的元素类型。对于列表,主要介绍关于列表添加、删除、修改、查找,以及切片的内容。

● 添加元素

有三种方法可用来添加元素,见表 5-3。

表 5-3　添加元素的方法

方　　法	描　　述
lis.append(obj)	把 obj 整体添加到列表 lis 末尾
lis.extend(obj)	把 obj 中的元素依次添加到列表 lis 末尾
lis.insert(index,obj)	在列表 lis 对应索引位置添加整体的 obj

● 删除元素

有四种方法可用来删除元素,见表 5-4。

表 5-4 删除元素的方法

方　　法	描　　述
del listname[index]	删除指定位置元素
listname.pop(index)	删除指定位置元素
listname.remove(num)	删除列表中第一个 num,若没有,则报错
listname.clear()	清空列表

● 修改元素

可以修改单个元素和一组元素,见表 5-5。

表 5-5 修改元素的方法

方　　法	描　　述
listname[index]=num	直接修改位置元素为 num
listname[index1:index2]=[…]	切片修改一组元素

● 查找元素

有两种方法可进行查找,见表 5-6。

表 5-6 查找元素的方法

方　　法	描　　述
listname.index(num,index1,index2)	查找元素出现的位置
listname.count(num)	统计元素出现的次数

● 切片

切片是处理列表的一种十分重要的操作,在字符串、元组等对象中有广泛的应用。表 5-7 举例说明切片操作,有列表 lis=['a','b','c','d','e','f']。

表 5-7 切片操作

操　　作	输　　出	操　　作	输　　出
lis[:]	['a','b','c','d','e','f']	lis[::-2]	['f','d','b']
lis[1:3]	['b','c']	lis[::2]	['a','c','e']

3) 元组(Tuple)

元组是 Python 中另一个重要的序列结构,和列表类似,元组也由一系列按特定顺序排序的元素组成。元组和列表的不同之处在于:

(1) 列表的元素是可以更改的,包括修改元素值、删除和插入元素,所以列表是可变序列;

(2) 而元组一旦被创建,它的元素就不可更改了,所以元组是不可变序列。

元组也可以看作不可变的列表,通常,元组用于保存无须修改的内容。因为元组与列表十分相似,所以就不过多列举。元组的主要操作如表 5-8 所示。

表 5-8 元组的主要操作

操 作	描 述
tupl=(num1,num2,…,num$n$)	创建元组
tupl[index]	访问元素
tupl=(num1,num2,…,num$n$) tupl=(str1,str2,…,str$n$)	元组不能修改,只能用新的元组覆盖旧的元组
del tupl	删除元组

4) 字典(Dictionary)

Python 字典是一种无序的、可变的序列,它的元素以"键值对(key-value)"的形式存储。字典的每个元素的"键"和"值"用冒号":"分割,每个对之间用逗号","隔开,所有元素都在一对花括号"{}"里。

字典中的"键"必须是唯一的,可以是实数、字符串、元组等,但是值不一定,值可以重复。下面介绍一些字典常用的操作和内置函数的使用,见表 5-9。

表 5-9 字典常用的操作和内置函数的使用

方 法	描述/结果
dict={'a':1,'b':2} 或 x=dict(a=1,b=2)	创建字典
dict={'a':1,'b':2} print(dict['a'])	访问字典里的值,输出 1
dict={'a':1,'b':2} dict['b']=3 print(dict)	修改元素的值 输出{'a':1,'b':3}
dict={'a':1,'b':2} del dict['a'] print(dict)	删除元素的值 输出{'b':2}
dict={'a':1,'b':2} dict.update({'c':3,'d':4}) print(dict)	添加元素 输出 {'a': 1,'b': 2,'c': 3,'d': 4}
dict={'a':1,'b':2} print(dict.keys())	返回字典中所有的键 输出 dict_keys(['a','b'])
dict={'a':1,'b':2} print(dict.values())	返回字典中所有的值 输出 dict_values([1,2])
dict={'a':1,'b':2} print(dict.items())	返回字典中所有的键值对 输出 dict_items([('a',1),('b',2)])
dict={'a':1,'b':2} print(list(dict.items()))	将返回的数据转换成列表 输出[('a',1),('b',2)]

5）集合(Set)

Python 集合会将所有元素放在一对花括号"{}"中,相邻元素之间用","分隔。集合中的元素不能重复,每个元素都是唯一的。表 5-10 显示了集合的基本操作。

表 5-10　集合的基本操作

方　　法	结　　果
set＝{element1,element2} 或 setname＝set(列表/元组/range 对象)	创建集合
set＝{'a'} set.add('b')	向集合添加元素 输出{'a','b'}
set＝{'a','b'} set.remove('a')或 set.pop()	从集合中删除元素 都输出{'b'}
set1＝{'a','b'} set2＝{'a','c'} print(set1&set2) print(set1|set2) print(set1-set2)	集合的交集、并集、差集 分别输出 {'a'} {'a','c','b'} {'b'}

6）函数

Python 里用 def 关键词定义函数,后接函数标识符名称和圆括号"()"。简单举例如下。

```python
def obj():
    set={'a','b'}
    for i in set:      #输出集合中的每个元素
        print(i)
obj()
```

2. Python 扩展模块及可视化

接下来介绍 Python 中用于科学计算的 4 种常用扩展包：NumPy、Pandas、Matplotlib、SciPy。相关程序运行结果通过 Jupyter Notebook 展示,这一工具能直接在网页上编写和执行 Python 代码,相关运行结果也能在代码块下显现。有关 Jupyter 的安装和操作可以参考 Jupyter 的官网 http://jupyter.org/index.html。

1）NumPy

NumPy 是使用 Python 进行科学计算的基础包,可提供数组支持以及相应的高效处理函数。相比于 Python 的内置序列,NumPy 数组的执行效率更好,代码量更少。NumPy 也是 Scipy、Pandas 等数据处理和科学计算库最基本的函数功能库,Matplotlib 同样也需要 NumPy 的支持。

通常使用 Python 包管理器 pip 安装 numpy：pip install numpy。

numpy 包的导入：import numpy as np。

- 创建数组

可以通过转换 Python 中的列表和元组创建数组,也可以使用 NumPy 数组创建函数以及其他特殊的库函数来创建数组。

导入 numpy 包：import numpy as np。

表 5-11 创建数组的方法

操 作	描述/输出
a＝np.array((1,2,3)) 或 a＝np.array([1,2,3]) print(a)	创建一维数组 [1 2 3]
a＝np.array([[1,2],[3,4]]) print(a)	创建二维数组 [[1 2] [3 4]]
a＝np.arange(2,10,2) print(a)	用内置函数,规定开始、结束和步长 [2 4 6 8]
a＝np.linspace(2,10,2,dtype＝int) print(a)	用内置函数,规定开始、结束和数量 [2 10]

- 数组索引

可以使用方括号"[]"索引数组值,通过下标索引单一元素值,通过切片指向元素连续的多个元素值。

表 5-12 数组索引的方法

操 作	描述/输出
a＝np.array([1,2,3,4,5]) print(a[2])	单元素索引 3
a＝np.array([1,2,3,4,5]) print(a[1:3])	切片操作,多元素索引 [2 3]
a＝np.array([[1,2,3],[4,5,6]]) b＝(a>3) print(b)	布尔索引 [[False False False] [True True True]]
a＝np.array([1,2,3,4,5]) a[1:3]＝1 print(a)	索引赋值 [1 1 1 4 5]

- 数组的相关运算(见表 5-13)

表 5-13 数组的相关运算

操 作	描述/输出
a＝np.array([[1,2],[3,4]]) print(a.T)	数组转置 [[1 3] [2 4]]
a＝np.array([1,2]) b＝np.array([3,4]) print(np.dot(a,b))	向量点积 11

续表

操　　作	描述/输出
a＝np.array([1,2,3]) print(a * 2) print(a/2) print(a**2)	数组的乘、除、平方 [2 4 6] [0.5 1.　1.5] [1 4 9]
a＝np.array([1,2]) b＝np.array([[1,2],[3,4]]) print(a * b)	数组间的乘法运算 [[1 4] [3 8]]
a＝np.array([[2,1,4,3],[5,0,2,4]]) print(np.sort(a))	数组按行排序 [[1 2 3 4] [0 2 4 5]]
a＝np.array([[2,1,4,3],[5,0,2,4]]) print(np.sort(a,axis＝0))	数组按列排序 [[2 0 2 3] [5 1 4 4]]

2）Matplotlib 绘图

Matplotlib 是基于 NumPy 的一套 Python 包,这个包提供了一系列的数据绘图工具,可以将很多数据以线条图、饼图、柱状图及其他专业图形呈现出来。通常使用 Python 包管理器 pip 安装 matplotlib:pip install matplotlib。

Matplotlib 包的导入:import matplotlib.pyplot as plt

import matplotlib。

（1）散点图（见图 5.1）。

```python
import matplotlib.pyplot as plt
import numpy as np
x = np.linspace(0,20,100)
plt.plot(x,np.sin(x),'*',color="black");
plt.show()
```

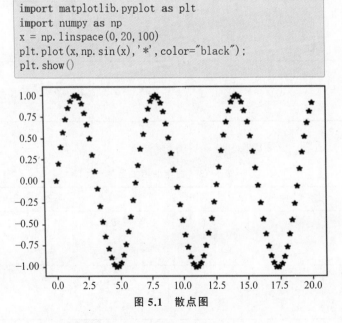

图 5.1　散点图

（2）柱形图（见图 5.2）。

```
import matplotlib.pyplot as plt
import numpy as np
x = np.arange(1, 11, 1)
y = np.random.rand(10)*10
plt.bar(x, y);
plt.show()
```

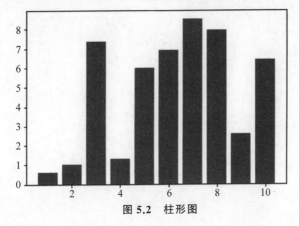

图 5.2　柱形图

（3）饼图（见图 5.3）。

```
import matplotlib.pyplot as plt
import numpy as np
parts = np.array([10, 45, 5, 25, 15])
plt.pie(parts, labels=['A', 'B', 'C', 'D', 'E'],
        colors=["#00FF00", "#FFD700", "#FF6A6A", "#9400D3", "#9F79EE"],
        explode=(0.1, 0, 0.1, 0, 0),
        autopct='%.1f%%',
        )
plt.show()
```

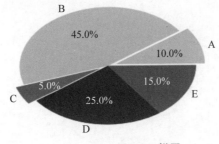

图 5.3　饼图

（4）多线图（见图 5.4）。

（5）三维曲线（见图 5.5）。

3. SciPy

SciPy 在 NumPy 的基础上添加了更多用于科学计算的模块，包括统计、优化、整合、线性代数模块、傅里叶变换、信号和图像处理、常微分方程求解器等。SciPy 依赖于 NumPy，并

```
import matplotlib.pyplot as plt
import numpy as np
fig, ax = plt.subplots()
x = np.linspace(0, 20, 100)
plt.plot(x, np.sin(x), color="black", label="sin");
plt.plot(x, np.cos(x), color="red", label="cos");
ax.legend();
plt.show()
```

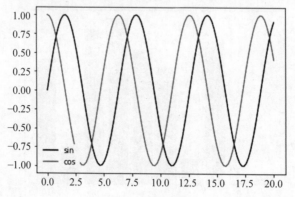

图 5.4　多线图

In [2]:
```
from mpl_toolkits import mplot3d
import numpy as np
import matplotlib.pyplot as plt
fig = plt.figure()
ax = plt.axes(projection='3d')

z = np.linspace(0, 10*np.pi, 1000)
r = np.linspace(0, 1, 1000)
x = r*np.sin(z)
y = r*np.cos(z)
ax.plot3D(x, y, z, color='black')
plt.show()
```

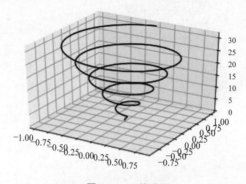

图 5.5　三维曲线

提供许多如数值积分和优化这样的数值例程。

　　下面列举一个 SciPy 关于信号处理的应用(见图 5.6)，scipy.signal 模块专门用于信号处。

216

scipy.signal.resample()：采样(Sampling)。

scipy.signal.detrend()：去除线性趋势(Eliminate linear trend)。

```python
import numpy as np
from scipy import signal
import matplotlib.pyplot as plt

x = np.linspace(0, 10, 100)
y = np.cos(t)
y_resampled = signal.resample(y, 50)
plt.subplot(1, 2, 1)
plt.title("Sampling")
plt.plot(x, y)
plt.plot(x[::2], y_resampled, "o")

y2 = np.random.rand(100)+t
y2_detrended = signal.detrend(y2)
plt.subplot(1, 2, 2)
plt.title("Eliminate linear trend")
plt.plot(x, y2)
plt.plot(x, y2_detrended)
plt.show()
```

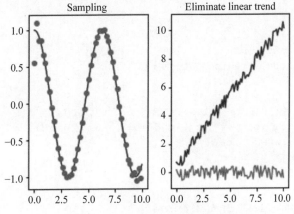

图 5.6　SciPy 关于信号处理的应用

4. Scikit-learn

Scikit-learn 是一个功能强大的 Python 机器学习库，为实现各种监督和半监督机器学习算法提供了简单、高效的工具。Scikit-learn 是开源的，每个人都能访问。它基于 NumPy、SciPy 和 Matplolib 构建，极大地提高了它的可靠性和健壮性。Scikit-learn 内置丰富的数据集，如鸢尾花等，是一个简单高效的数据挖掘和数据分析工具。

Scikit 主要分为 6 个模块：分类、回归、聚类、降维、模型选择和预处理。机器学习算法主要有近邻分类算法、线性回归分类算法、随机森林分类算法、决策树分类算法、支持向量机、神经网络等。使用 Scikit-learn 训练模型的步骤如下。

- 导入模块
- 读入数据

● 建立模型

● 训练数据与测试数据

下面列举一个调用 sklearn 进行机器学习的例子,使用线性回归模型训练波士顿房价数据集,最后进行预测,如图 5.7 所示。出于学习考量,没有选择复杂的模型,训练结果也许并不理想,但是能很好地体现使用 Scikit-learn 训练模型的步骤。

```python
#导入模块
from sklearn import datasets
from sklearn.linear_model import LinearRegression
import matplotlib.pyplot as plt

#读入数据
loaded_data=datasets.load_boston()
data_X=loaded_data.data
data_y=loaded_data.target

#建立模型
model=LinearRegression()

#训练模型
model.fit(data_X,data_y)

#测试模型
#数据对比
print("真实值: ",data_y[:4])
print("预测值: ",model.predict(data_X[:4,:]))
#仿真对比
x=range(50)
plt.plot(x,data_y[:50],'go-',label='true value',marker='o')
plt.plot(x,model.predict(data_X[:50,:]),'ro-',label='predict value',marker='*')
score=model.score(data_X,data_y)
plt.title('score: %f'%score)
plt.legend()
plt.show()
```

真实值: [24.   21.6 34.7 33.4]
预测值: [30.00821269 25.0298606 30.5702317 28.60814055]

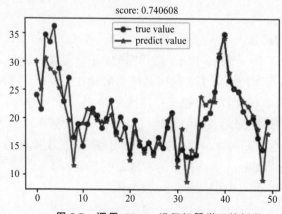

图 5.7　调用 sklearn 进行机器学习的例子

5.1.2　MATLAB 语言基础

本章将介绍 MATLAB 相关知识,进行部分编程练习,并给出部分参考代码。

1. MATLAB 的发展介绍

MATLAB 是美国 MathWorks 公司开发的一种编程语言,最初是一个矩阵的编程语言,目的是简单化线性代数编程。MATLAB 是用于算法开发、数据可视化、数据分析,以及数值计算的高级技术计算语言和交互式环境,主要包括 MATLAB 和 Simulink 两大部分。MATLAB 拥有众多的内置命令和数学函数,可以为用户提供数学计算、绘图和执行数值计算的方法。另外,MATLAB 也可以作为批处理作业的便捷工具。

1) MATLAB 的优点

(1) 高效的数值计算及符号计算功能,能使用户从繁杂的数学运算分析中解脱出来。

(2) 广阔的线性代数,统计,傅里叶分析,筛选,优化,数值积分,解常微分方程的数学函数库。

(3) 具有完备的图形处理功能,实现计算结果和编程的可视化。

(4) 友好的用户界面及接近数学表达式的自然化语言,初学者易于学习和掌握。

(5) 功能丰富的应用工具箱(如信号处理工具箱、通信工具箱等),为用户提供了大量方便实用的处理工具。

(6) MATLAB 的编程接口开发工具,提高了代码质量及其可维护性,使得性能最大化。

2) MATLAB 的用途

MATLAB 作为计算工具广泛应用于科学和工程中,其中涵盖物理、化学、数学和工程流等领域。它在一定范围内的应用包括:

(1) 数值分析。

(2) 数值和符号计算。

(3) 信号处理和通信。

(4) 控制系统的设计与仿真。

(5) 图像和视频处理。

(6) 工程与科学绘图。

(7) 测试和测量。

(8) 财务与金融工程。

(9) 计算生物学。

(10) 管理与调度优化计算(运筹学)。

3) MATLAB 的下载与安装

安装 MATLAB 的过程很简单,最重要的是要找到可靠的下载资源。对此,需要到 MathWorks 的官方网站下载。MathWorks 公司提供的授权版本不单一,可以根据需要选择下载。

MATLAB 下载地址为 https://cn.mathworks.com/downloads/web_downloads。

选择好安装版本后,进入安装链接,然后按步骤进行即可,如图 5.8 所示。

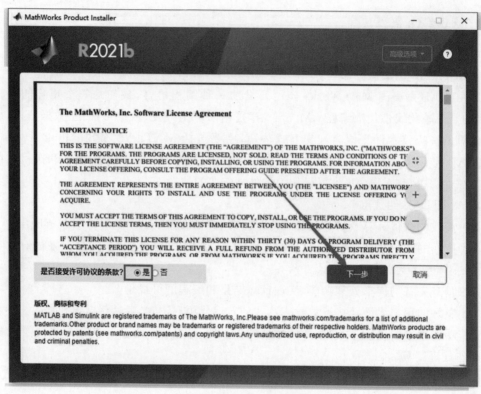

图 5.8 MATLAB 的安装

4）MATLAB 桌面面板

命令窗口：这是主要区域，用户在命令行中输入命令、命令提示符。

工作区：显示创建的所有变量和/或从文件导入。

命令历史记录：此面板显示或重新运行在命令行中输入的命令。

2. MATLAB 简易教程

1）MATLAB 基本用法

MATLAB 常用的运算符和特殊字符见表 5.14。

表 5.14 MATLAB 常用的运算符和特殊字符

运算符	目 的
+	加；加法运算符
-	减；减法运算符
*	标量和矩阵乘法运算符
.*	数组乘法运算符
^	标量和矩阵求幂运算符
.^	数组求幂运算符
\	矩阵左除
/	矩阵右除

续表

运算符	目　　的
.\	阵列左除
./	阵列右除
:	向量生成;子阵提取
( )	下标运算;参数定义
[ ]	矩阵生成
.	点乘运算,常与其他运算符联合使用
…	续行标志;行连续运算符
,	分行符(该行结果不显示)
;	语句结束;分行符(该行结果显示)
%	注释标志
_	引用符号和转置运算符
._	非共轭转置运算符
=	赋值运算符

2) MATLAB 变量

每个 MATLAB 变量可以是数组或矩阵,用一个简单方法指定变量,例如:

```
>>a=3  %defining a and initializing it with a value
```

MATLAB 执行上述语句,并返回以下结果:

```
>>a=
    3
```

注意:

(1) 使用变量前,必须赋值。当系统接收到一个变量后,这个变量可以被引用。例如:

```
>>x=pi * 3;
>>y=x * 10;
```

返回结果如下:

```
>>y=
94.247779607693786
```

(2) 当表达式返回一个结果,不会分配给任何变量,系统会分配一个变量命名 ans,供以后继续使用。

例如:

```
>>sqrt(16)

ans=
    4
```

变量 ans 可以被继续使用:

```
>>96/ans

ans=
        24
```

3）MATLAB 格式命令

默认情况下，MATLAB 四个小数位值显示数字，就是所谓的 format short。
如果想更精确，需要使用 format 命令。长（long）命令格式显示小数点后 16 位。
例如：

```
>>format long
x = 7 + 10/3 + 5 ^ 1.2

x=
    17.231981640639408
```

format short 例子：

```
>>format short
x = 7 + 10/3 + 5 ^ 1.2

x=
    17.2320
```

format bank 例子：

```
>>format bank
daily_wage = 177.45
weekly_wage = daily_wage * 6

weekly wage =
        1064.70
```

4）MATLAB 向量、矩阵和阵列命令

表 5.15 所示为 MATLAB 用于工作数组、矩阵和向量的命令。

表 5.15　MATLAB 用于工作数组、矩阵和向量的命令

命　　令	作用/目的
cat	连接数组
find	查找非零元素的索引
length	计算元素数量
linspace	创建间隔向量
logspace	创建对数间隔向量
max	返回最大元素
min	返回最小元素
prod	计算数组元素的连乘积
reshape	重新调整矩阵的行数、列数、维数

命 令	作用/目的
size	计算数组大小
sort	排序每个列
sum	每列相加
eye	创建一个单位矩阵
ones	生成全 1 矩阵
zeros	生成零矩阵
cross	计算矩阵交叉乘积
dot	计算矩阵点积
det	计算数组的行列式
inv	计算矩阵的逆
pinv	计算矩阵的伪逆
rank	计算矩阵的秩
cell	创建单元数组
celldisp	显示单元数组
cellplot	显示单元数组的图形表示
num2cell	将数值阵列转化为异质阵列
deal	匹配输入和输出列表
iscell	判断是否为元胞类型

5）MATLAB 矩阵

在 MATLAB 中创建矩阵有以下规则。

（1）矩阵元素必须在"[ ]"内。

（2）矩阵的同行元素之间用空格（或","）隔开。

（3）矩阵的行与行之间用";"（或回车符）隔开。

（4）矩阵的元素可以是数值、变量、表达式或函数。

（5）矩阵的尺寸不必预先定义。

MATLAB 中矩阵有以下几种运算。

（1）加法和减法的操作,但是进行运算的两个矩阵必须具有相同的行数和列数。

（2）两种矩阵除法符号：即左除"\"和右除"/"。注意：这两个运算矩阵必须具有相同的行数和列数。

（3）标量操作就是加、减、乘或者除以一个数字矩阵。

添加到具有原始矩阵的每个元素的行和列,进行相减、乘或除以相同数量的标量运算会产生一个新的矩阵。

（4）MATLAB 中矩阵的转置操作用一个单引号（'）表示。

（5）MATLAB 中使用一对方括号"[ ]"将两个矩阵连接起来,创建出一个新矩阵。MATLAB 串联矩阵的两种类型如下。

水平串联：使用逗号","分隔。

垂直串联：使用分号";"分隔。

（6）MATLAB 中不是每个矩阵都有逆矩阵，比如一个矩阵的行列式是零，则矩阵的逆就不存在，这样的矩阵是奇异的。

6）MATLAB 绘图命令

MATLAB 提供了大量的绘图命令。表 5.16 列出一些常用的 MATLAB 绘图命令。

表 5.16　常用的 MATLAB 绘图命令

命　　令	作用/目的
axis	人工选择坐标轴尺寸
fplot	智能绘图功能
grid	显示网格线
plot	生成 X-Y 图
print	打印或绘图到文件
title	把文字置于顶部
xlabel	将文本标签添加到 x 轴
ylabel	将文本标签添加到 y 轴
axes	创建轴对象
close	关闭当前的绘图
close all	关闭所有绘图
figure	打开一个新的图形窗口
gtext	通过鼠标指针在指定位置放注文
hold	保持当前图形
legend	鼠标放置图例
refresh	重新绘制当前图形窗口
set	指定对象的属性，如轴
subplot	在子窗口中创建图
text	在图上做标记
bar	创建条形图
loglog	创建双对数图
polar	创建极坐标图像
semilogx	创建半对数图（对数横坐标）
semilogy	创建半对数图（对数纵坐标）
staRIS	创建阶梯图
stem	创建针状图

7) MATLAB 平台上的控制流

MATLAB 平台上的控制流结构包括顺序结构、if-else-end 分支结构、switch-case 结构、try-catch 结构、for 循环结构和 while 循环结构。

顺序结构：顺序结构是 MATLAB 程序中最基本的结构，表示程序中的各操作按照出现的顺序依次执行。例如计算球面的表面积。该程序的顺序是：输入球体半径 r，计算 $S=4*pi*r*r$，输出球面的表面积 S。程序如下。

```
%定义变量 r,并赋值
r=5;
%计算球面的表面积
S=4*pi*r*r;
%输出表面积
fprintf('Area = %f \n',S);
```

运行后结果：

```
Area = 314.159265
```

if-else-end 分支结构：if-else-end 指令为程序流提供了一种分支结构，此结构可根据实际情况的不同而不同，具体语法结构如下。

```
if expression1         %判决条件
    commands1          %若判决条件 expression1 为真,则执行 commands1,并结束此结构 2
elseif expression2
    commands2          %若判决条件 expression1 为假,而 expression2 为真,则执行
                       commands2,并结束此结构
else
    commandsn          %若前面所有判决条件均假,则执行 commandsn,并结束此结构
end
```

switch-case 结构：switch-case 语句执行基于变量或表达式的语句组，关键字 case 和 otherwise 用于描述语句组。switch 必须与 end 搭配使用，具体语法结构如下。

```
switch value           %value 为需要进行判决的标量或字符串
    case test1
        command1       %如果 value 等于 test1,则执行 command1,并结束此结构
    case test2
        command2       %如果 value 等于 test2,则执行 command2,并结束此结构
    … casetestk
        commandk       %如果 value 等于 testk,则执行 commandk,并结束此结构
otherwise
        commands       %如果 value 不等于前面的所有值,则执行 commands,并结束此结构
end
```

try-catch 结构：设计 MATLAB 程序时，如果不能确保某段程序代码是否会出错，可以采用 try-catch 语句，其能够捕获和处理错误，使得可能出错的代码不影响后面代码的继续

执行,也可以检查,排查,解决程序的一些错误,增强代码的鲁棒性和可靠性。具体语法结构如下:

```
try
    command1        %程序先运行 command1,若无错误,则不执行 command2,并结束此结构
catch
    command2        %若程序在执行 command1 时发生错误,则执行 command2,并结束此结构
end
```

for 循环结构：for 循环结构是针对大型运算的有效运算方法。MATLAB 中提供的循环结构有 for 循环结构和 while 循环结构两种。for 循环按照预先给定的次数重复执行一组语句,配合 end 使用,具体语法结构如下。

```
for x=array
        Command
    end
```

while 循环结构：while 循环在一个逻辑条件下重复执行一组语句一个不定的次数,配合 end 使用,具体语法结构如下。

```
while expression
    commands
end
```

8) MATLAB 数据分析

多项式：MATLAB 中使用一维向量表示多项式,将多项式按照降幂的次序存放在向量中。多项式 $P(x)$ 的表示方法如下。

$P(x)=a_0x^n+a_1x^{n-1}+\cdots+a_{n-1}x+a_n$ 的系数构成的向量为 $[a_0\ a_1\cdots a_{n-1}\ a_n]$。

注意：多项式中缺少的幂次的系数应当为"0"。多项式的系数是按照降序排列的。

MATLAB 提供了 *roots* 函数来求解多项式的根。例如：

```
>>p=[3 2 1 3]
>>R=roots(p)
```

输出结果如下：

```
>>r=
   -1.141787227634504 + 0.0000000000000000i
    0.237560280483919 + 0.9051988922713391i
    0.237560280483919 - 0.9051988922713391i
```

另外,根据多项式系数的行向量,MATLAB 提供了相应函数对多项式进行加、减、乘(conv)、除(deconv)、求导(polyder)、积分(polyint)、估值(polyval)等运算。

9) MATLAB 的概率统计

概率密度计算：使用 pdf 函数计算概率密度,该命令的调用格式为 y＝pdf(name,X,A,B,C),其中 y 返回 X 处参数为 A、B、C 的概率密度值,对于不同的分布,参数个数不同;name 为分布函数名,其取值如表 5.17 所示。

表 5.17　分布函数

name 的取值	函 数 说 明
'beta'或'Beta'	Beta 分布
'bino'或'Binomial'	二项分布
'chi2'或'Chisquare'	卡方分布
'exp'或'Exponential'	指数分布
'P'或'F'	F 分布
'gam'或'Gamma'	Gamma 分布
'geo'或'Geometric'	几何分布
'logn'或'Lognormal'	对数正态分布
'ncf'或'Noncentral F'	非中心 F 分布
'norm'或'Normal'	正态分布
'nct'或'Noncentral t'	非中心 t 分布
'ncx2'或'Noncentra Chi－square'	非中心卡方分布
'poiss'或'Poisson'	泊松分布
'ray"或'Rayleigh'	瑞利分布
't'或'T'	T 分布
'uniP'或'Uniform'	均匀分布
'unid'或'Discrete Uniform'	离散均匀分布

累积概率分布：使用 cdf 计算随机变量的概率之和（累积概率值）。调用格式为 $Y=cdf$（'name'，X，A，B，C）。其中返回为在 x＝X 处，参数为 A、B、C 的累积概率值，对于不同的分布，参数个数不同；name 为分布函数名，其取值同概率密度分布函数名。

平均值（期望）、中值：使用 mean、median、nanmedian、geomean、harmmean 函数可以分别求数据的平均值、中位数、忽略 NaN 的中位数、几何平均数及调和平均数。

```
A=magic(3);
M1=mean(A);
M2=median(A);
M3=nanmedian(A);
M4=geomean(A);
M5=harmmean(A);
```

命令行输出如下：

```
A=
  8   1   6
  3   5   7
  4   9   2
M1=
  5   5   5
M2=
  4   5   6
```

```
M3=
    4    5    6
M4=
    4.578856970213327    3.556893304490062    4.379519139887889
M5=
    4.235294117647060    2.288135593220339    3.705882352941177
```

方差和标准差：使用 var 和 std 函数分别计算方差和标准差。var 的调用格式如下：

```
V=var(A)
V=var(A,w)
V=var(A,w,dim)
```

第一种调用格式表示返回向量 A 的方差，如果 A 是一个矩阵，则返回一个行矢量，它的每个元素均是对应的列矢量的方差；第二种调用格式表示通过权值矩阵 w 来计算方差，w 的元素必须是正的，并且长度必须等于样本长度，也就是说，如果 A 是矢量，则 length(w) = length(A)，如果 A 是矩阵，则 length(w) = size(A,1)，在计算过程中，MATLAB 会自动将 w 中的数据归一化；第三种调用格式表示返回数组中第 dim 维上数据的方差，如果取 $w=0$，就以 $N-1$ 规范化，即求得的为 A 的一个无偏估计，如果取 $w=1$，就以 N 规范化，即求得的不是 A 的一个无偏估计。

std 的调用格式如下：

```
S=std(A)
S=std(A,w)
S=std(A,w,dim)
```

第一种调用格式表示以第一种方式返回 A 的标准差，它是 A 的无偏估计 D(A) 的平方根，如果 A 是一个矩阵，则返回一个行矢量，其中每个元素为对应列的标准差；第二种调用格式表示通过权值矩阵 w 计算方差，当 $w=0$（默认值）时，S 按 $N-1$ 标准化，当 $w=1$，S 按观测数归一化。w 的元素必须是正的，并且长度必须等于样本长度；第三种调用格式表示返回数组中第 dim 维上数据的方差，如果取 $w=0$，就以 $N-1$ 进行规范化。

协方差和相关函数：使用 cov 和 corrcoef 函数分别计算数据的协方差和相关系数。函数 cov 的调用格式如下。

```
C=cov(A)
C=cov(A,B)
C=cov(…,w)
```

cov(A) 表示当 A 是一个矢量时返回这个矢量的方差；cov(A,B) 表示当 A 与 B 是矩阵并且有相同的维数时，cov(A,B) 相当于 cov([A(:)B(:)])；第三种调用格式表示通过权值矩阵 w 计算协方差，当 $w=0$（默认值）时，S 按 $N-1$ 标准化；当 $w=1$，S 按观测数归一化。

函数 corrcoef 的调用格式如下。

```
R=corrcoef(A)
R=corrcoef(A,B)
[R,P]=corrcoef(...)
```

第一种调用格式表示当矩阵 A 的各行是样本值、各列是随机变量时，相关系数矩阵 R

中的元素 (i,j) 与协方差矩阵 $C(C=\text{cov}(A))$ 的元素相对应;第二种调用格式表示如果 A 与 B 是列矢量,则它的含义与 corrcoef($[A\ B]$)相同,如果 A 与 B 不是列矢量,则函数 corrcoef 会先将它们转换成列矢量;第三种调用格式表示除返回一个相关系数矩阵 R 外,还返回一个得到矩阵 R 中的相关系数值的概率矩阵 P。

最小二乘拟合直线:在 MATLAB 中,函数 lsline 用来添加最小二乘拟合线,该函数的调用格式如下。

```
lsline
lsline(ax)
h=lsline(...)
```

第一种调用格式表示在当前轴中每一直线对象上添加最小二乘直线;第二种调用格式表示在指定坐标系中添加最小二乘拟合线;第三种调用格式表示返回直线对象的句柄。

10) MATLAB 的 M 文件

MATLAB 允许写以下两个程序文件。

脚本:脚本文件.m 扩展程序文件。在这类文件中的一系列命令可以一起执行。脚本不接收输入和不返回任何输出,是在工作区中的数据操作。

函数:函数文件.m 扩展程序文件。函数可以接受输入和返回输出。内部变量是本地的函数。

.m 文件不一定使用 MATLAB 编辑器创建,其他任何文本编辑器都是可以的。MATLAB 命令和函数调用的脚本文件包含多个连续的行。若要运行一个脚本,可以在命令行中输入其名称。

3. MATLAB 典型通信信息处理应用实例

1) 离散 Fourier 变换

离散时间信号的 Fourier 变换,有以下两个特点。

(1) 变换用于无限长序列。

(2) 变换的结果是自变量 w 的连续函数。

下面给出一个离散傅里叶变换的实例。

例 5.1　已知序列 $h(n)=\text{sin}c(0.2n),0\leqslant n\leqslant 20,x(n)=\text{e}^{-0.2n},0\leqslant n\leqslant 10$,分别用直接法和 DFT 法求解两个序列的下逆行卷积序列。

程序代码如下:

```
clear all
n1=0:20;
n2=0: 10;
h=sinc(0.2 * n1);
x=exp(-0.2 * n2);
y=conv(x,h);
h1=[h zeros(1,length(x)-1)];
x1=[x zeros(1,ength(h)-1)];
H1=fft(h1);
X1=fft(x1);
Y1=H1. * X1;
```

```
Y1=ifft(Y1);
subplot(2,1,1);stem(y);title('直接计算')
subplot(2,1,2);stem(y1);title('DFT计算')
```

说明：第 4～5 行产生两个信号序列，第 6 行直接计算两个序列的线性卷积，第 7～8 行分别对序列 $h(n)$ 和 $x(n)$ 补零，构成 $h'(n)$ 和 $x'(n)$，第 9～10 行分别计算补零后序列的 DFT，第 11 行计算线性卷积序列的 DFT 值，第 12 行根据 DFT 值计算线性卷积序列，第 13～14 行分别画出两种方法得到的结果。

例 5.1 程序运行结果如图 5.9 所示。

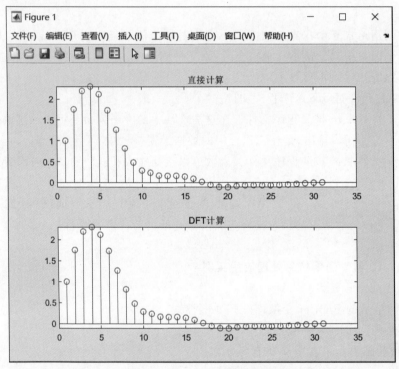

图 5.9　例 5.1 程序运行结果

2）信号通过加性高斯白噪声信道

信号在信道传输过程中，不可避免会受到各种干扰，这些干扰统称为"噪声"。加性高斯白噪声（Additive White Gaussian Noise，AWGN）是一种最常见的噪声，它存在于各种传输媒质中。

MATLAB 提供了 awgn 函数以实现在输入信号中叠加一定强度的高斯白噪声信号，噪声信号的强度由输入参数确定。

例 5.2　在正弦信号上叠加功率为 −20dBW 的高斯白噪声，首先计算输入信号的功率，然后按照 SNR 添加相应功率的高斯白噪声。

程序代码如下：

```
>>clear all
t=0:0.001:10;
x=sin(2*pi*t);
```

```
snr=20;
y=awgn(x,snr,'measured');
subplot(2,1,1);plot(t,x);title('正弦信号 x')
subplot(2,1,2);plot(t,y);title('叠加了高斯白噪声后的正弦信号')
z=y-x;
var(z)
```

说明：程序第 2 行产生时间矢量，第 3 行生成正弦信号，第 4 行设定加性高斯白噪声的功率，第 5 行在正弦信号上叠加高斯白噪声，第 6、7 行画出原始信号和叠加了噪声后的信号，第 8、9 行计算噪声的功率（方差）。

例 5.2 程序执行结果如图 5.10 所示。

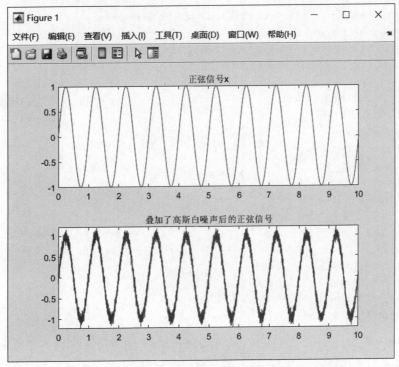

图 5.10　例 5.2 程序执行结果

计算出的噪声功率为：

```
>>ans=
    0.0050
```

例 5.3　仿真正交相移键控（Quarterrary Phase Shift Keying，QPSK）调制的基带数字通信系统通过 AWGN 信道的误符号率（Symbol Error Rate，SER）和误比特率（Bit Error Rate，BER），假设发射端信息比特采用 Gray 编码映射，基带脉冲采用矩形脉冲，仿真时每个脉冲的取样点数为 8，接收端采用匹配滤波器进行相干解调。

程序代码如下。

```
clear all
nSamp=8;                                              %矩形脉冲的取样点数
```

231

```
numSymb =200000;                                    %每秒 SNR 下传输的符号数
M=4;                                                %QPSK 的符号类型数
SNR=-3 :3;                                           %SNR 的范围
grayencod=[0 1 3 2];                                %Gray 编码
for ii=1:length(SNR)
msg=randi([0 3],1, numSymb);                        %产生发送符号
msg_gr=grayencod(msg+1);                            %进行 Gray 编码映射
msg_tx=pskmod(msg_gr,M);                            %OPSK-调制
msg_tx=rectpulse(msg_tx,nSamp);                     %矩形脉冲成形
msg_rx=awgn(msg_tx,SNR(ii),'measured');             %通过 AWGN 信道
msg_rx_down = intdump (msg_rx,nSamp);               %匹配滤波相干解调
msg_gr_demod = pskdemod(msg_rx_down,M);             %QPSK 解调
[dummy graydecod]=sort(grayencod); graydecod = graydecod-1;
msg_demod=graydecod(msg_gr_demod+1);                %Gray 编码逆映射
[errorBit BER(ii)]=biterr(msg, msg_demod, log2(M)); %计算 BER_
[errorSym SER(ii)]=symerr(msg, msg_demod);          %计算 SER_
end
scatterplot(msg_tx(1:100))                          %画出发射信号的星座图
title('发射信号星座图')
xlabel('同相分量')
ylabel('正交分量')
scatterplot(msg_tx(1:100))                          %画出发射信号的星座图
title('接收··信号星座图')
xlabel('同相分量')
ylabel('正交分量')
figure
semilogy(SNR,BER,'-g+',SNR,SER,'-bo')               %画出 BER 和 SNR 随 SNR 变化的曲线
legend('BER','SER')
title('QPSK 在 AWGN 信道下的性能')
xlabel('信噪比(dB)')
ylabel('误符号率和误比特率')
```

程序说明：第 2~6 行定义了变量,采用 QPSK 调制,共有 4 种不同类型的发送符号,分别用 0~3 代表发送比特 00、01、10、11。第 7 行产生每种 SNR 下的发送符号,采用 Gray 编码,随后进行 QPSK 调制,然后是脉冲成形,通过 AWGN 信道,最后在接收端进行匹配滤波相干解调,并通过 QPSK 解调恢复发送符号。第 8~18 行计算相应的误比特率和误符号率。第 20~27 行分别画出最后一次发射信号前 100 个点的星座图和接收信号前 100 个点的星座图。第 28~33 行画出 BER 和 SER 随 SNR 变化的曲线。

在上面的代码中,pskmod、rectpulse、intdump、pskdemod、biterr、symerr 等函数都是 MATLAB 的内置函数。

例 5.3 程序运行结果如图 5.11 和图 5.12 所示。

可以看出,信号经过 AWGN 信道后,星座点发生了弥散,如图 5.13 所示。

3) 卷积编码

在 AWGN 基础上,下面给出 BPSK 调制在 AWGN 信道下分别使用卷积码和不使用卷积码,并且在接收端采用 Voterbi 译码的性能仿真。

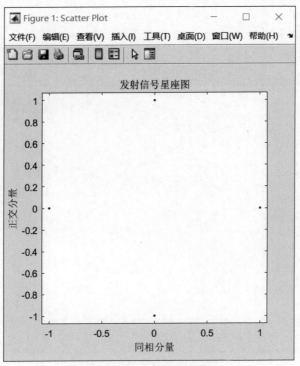

图 5.11　例 5.3 程序执行结果 1

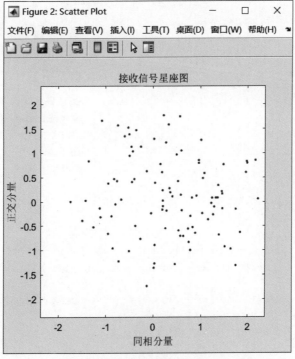

图 5.12　例 5.3 程序执行结果 2

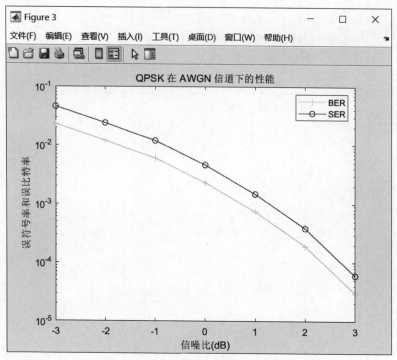

图 5.13　星座点发生了弥散

程序代码如下。

```
clear all
EbN0=0:10;                                %SNR 范围
N=1000000;                                %消息比特个数
M=2;                                      %BPSK 调制
L=7;                                      %约束长度
trel=poly2trellis(L,[117 133]);          %卷积码生成多项式
tblen=6*L;                               %Viterbi 译码器回溯深度
msg=randi([0 1],1,N);                     %消息比特序列
msg1=convenc(msg,trel);                   %卷积编码
x1=pskmod(msg1,M);                        %BPSK 调制
for ii=1:length(EbN0)
%加入高斯白噪声,因为码率为 1/2,所以每个符号的能量比比特能量少 3dB
y=awgn(x1,EbN0(ii)-3);
y1=pskdemod(y,M);                         %硬判决
y1=vitdec(y1,trel,tblen,'cont','hard');   %Viterbi 译码
[err,ber1(ii)]=biterr(y1(tblen+1:end), msg(1:end-tblen));   %误比特率
end
ber=berawgn(EbN0,'psk',2,'nodiff');       %BPSK 调制理论误比特率
semilogy(EbN0,ber,'-b+',EbNo, ber1,'-g*');
legend('BPSK 理论误比特率, '硬判决误比特率')
title('卷积码性能')
xlabel('Eb/No')
ylabel('误比特率')
```

程序执行结果如图 5.14 所示。

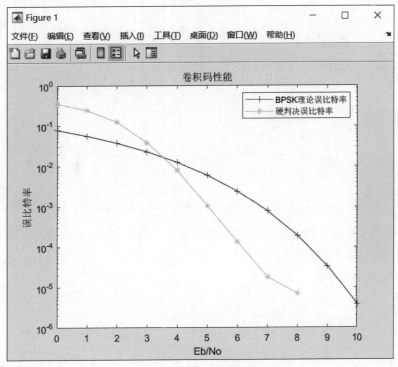

图 5.14　程序执行结果

可以看出,信噪比较高时,硬判决译码比没有采用卷积码时性能大约提高 3dB。

5.2　智能信息处理案例

5.2.1　RIS 辅助无线通信案例

如图 5.15 所示,一种 RIS 辅助 Massive MIMO 无线通信系统,包括 BS、RIS、UE 和 RIS 智能控制器。RIS 智能控制器具有与 RIS 和 BS 的高速有线连接,使 BS 能实时控制 RIS。注意,RIS 配备了许多反射元件,它们只能被动地反射入射信号,而不是有意地发射信号。

这里考虑上行链路传输,其中 UE 向 BS 发送信号。将 BS、UE 和 RIS 处的天线数量分别表示为 N_r、N_t 和 N_s。然后,UE 和 RIS 之间的上行链路信道表示为 $N_s \times N_t$ 的矩阵 G,其中 G 的每个条目独立地服从相同的复高斯分布 $CN(0,\sigma^2)$。类似地,RIS 和 BS 之间的上行链路信道表示为 $N_r \times N_s$ 的矩阵 H,其中 H 的每个条目独立地服从相同的复高斯分布 $CN(0,\sigma^2)$。UE 和 BS 之间的上行链路信道表示为 N_r 乘 N_t 的矩阵 J,其中 J 的每个条目独立地服从相同的复高斯分布 $CN(0,\sigma^2)$。为了简化 J 的信道估计,可以首先使用 RIS 智能控制器关闭 RIS,然后将 J 的信道估计问题简化为传统的对等 MIMO 信道估计问题,现有的方法可以解决该问题。一旦估算出 J,就给 RIS 通电。当对 RIS 辅助的 MIMO 无线通信系统执行信道估计时,来自 J 的接收信号分量可以被视为已知常数,这意味着可以完全去除 J 的影响。因此,这里主要研究 G 和 H 的信道估计。

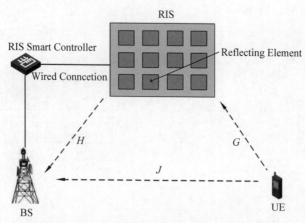

图 5.15　RIS 辅助 Massive MIMO 系统模型

对入射信号起移相器作用的 RIS 通常被建模为对角矩阵,其中每个对角项由相位独立控制。第 1 个对角矩阵如下所示,其中 $l=0,1,\cdots,L-1$ 为以下对角矩阵:

$$\boldsymbol{\Phi}_l = \begin{bmatrix} e^{-j\theta_1(l)} & 0 & \cdots & 0 \\ 0 & e^{-j\theta_2(l)} & \cdots & 0 \\ \vdots & \vdots & & \vdots \\ 0 & 0 & \cdots & e^{-j\theta_{Ns}(l)} \end{bmatrix}$$

其中,$\theta_1(l),\theta_2(l),\cdots,\theta N_s(l)$ 是 N_s 个相位,提供控制入射信号的自由度。

注意:RIS 智能控制器的电路结构简单且具有成本效益,因此 RIS 相移的改变和快速基站接收到的信号可以表示为

$$\boldsymbol{Y}_l = \boldsymbol{H}\boldsymbol{\Phi}_l\boldsymbol{G}\boldsymbol{X} + \boldsymbol{N}_l$$

其中,$\boldsymbol{X} \in \boldsymbol{C}^{N_t \times P}$ 和 $\boldsymbol{Y} \in \boldsymbol{C}^{N_r \times P}$ 分别是 UE 发送的导频矩阵和 BS 接收的导频矩阵,P 表示导频组的数目。$\boldsymbol{N}_l$ 是由噪声组成的矩阵,其中 $\boldsymbol{N}_l$ 的每个条目独立地服从复高斯分布 $\mathcal{CN}(0,\sigma^{2n})$。信道估计的目的本质上是在给定 $\boldsymbol{X}$、$\boldsymbol{Y}_l$ 和 $\boldsymbol{\Phi}_l$ 的情况下获得 $\boldsymbol{G}$ 和 $\boldsymbol{H}$。

RIS 辅助 MIMO 无线通信的信道估计分两部分,包括初始信道估计和常规信道估计。在初始信道估计中,BS 和 RIS 之间的信道是未知的,这表示 RIS 辅助的 MIMO 无线系统的初始状态或一些罕见的情况。在常规信道估计中,假设 BS 和 RIS 之间的信道是已知的,这代表了大多数情况,因为 BS 和 RIS 之间的链路通常好于 RIS 和 UE 之间的链路。

1. 初始信道估计

根据上述的基站接收信号,选一个模板作为参考,如 $l=0$:

$$\boldsymbol{Y}_0 = \boldsymbol{H}\boldsymbol{\Phi}_0\boldsymbol{G}\boldsymbol{X} + \boldsymbol{N}_0$$

假设 $\boldsymbol{H}$ 具有满列秩且 $N_s \leqslant N_r$,则 $\boldsymbol{H}$ 的伪逆可以表示为

$$\boldsymbol{H}^\dagger = (\boldsymbol{H}^H\boldsymbol{H})^{-1}\boldsymbol{H}^H$$

注意:$\boldsymbol{H}^\dagger$ 也是未知的,需要估计:

$$\boldsymbol{H}^\dagger\boldsymbol{H} = \boldsymbol{I}_{N_s}$$

在接收信号的式子两边同时乘以 $\boldsymbol{H}^\dagger$,其中 $l=1,2,\cdots,L-1$ 且 $L \geqslant 2$:

$$\boldsymbol{H}^\dagger\boldsymbol{Y}_l = \boldsymbol{\Phi}_l\boldsymbol{G}\boldsymbol{X} + \boldsymbol{H}^\dagger\boldsymbol{N}_l$$

$$GX = \boldsymbol{\Phi}_l^{-1}\boldsymbol{H}^\dagger\boldsymbol{Y}_l - \boldsymbol{\Phi}_l^{-1}\boldsymbol{H}^\dagger\boldsymbol{N}_l$$

代入 $\boldsymbol{Y}_0$ 表达式中可得：

$$\boldsymbol{Y}_0 = \boldsymbol{H}\boldsymbol{\Phi}_0\boldsymbol{\Phi}_l^{-1}\boldsymbol{H}^\dagger\boldsymbol{Y}_l + \boldsymbol{N}_0 - \boldsymbol{H}\boldsymbol{\Phi}_0\boldsymbol{\Phi}_l^{-1}\boldsymbol{H}^\dagger\boldsymbol{N}_l$$

定义一个 $\boldsymbol{F}_l$：

$$\boldsymbol{F}_l \triangleq \boldsymbol{H}\boldsymbol{\Phi}_0\boldsymbol{\Phi}_l^{-1}\boldsymbol{H}^\dagger, \quad l = 1,2,\cdots,L-1$$

此时，为了估计 $\boldsymbol{H}$，可以先估计 $\boldsymbol{F}_l$。为了正确估计 $\boldsymbol{F}_l$，$\boldsymbol{Y}_l$ 应有正确的逆矩阵。换句话说，假设 $P \geq N_r$，则 $\boldsymbol{F}_l$ 的最小二乘(LS)估计可写作

$$\hat{\boldsymbol{F}}_l = \boldsymbol{Y}_0\boldsymbol{Y}_l^{\mathrm{H}}(\boldsymbol{Y}_l\boldsymbol{Y}_l^{\mathrm{H}})^{-1}, \quad l = 1,2,\cdots,L-1 \tag{5.2.1}$$

基于式(5.2.1)，有

$$\hat{\boldsymbol{F}}_l\boldsymbol{H} = \boldsymbol{H}\boldsymbol{\Phi}_0\boldsymbol{\Phi}_l^{-1} \tag{5.2.2}$$

显然，零矩阵是 $\boldsymbol{H}$ 对式(5.2.2)的一个解，这意味着可能有不止一个解。由于 $\boldsymbol{\Phi}_0$ 和 $\boldsymbol{\Phi}_l$ 都是满秩对角矩阵，因此有

$$\boldsymbol{H} = \hat{\boldsymbol{F}}_l\boldsymbol{H}\boldsymbol{\Phi}_l\boldsymbol{\Phi}_0^{-1}$$

可以看出，两边都有 $\boldsymbol{H}$，因此可以选一个初始值 $\boldsymbol{H}_0$，然后迭代运行：

$$\boldsymbol{H}_{k+1} = \hat{\boldsymbol{F}}_l\boldsymbol{H}_k\boldsymbol{\Phi}_l\boldsymbol{\Phi}_0^{-1}$$

当然，肯定要定义一个阈值，这样不至于式子无限迭代下去。$\boldsymbol{H}_0$ 的选择很重要，因为它决定迭代的收敛速度。如果 $\boldsymbol{H}_0$ 没有被适当选择，有时它甚至可能不收敛。在 MIMO 无线中继的框架下研究了类似的问题，其中通过使用中继节点上的信号放大和交换来执行信道估计。因此，再次定义 h：

$$h = \mathrm{vec}(\boldsymbol{H})$$

$$\boldsymbol{Q}_l h = 0$$

其中，$\boldsymbol{Q}_l$ 矩阵如下所示。

$$\boldsymbol{Q}_l = \begin{bmatrix} \hat{\boldsymbol{F}}_l - \mathrm{e}^{\mathrm{j}(\theta_1(l)-\theta_1(0))}\boldsymbol{I}_{N_r} & \boldsymbol{0} & \cdots & \boldsymbol{0} \\ \boldsymbol{0} & \hat{\boldsymbol{F}}_l - \mathrm{e}^{\mathrm{j}(\theta_2(l)-\theta_2(0))}\boldsymbol{I}_{N_r} & \cdots & \boldsymbol{0} \\ \vdots & \vdots & & \vdots \\ \boldsymbol{0} & \boldsymbol{0} & \cdots & \hat{\boldsymbol{F}}_l - \mathrm{e}^{\mathrm{j}(\theta_{N_S}(l)-\theta_{N_S}(0))}\boldsymbol{I}_{N_r} \end{bmatrix}$$

基于 $\boldsymbol{Q}_l$ 矩阵表达式，可以将 $\boldsymbol{Q}_l$ 以紧凑形式重写为

$$\boldsymbol{Q}_l = \boldsymbol{I}_{N_s} \otimes \hat{\boldsymbol{F}}_l - (\boldsymbol{\Phi}_l\boldsymbol{\Phi}_0^{-1}) \otimes \boldsymbol{I}_{N_r}$$

通过将 $\boldsymbol{Q}_1$、$\boldsymbol{Q}_2$、$\cdots$、$\boldsymbol{Q}_{L-1}$ 合在一起，定义

$$\boldsymbol{Q} \triangleq [\boldsymbol{Q}_1^{\mathrm{T}}, \boldsymbol{Q}_2^{\mathrm{T}}, \cdots, \boldsymbol{Q}_{L-1}^{\mathrm{T}}]^{\mathrm{T}}$$

其中，$\boldsymbol{Q}$ 有 $(L-1)N_rN_s$ 行和 N_rN_s 列。同时，可将 $\boldsymbol{Q}_l$ 拓展为 $\boldsymbol{Q}_h = 0$。

对于 $L=2$，$\boldsymbol{Q}_l$ 矩阵中的前 N_r 行和 N_r 列可重写为

$$(\boldsymbol{F}_1 - \mathrm{e}^{\mathrm{j}(\theta_1(l)-\theta_1(0))}\boldsymbol{I}_{N_r})\boldsymbol{H} = \boldsymbol{H}\boldsymbol{\Phi}_0\boldsymbol{\Phi}_1^{-1} - \mathrm{e}^{\mathrm{j}(\theta_1(l)-\theta_1(0))}\boldsymbol{H}$$

可以看到，右侧的第一列向量是零向量，这意味着左侧不是满秩矩阵。因此，$\boldsymbol{Q}$ 的秩不大于 $(N_r-1)N_s$，这意味着有不超过 $(N_r-1)\times N_s$ 个独立线性方程。因此，不能根据 $L=2$ 确定 h，须要求 $L>2$。

因此可以通过 $Q_h = 0$ 估计 h 的值。一旦 h 被估计成功,则定义:

$$Y \triangleq [Y_0^T, Y_1^T, \cdots, Y_{L-1}^T]^T,$$

$$\Phi \triangleq [\Phi_0^T \hat{H}^T, \Phi_1^T \hat{H}^T, \cdots, \Phi_{L-1}^T \hat{H}^T]^T$$

其中,H^T 是 H 的估计值。接下来就可以通过 LS 算法估计 G 了:

$$\hat{G} = (\Phi^H \Phi)^{-1} \Phi^H Y X^H (XX^H)^{-1}$$

整体算法过程如下所示。

算法 1:RIS 辅助大规模 MIMO 系统的初始信道估计

1:**Input** X, Y, Φ, K_ℓ.

2:Obtain $\hat{F}_l, l=1, 2, \cdots, L-1$ via (10).

3:Obtain $Q_{l,l}=1, 2, \cdots, L-1$ via (19).

4:Obtain Q via (20).

5:Obtain h via (21).

6:Restape h as H_0 via (16).

7:Set $k \leftarrow 0$.

8:**While** (14) is not satisfied **do**

9: Obtain H_{k+1} by (13).

10: $k \leftarrow k+1$.

11:**end while**

12:Set $\hat{H} = H_k$.

13:Obtain $\hat{G}$ via (26).

14:**Output**:$\hat{H}, \hat{G}$.

---

2. 常规信道估计

实际上,RIS 和 BS 在地理上是固定的。RIS 可以放置在开放区域中,使得 BS 和 RIS 之间的信道条件相对较好,在 BS 和 RIS 之间存在视距链路。因此,不需要频繁地估计 H。相反,由于 UE 的移动,我们可能频繁地估计链接到 UE 的信道。在这种情况下,有必要估计 G 和 J,给定 $\hat{H}$,可以表示为

$$Y_l = (\hat{H}\Phi_l G + J)X + N_l \tag{5.2.3}$$

由于 G 和 J 的估计在初始信道估计中是解耦的,因此常规信道估计问题比初始信道估计问题容易得多。注意,仅发送导频而不改变 RIS 的相位不能估计 G 和 J,这是因为式(5.2.3)中 G 和 J 重叠。

同样,根据 RIS 的相位变化,可以提供额外的信道测量。假设我们使用多个 $\Phi_l, l=0, 1, \cdots, L-1$,其中 $L \geqslant 2$。不失一般性,选择 Φ_0 作为参考,于是有:

$$Y_0 = \hat{H}\Phi_0 GX + JX + N_0,$$

$$Y_n = \hat{H}\Phi_n GX + JX + N_n, \quad n=1, 2, \cdots, L-1$$

可以通过 $Y_0 - Y_n$ 去除 JX 未知项:

$$Y_0 - Y_n = \hat{H}(\Phi_0 - \Phi_n)GX + N_0 - N_n$$

对于 $n=1, 2, \cdots, L-1$,将它们叠加在一起,有

$$Y_{\text{stack}} = BGX + N_{\text{stack}}$$

其中，

$$\boldsymbol{Y}_{\text{stack}} \triangleq \left[(\boldsymbol{Y}_0 - \boldsymbol{Y}_1)^{\text{T}}, (\boldsymbol{Y}_0 - \boldsymbol{Y}_2)^{\text{T}}, \cdots, (\boldsymbol{Y}_0 - \boldsymbol{Y}_{L-1})^{\text{T}} \right]^{\text{T}}$$

$$\boldsymbol{N}_{\text{stack}} \triangleq \left[(\boldsymbol{N}_0 - \boldsymbol{N}_1)^{\text{T}}, (\boldsymbol{N}_0 - \boldsymbol{N}_2)^{\text{T}}, \cdots, (\boldsymbol{N}_0 - \boldsymbol{N}_{L-1})^{\text{T}} \right]^{\text{T}}$$

$$\boldsymbol{B} \triangleq \left[(\boldsymbol{\Phi}_0 - \boldsymbol{\Phi}_1)^{\text{T}} \hat{\boldsymbol{H}}^{\text{T}}, (\boldsymbol{\Phi}_0 - \boldsymbol{\Phi}_2)^{\text{T}} \hat{\boldsymbol{H}}^{\text{T}}, \cdots, (\boldsymbol{\Phi}_0 - \boldsymbol{\Phi}_{L-1})^{\text{T}} \hat{\boldsymbol{H}}^{\text{T}} \right]$$

可以看出，$\boldsymbol{G}$ 的估计需要 $\boldsymbol{X}$ 的右逆矩阵，这意味着：$P \geqslant N_t$，所以 $\boldsymbol{X}$ 的列数比行数多。常规信道估计和初始信道估计是彼此独立的，因为它们对应两个不同的部分。如果使用较大的 L，则噪声项可以被平滑并忽略。然后，$\boldsymbol{G}$ 的估计可以写为

$$\widetilde{\boldsymbol{G}} = (\boldsymbol{B}^{\text{H}} \boldsymbol{B})^{-1} \boldsymbol{B}^{\text{H}} \boldsymbol{Y}_{\text{stack}} \boldsymbol{X}^{\text{H}} (\boldsymbol{X} \boldsymbol{X}^{\text{H}})^{-1}$$

一旦 $\boldsymbol{G}$ 被估计成功，则 $\boldsymbol{J}$ 的估计就水到渠成了。

事实上，对于 RIS 辅助的 MIMO 无线系统，上行链路信道估计优于下行链路信道估计。在上行链路信道估计期间，BS 知道 RIS 的相位变化，因为 BS 有线连接到 RIS。BS 能改变 RIS 以获取信道的更多测量。然而，在下行信道估计中，由于 RIS 与 UE 之间没有有线连接，UE 可能不知道 RIS 的相位变化，这使得难以通过改变 RIS 的相位获取更多的测量。

3. 仿真结果

现在评估 RIS 辅助的大规模 MIMO 系统的信道估计性能。设 $N_r = 64, N_s = 64, N_t = 16$, $\sigma = 1$，使用 BPSK 调制，其中导频符号，即 X_1 的项是从 $\{-1, 1\}$ 中随机选择的。归一化均方误差（NMSE）定义为

$$\text{NMSE} = \mathbb{E} \left[\frac{\| \hat{\boldsymbol{H}} - \boldsymbol{H} \|_F^2}{\| \boldsymbol{H} \|_F^2} \right]$$

图 5.16 所示仿真了所提出的初始信道估计算法的收敛性。设定信噪比（SNR）为 10dB, $L = 3, y = 0.01$。可以看出，迭代的初始值是关键的，其中选择的 $\boldsymbol{H}_0$ 导致比随机 $\boldsymbol{H}_0$ 好得多的估计性能。此外，使用更多的导频导致更好的信道估计性能。当导频从 $P = 64$ 加倍到 $P = 128$ 时，可以在 NMSE 方面实现约 4.5dB 的改善。

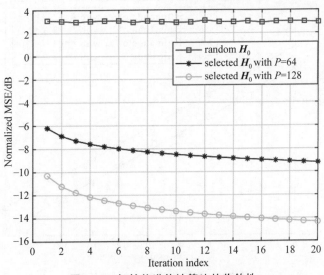

图 5.16 初始信道估计算法的收敛性

图 5.17 所示提供了初始信道估计的性能比较。设 $\sigma=0.01$,可以看出,$P=128,L=3$ 相对于 $P=64,L=3$ 的性能改善大于 $P=63,L=4$ 相对于 $P=64,L=3$ 的性能改善,这意味着增大导频数目比增大 RIS 相移更有效。事实上,扩大导频的数量导致 $\boldsymbol{F}_l$ 的更好估计,而增加 RIS 相移不能产生 $\boldsymbol{F}_l$ 的更好估计。

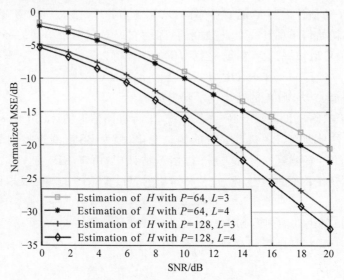

图 5.17　初始信道估计的性能比较

图 5.18 所示,仿真了常规信道估计的性能。假设在初始信道估计中 $\boldsymbol{H}$ 的估计是理想的。可以看出,设置 $P=64,L=2$ 导致与设置 $L=3,P=32$ 相同的性能。事实上,将 $L-1$ 加倍,例如,从 $L=2$ 到 $L=3$,在估计性能方面与加倍 P 相同。此外,如果仅将导频数目加倍,则将有大约 3dB 的性能改进。

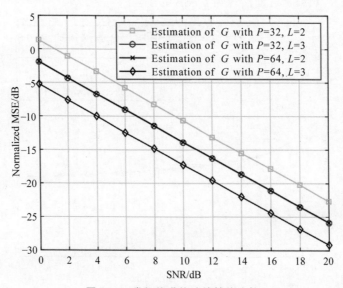

图 5.18　常规信道估计的性能比较

5.2.2　智能可见光通信案例

结合 3.2 节对可见光通信内容的阐述，可知室内可见光 NLOS 链路下的时域信号呈稀疏性。利用该时域信号特点，结合压缩感知技术对信道进行精确估计，系统性能会有显著提升。

如图 5.19 所示，将 LED 看作各点发射源 Source，将接收器看作 Receive，A_R 和 FOV 为接收器的接收面积和接收视场角。

表 5.18 为室内可见光通信仿真参数设置，得到不同信道路径的能量分布，可进一步验证时域信号的稀疏性。

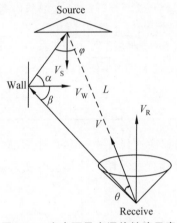

图 5.19　室内可见光通信链路示意

表 5.18　室内可见光通信仿真参数设置

参　数	数　值
室内空间大小/m^3	$5 * 5 * 5$
视场角 FOV/(°)	120
墙面反射率	0.8
LED 灯位置	$(2.5, 2.5, 5)$
LED 半功率角/(°)	54
接收器位置	$(2.5, 0, 0)$
反射面面积 $\Delta A/m^2$	0.01
接收器面积 A_R/cm^2	1

针对信道估计同压缩感知信号重构算法相结合问题，提出树状随机搜索导频算法（Tree—based Stochastic Search Algorithm，TSS），对导频位置、索引位置进行优化，使得在低导频数量的情况下，VLC 系统的误码率下降。针对 NLOS 链路下无信道估计时的通信误码率较高的问题，提出压缩感知基于稀疏度自适应匹配追踪算法（Sparsity Adaptive Matching Pursuit，SAMP）的信道估计算法，降低算法运算复杂度。

1. 导频算法

用复杂度较低的互不相关特性准则 MIP 作为压缩感知技术中的恢复矩阵优劣的衡量标。矩阵相关性定义为两个不同列之间的最大绝对相关性，表示为

$$\mu = \max_{0<i<j\leqslant L-1} \left| < T(i), T(j) > \right|$$

$$= \frac{1}{p} \times \max_{0<i<j\leqslant L-1} \left| < \sum_{k}^{P} \left| X(n_k) \right|^2 w^{n_k(j-i)} \right| \tag{5.2.4}$$

当导频符号取值相同时，可得出

$$\mu = \frac{1}{p} \times \max_{0<i<j\leqslant L-1} \left| < \sum_{k}^{P} w^{n_k(j-i)} \right| \tag{5.2.5}$$

其中，$w = e^{-j2\pi l/M}$。

传统的导频优化方法主要有穷举法和随机导频搜索算法。穷举法就是把所有的导频图案全部列举出来求对应的 μ 值，一共有 $C_N^{N_P}$ 组导频图案，计算复杂度巨大；随机导频搜索算

法是列举尽可能多的导频图案求对应的 μ 值,列举的导频图案越多,求得的 μ 值越准确。对比传统算法,树状随机搜索导频优化算法运用多个搜索分支,避免了分支易陷入局部最优化的问题。TSS 算法步骤如表 5.19 所示。

表 5.19　TSS 算法步骤

输入	导频数量 N_P,子载波数目 N,子节点个数 M
步骤 1	根节点序号为 1,待调整导频图案的导频序号 $m=1$。从 N 个子载波中随机抽取 N_P 个导频子载被,生成导频图案 P 作为根节点
步骤 2	集合 $F_{l,m}$ 为根节点为 l 时生成的导频图案 P,导频图案中除第 m 根导频 α 外,其余 N_P-1 根导频,即 $F_{l,m}=a\backslash P$,候选集 $C_{l,m}$ 为总子载波集合 C 和 $F_{l,m}$ 的差集。每次按顺序从 $C_{l,m}$ 中取出一根导频替换导频图案 P 中的第 m 根导频,一共可以产生 $N-N_P+1$ 个导频图案,计算 $N-N_P+1$ 个导频图案的 μ,选择其中最小的 M 个导频图案
步骤 3	执行 $m=m+1$,返回执行步骤 2,共产生 $M\times(N-N_P+1)$ 个导频图案,执行步骤 4
步骤 4	计算 $M\times(N-N_P+1)$ 个导频图案的 μ,选择其中最小的 M 个导频图案。若 $m=P$,则停止迭代,输出当前 M 个导频图案,否则返回执行步骤 3
输出	导频图案 P 和对应 μ

算法流程示意如图 5.20 所示。树状随机导频搜索算法迭代一次一共要计算 $(M\times(N_P-1)+1)\times(N-N_P+1)$ 次 μ 值,相对穷举法和随机导频搜索策略的运算复杂度大大降低。

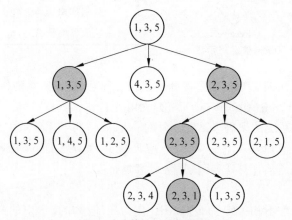

图 5.20　算法流程示意图

假设集合 $C=\{1,2,3,4,5\}$,导频个数为 3,子节点数为 2,随机抽取 3 个子载波作为导频,即 $P=\{1,3,5\}$,当 m 等于 1 时,$F_{l,m}=\{3,5\}$,$C_{l,m}=\{1,2,4\}$,用 $C_{l,m}$ 中的元素替换集合 P 中 $\{1\}$ 的位置,则生成 $\{1,3,5\}$,$\{4,3,5\}$,$\{2,3,5\}$ 3 个导频图案,从上述 3 个导频图案中选出 μ 值最小的两个作为下一次迭代的父节点。当求得 μ 值大于或等于 0.9 时,子节点数目不变;当 u 值大于或等于 0.6 且小于 0.9 时,子节点数目变为原来的 $1/2$,当 u 值小于或等于 0.6 时,M 变为原来的 $1/4$。

2. 压缩感知信道估计

SAMP 算法将残差作为迭代的停止条件,SAMP 在原子筛选上采用回顾策略,进行原子筛选时,先往候选集中放入候选原子,然后再从候选集中选择残差较小的作为最终的支撑

集,相当于对原子进行了二次估计,有效地提高了算法的重构精度,SAMP 算法如表 5.20
所示。

表 5.20　SAMP 算法

输入	观测向量 y,恢复矩阵 T,迭代步长 s,阈值 ε
初始化	$\boldsymbol{R}_0 = y$,$\boldsymbol{S}'_{\text{SAMP}} = \{\}$,$K = s$,迭代次数 $i = 1$
步骤 1	计算残差 y 与恢复矩阵 T 的内积,选出 S 个最大值的位置索引,组成集合 S'_{SAMP},$S_{\text{SAMP}} = \arg\max\{\lvert <r_0,T>,K\rvert\}$
步骤 2	更新原子索引集 $S_{\text{temp}} = S_{\text{SAMP}} S'_{\text{SAMP}}$,求解候选集索引集合 $S_{\text{SAMP}} = \{\}$,$S_{\text{SAMP}} = \arg\max\{\lvert <T^+_{S_{\text{SAMP}}} y>,K\rvert\}$
步骤 3	计算候选集的残差 $\hat{x} = T^+_{S_{\text{SAMP}}} y$,更新残差 $r_{\text{new}} = y - T_{S'_{\text{SAMP}}} \hat{x}$
步骤 4	如果 $\lVert r_{\text{new}} \rVert_2 \leqslant \varepsilon$,则停止迭代;否则比较 $\lVert r_{\text{new}} \rVert_2$ 和 $\lVert r_0 \rVert_2$,如果 $\lVert r_{\text{new}} \rVert_2 \geqslant \lVert r_0 \rVert_2$,则 $K = K \times s$,$i = i+1$,返回执行步骤 1,否则执行步骤 5
步骤 5	$r_0 = r_{\text{new}}$,$S_{\text{SAMP}} = S_{\text{temp}}$,$i = i+1$,返回步骤 1 继续迭代
输出	$\hat{x}$

　　基于压缩感知技术 VLC 系统信道估计中重构算法和导频优化问题进行研究,仿真结果
如图 5.21 所示,该仿真图比较了 3 种算法,均方误差均随信噪比的增大而减小。当均方误差
为 10^{-1} 时,TTS 算法的信噪比约为 18dB,SAMP 算法的信噪比约为 16dB,TTS+SAMP 算
法的信噪比约为 11dB;当信噪比为 20dB 时,TTS 算法的均方误差约为 6×10^{-2},SAMP 算
法的均方误差约为 4×10^{-2},TTS+SAMP 算法的均方误差约为 1×10^{-2}。综上提出的 TSS
和 SAMP 算法能有效降低 VLC 系统的误码率,二者相互结合,系统误码率进一步下降,并
且降低了系统的运算复杂度。

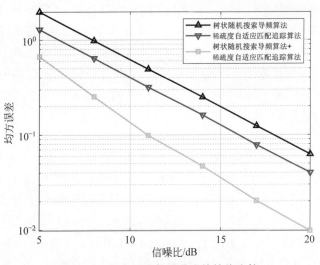

图 5.21　均方误差与信噪比的性能比较

5.2.3 智能无人机通信案例

1. 案例介绍

本章给出一个"同时发射和反射可重构智能表面(Simultaneously Transmitting and Reflecting Reconfigurable Intelligent Surface,STAR-RIS)辅助无人机(UAV)通信"的案例[196]。该案例的目标是通过联合优化 STAR-RIS 的波束形成向量、无人机的轨迹和功率分配,使所有用户的总速率最大化。将拟合的非凸问题分解为 3 个子问题,并交替求解。仿真结果表明:

(1) STAR-RIS 比传统 RIS 具有更高的和率;

(2) 利用 STAR-RIS 的优势,无人机的轨迹比 RIS 更接近 STAR-RIS;

(3) 反射和传输的能量分裂高度依赖于无人机的实时轨迹。

虽然,可重构智能表面(RIS)被认为是未来无线通信的新兴技术,然而,RIS 只能反射入射信号,这意味着它只能实现半空间覆盖。为了克服这一缺陷,提出一种同时发射和反射 RIS(STAR-RIS)的新概念[197-198]。与传统的 RIS 不同,STAR-RIS 的散射元件可以同时反射和发射入射信号,从而实现全空间覆盖。更重要的是,STAR-RIS 通过操纵发射和反射信号提供额外的自由度(degrees-of-freedom,DoFs)。

由于 STAR-RIS 具有比传统 RIS 更多的优点,因此目前已有一些关于 STAR-RIS 辅助通信的研究。文献[199]中介绍了 STAR-RIS 的 3 种典型操作协议,并通过仿真验证了 STAR-RIS 相对于 RIS 的优越性。文献[200]中通过优化 STAR-RIS 的解码顺序、功率分配和无源波束形成,研究了 STAR-RIS-NOMA 系统的和率最大化问题。针对文献[201]中 STAR-RIS 辅助通信系统的功耗最小化问题,联合优化了基站波束形成和 STAR-RIS 波束形成。文献[202-203]中考虑了一种更加实用的发射和反射系数耦合模型来研究 STAR-RIS 辅助网络中的资源分配问题。

本案例提出一种新型的 STAR-RIS 辅助无人机通信框架,目标是通过联合优化 STAR-RIS 的波束形成向量、无人机的轨迹和功率分配来最大化所有用户的总和速率。为了解决所提出的非凸问题,将其分解为 3 个子问题并交替求解。仿真结果表明,STAR-RIS 比 RIS 有更高的和率。此外,与部署了 RIS 的轨迹相比,部署了 STAR-RIS 的轨迹更接近 STAR-RIS 的位置,以充分利用额外的 DoFs,获得更大的信道增益。更有趣的是,反射和传输模式的能量分裂高度依赖于无人机的实时轨迹。

2. 案例模型

如图 5.22 所示,考虑一个 STAR-RIS 辅助的 UAV 通信系统,由一个旋转翼 UAV、一个 STAR-RIS 和 K 个地面用户组成,其中所有用户都可以通过 NOMA 访问 UAV。UAV 以固定高度 h 飞行,飞行时间被分解为 N 个相等的时隙,且时隙长度足够小。那么,无人机的水平位置可以用二维平面上的 $N+1$ 个点表示,即 $q_n = [x_n, y_n]^T \in \mathbb{R}^{2 \times 1}, \forall n \in \{1, 2, \cdots, N+1\}$。UAV 的机动性约束为 $q_1 = q_1^0, q_{N+1} = q_{N+1}^0$ 和 $\|q_{n+1} - q_n\|^2 \leqslant D^2$,其中 q_1^0 和 q_{N+1}^0 表示无人机的初始位置和最终位置,D 表示 UAV 在一个时间段内可以移动的最大距离。

假设 STAR-RIS 部署在 z_R 的固定高度,配置 M 个无源单元,第一个单元的水平位置记为 $\omega_R = [x_R, y_R]^T \in \mathbb{R}^{2 \times 1}$。在 STAR-RIS 的反射空间和传输空间中分别有 R 个和 T 个用

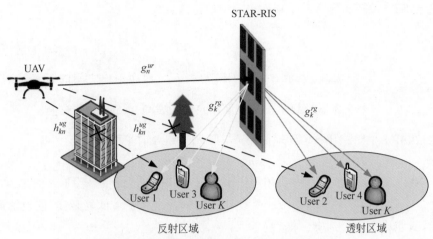

图 5.22　STAR-RIS 辅助 UAV 通信系统的说明

户，$R+T=K$。第 k 个用户的位置表示为 $\boldsymbol{\omega}_k=[x_k,y_k]^{\mathrm{T}}\in\mathbb{R}^{2\times1}$，$\forall k\in\{1,2,\cdots,K\}$。考虑 STAR-RIS 工作在能量分裂（energy splitting，ES）模式下，即入射信号在每个元素上的能量被分解为发射信号和反射信号的能量[201]。设 $u_n^p=[\sqrt{\beta_{1n}^p}\,\mathrm{e}^{\mathrm{j}\theta_{1n}^p},\sqrt{\beta_{2n}^p}\,\mathrm{e}^{\mathrm{j}\theta_{2n}^p},\cdots,\sqrt{\beta_{mn}^p}\,\mathrm{e}^{\mathrm{j}\theta_{mn}^p},\cdots,$
$\sqrt{\beta_{Mn}^p}\,\mathrm{e}^{\mathrm{j}\theta_{Mn}^p}]^H\in\mathbb{C}^{M\times1}$ 为第 m 个元素在时隙 n 处的反射（$p=r$）或传输（$p=t$）波束形成向量，对应的对角矩阵记为 $\boldsymbol{\Phi}_n^p=\mathrm{diag}(u_n^p)\in\mathbb{C}^{M\times M}$，式中，$\{\sqrt{\beta_{mn}^r},\sqrt{\beta_{mn}^t}\in[0,1]\}$ 和 $\{\theta_{mn}^r,\theta_{mn}^t\in[0,2\pi)\}$ 分别表示第 m 个元素在时间槽 n 处的反射系数和透射系数的振幅和相移。同时，根据能量守恒定律，应满足 $\beta_{mn}^r+\beta_{mn}^t=1$，$\forall m\in\{1,2,\cdots,M\}$，$\forall n\in\{1,2,\cdots,N\}$。

　　假设 UAV 拥有所有信道的完美信道状态信息，优化后的传输策略可以通过专用的控制信道在 STAR-RIS、UAV 和地面用户之间交换。如图 5.21 所示，由于 STAR-RIS 通常用于协助视线（LoS）链路被障碍物阻塞的传输，因此从 UAV 到每个地面用户的直接链路为瑞利衰落信道[204]。UAV 在 n 时隙到用户 k 的通道向量为

$$\boldsymbol{h}_{kn}^{ug}=\sqrt{\frac{\xi}{(d_{kn}^{ug})^{o_1}}}\,\widetilde{h}_{kn}^{ug} \tag{5.2.6}$$

其中，$\xi=1$m 参考距离上的路径损耗，$d_{kn}^{ug}=\sqrt{H^2+\|q_n-\omega_k\|^2}$ 表示 UAV 与第 k 个地面用户在第 n 个时隙的距离，o_1 表示路径损耗指数，$\widetilde{h}_{kn}^{ug}$ 为均值为零、单位方差为零的复高斯随机变量。

　　UAV 到 STAR-RIS 和 STAR-RIS 到地面用户的传输链路假设为 LoS 信道。因此，在第 n 个时隙，UAV-STAR-RIS 链路的信道向量为

$$\boldsymbol{g}_n^{ur}=\sqrt{\frac{\xi}{(d_n^{ur})^{o_2}}}\,[1,\mathrm{e}^{-\mathrm{j}\frac{2\pi}{\lambda}\mathrm{d}\phi_n^{ur}},\cdots,\mathrm{e}^{-\mathrm{j}\frac{2\pi}{\lambda}(M-1)\mathrm{d}\phi_n^{ur}}]^{\mathrm{T}} \tag{5.2.7}$$

其中，$d_n^{ur}=\sqrt{(H^2-z_R)^2+\|q_n-\omega_R\|^2}$ 表示第 n 个时隙 UAV 与 STAR-RIS 之间的距离，o_2 表示对应的路径损失指数，$\varphi_n^{ur}=\dfrac{x_R-x_n}{d_n^{ur}}$ 为信号的到达角（AoA）的余弦值。这里定义 $\boldsymbol{\Theta}_n=[1,\mathrm{e}^{-\mathrm{j}\frac{2\pi}{\lambda}\mathrm{d}\varphi_n^{ur}},\cdots,\mathrm{e}^{-\mathrm{j}\frac{2\pi}{\lambda}(M-1)\mathrm{d}\varphi_n^{ur}}]^{\mathrm{T}}$。

类似地,STAR-RIS 到第 k 个地面用户的信道向量为

$$\boldsymbol{g}_k^{rg} = \sqrt{\frac{\xi}{(d_k^{rg})^{o_3}}} \left[1, e^{-j\frac{2\pi}{\lambda}d\varphi_k^{rg}}, \cdots, e^{-j\frac{2\pi}{\lambda}(M-1)d\varphi_k^{rg}} \right]^{\mathrm{T}} \tag{5.2.8}$$

其中,$d_k^{rg} = \sqrt{z_R^2 + \| \omega_R - \omega_k \|^2}$ 表示 STAR-RIS 与第 k 个地面用户之间的距离,o_3 表示路径损失指数,$\varphi_k^{rg} = \dfrac{x_R - x_k}{d_k^{rg}}$ 为信号到第 k 个地面用户的出发角(AoD)的余弦值。

因此,在第 n 个时隙,UAV 到地面用户 k 的信道组合向量可表示为

$$\boldsymbol{g}_{kn} = \boldsymbol{h}_{kn}^{ug} + (\boldsymbol{g}_n^{rg})^{\mathrm{H}} \boldsymbol{\Phi}_n^p \boldsymbol{g}_n^{ur} \tag{5.2.9}$$

对于 NOMA 系统,地面用户采用连续干扰抵消解码自己的信号。不幸的是,有多达 K! 解码顺序与 STAR-RIS 的波束形成矢量设计高度耦合。为了降低复杂度,假设解码顺序已经预先确定,即从用户 1 到 K,因此应满足 $|g_{Kn}|^2 \geqslant |g_{(K-1)n}|^2 \geqslant \cdots \geqslant |g_{1n}|^2$ 条件。此外,$p_{1n} \geqslant \cdots \geqslant p_{(K-1)n} \geqslant p_{Kn} \geqslant 0$ 用于保证用户间的公平性,p_{Kn} 表示用户 UAV 在第 n 个时间段分配给用户 k 的传输功率,则在第 n 个时间段,用户 k 的数据速率为

$$R_{kn} = \log_2 \left(1 + \frac{p_{kn} |g_{kn}|^2}{\displaystyle\sum_{i=k+1}^K p_{in} |g_{kn}|^2 + \sigma^2} \right) \tag{5.2.10}$$

3. 问题制定

设 $\boldsymbol{Q} = \{q_n, \forall n\}$ 表示 UAV 的轨迹,$\boldsymbol{U} = \{u_n^p, \forall n, \forall p \in \{t, r\}\}$ 表示 STAR-RIS 的波束形成向量,$\boldsymbol{P} = \{p_{kn}, \forall n, k\}$ 表示功率分配。由于我们的目标是通过联合优化 $\boldsymbol{Q}$、$\boldsymbol{U}$ 和 $\boldsymbol{P}$,使所有用户的和率最大化,因此,优化问题可表述为

$$P : \max_{\boldsymbol{Q}, \boldsymbol{U}, \boldsymbol{P}} \sum_{n=1}^N \sum_{k=1}^K R_{kn} \tag{5.2.11}$$

$$\text{s.t.} \quad q_1 = q_1^0, q_{N+1} = q_{N+1}^0 \tag{5.2.11a}$$

$$\| q_{n+1} - q_n \|^2 \leqslant D^2, \forall n \tag{5.2.11b}$$

$$\{\beta_{mn}^r, \beta_{mn}^t \in [0, 1]\}, \forall m, \forall n \tag{5.2.11c}$$

$$\theta_{mn}^r, \theta_{mn}^t \in [0, 2\pi), \forall m, \forall n \tag{5.2.11d}$$

$$\beta_{mn}^r + \beta_{mn}^t = 1, \forall m, \forall n \tag{5.2.11e}$$

$$\sum_{k=1}^K P_{kn} \leqslant P_{max}, \forall n \tag{5.2.11f}$$

$$|g_{Kn}|^2 \geqslant |g_{(K-1)n}|^2 \geqslant \cdots \geqslant |g_{1n}|^2, \forall n \tag{5.2.11g}$$

$$p_{1n} \geqslant \cdots \geqslant p_{(K-1)n} \geqslant p_{Kn} \geqslant 0, \forall n \tag{5.2.11h}$$

其中,$P_{\max}$ 是 UAV 的最大发射功率。

4. 优化算法

由于耦合变量和非凸约束,问题 $\mathcal{P}$ 难以求解。因此,我们将 $\mathcal{P}$ 分解为 3 个子问题,分别优化 STAR-RIS 的波束形成向量、UAV 的轨迹和功率分配。

算法 1：STAR-RIS 波束形成向量优化算法

1：初始化 $U^{(0)}$，Δ^0 和误差容限 v，并计算 $E_n^{p(0)}$。设 $\alpha^{(0)}=0$ 和迭代指数 $\tau_2=0$。

2：重复

3：　　求解 问题(13)来优化 E_n^p；

4：　　如果问题(13)解决了

5：　　　则 $E_n^{p(\tau_2+1)}=E_n^p$，$\Delta^{(\tau_2+1)}=\Delta^{\tau_2}$；

6：　　否则

7：　　　$E_n^{p(\tau_2+1)}=E_n^{p(\tau_2)}$，$\Delta^{(\tau_2+1)}=\dfrac{\Delta^{\tau_2}}{2}$；

8：　　结束

9：　　　则 $\alpha^{(\tau_2)}$ 从问题(12)中获得，$\tau_2=\tau_2+1$；

10：直到 $|1-\alpha^{(\tau_2)}|\leqslant v$ 以及问题 13 目标达到；

11：获取 E_n^{p*}，并返回最优解 U^*。

算法 2：UAV 轨迹优化算法

1：初始化 $Q^{(0)}$，设迭代指数 $\tau_3=0$ 和阈值 δ。

2：重复

3：　　求解问题(20)，优化 Q；

4：　　　则 $Q^{(\tau_3+1)}=Q$，$\tau_3=\tau_3+1$；

5：直到 目标值的增幅低于 δ。

6：返回最优解 Q^*。

算法 3：功率分配优化算法

1：初始化 $P^{(0)}$，计算 $\{\psi_{kn}^{(0)}\}$。设置迭代指数 $\tau_4=0$ 和阈值 δ'。

2：重复

3：　　解决问题(23)，优化 $\{\psi_{kn}\}$；

4：　　　则 $\{\psi_{kn}^{(\tau_3+1)}\}=\{\psi_{kn}\}$，$\tau_4=\tau_4+1$；

5：直到目标值增长低于 δ'。

6：得到 $\{\psi_{kn}^*\}$，并返回最优解 P^*。

算法 4：问题 $\mathcal{P}$ 的建议算法

1：初始化 $U^{(0)}$，$Q^{(0)}$ 和 $P^{(0)}$。设置迭代指数 $\tau=0$ 和阈值 δ''。

2：重复

3：　　通过算法 1 用 $Q^{(\tau)}$ 和 $P^{(\tau)}$ 确定 $U^{(\tau+1)}$；

4：　　通过算法 2 用 $U^{(\tau+1)}$ 和 $P^{(\tau)}$ 确定 $Q^{(\tau+1)}$；

　　通过算法 3 用 $U^{(\tau+1)}$ 和 $Q^{(\tau+1)}$ 确定 $P^{(\tau+1)}$ 和 $\tau=\tau+1$；

5：直到目标的增幅低于 δ''。

6：返回最优解 U^*，Q^* 和 P^*。

---

5. 仿真结果

在模拟中设置了一个部署在 $z_R=20\text{m}$ 高度的 STAR-RIS，第一个元素位于水平面上 $\omega_R=[0,0]^{\mathrm{T}}\text{m}$ 处。为了比较 STAR-RIS 和 RIS 的公平性，在 STAR-RIS 的同一位置采用了一个 $M/2$ 单元的仅发射 RIS 和一个仅反射 RIS。此外，还考虑了 STAR-RIS 的模式选择

(mode selection,MS)协议进行比较。无人机在固定高度 $H=30\text{m}$ 飞行,初始位置为 $q_1^0=[10,-250]^\text{T}\text{m}$,最终位置为 $q_{N+1}^0=[10,250]^\text{T}\text{m}$。将无人机的飞行时间分解为 $N=30$ 个时隙,$P_{\max}=30\text{dBm}$。路径损耗指数为 $o_1=3,o_2=2,o_3=2.8$。

图 5.23 中说明了用户的和率与 STAR-RIS 元素数量的关系。研究发现,在 STAR-RIS 或 RIS 的辅助下,用户的总和速率随着元素数量的增加而增加,因为更多的散射元素在用户处带来更高的波束形成增益。更重要的是,带有 ES 的 STAR-RIS 优于带有 MS 或传统 RIS 的 STAR-RIS。这是因为 ES 的 STAR-RIS 通过拆分每个元素的反射和传输能量而拥有额外的 DoF,而 MS 的每个元素只能在二进制模式下运行,即在反射或传输模式下运行。传统的 RIS 系统只能通过固定数量的元素来反射或传输信号,性能较差。

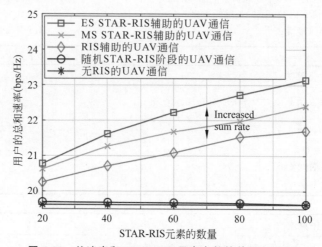

图 5.23　总速率和 STAR-RIS 元素个数的关系,$N=30$

图 5.24 为无人机飞行轨迹,用户分别位于 STAR-RIS 两侧。可以观察到,无人机始终在 STAR-RIS 的右侧飞行并服务用户,即单个 STAR-RIS 可以实现全空间覆盖,而仅发射/反射 RIS 是不可能实现的。此外,与采用 RIS 的无人机相比,采用 STAR-RIS 的无人机轨

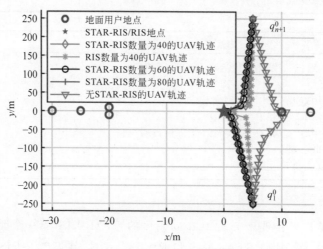

图 5.24　UAV 在不同情况下的轨迹,$N=30$

迹更接近 STAR-RIS 的位置。这是因为 STAR-RIS 可以提供额外的 dfs,通过灵活的反射/传输能量分裂进一步改善信道条件。这样的观测再次揭示了 STAR-RIS 的潜在优势。

图 5.25 为 STAR-RIS 中各元素在不同时隙的反射系数和透射系数的平均振幅。可以看出,在第一个时隙和最后几个时隙,即无人机远离 STAR-RIS 时,反射系数的幅值大于传输系数的幅值。这是因为距离较长导致无人机和 STAR-RIS 之间的信道条件较差。因此,随着反射空间用户距离无人机和 STAR-RIS 越近,反射信号被分配的能量越多,从而获得更高的和率。相反,当 UAV 在中间两个时隙距离 STAR-RIS 较近时,UAV 与 STAR-RIS 之间的信道条件较好。由于传输空间中用户较多,为了更好地利用被动波束形成增益,提高用户的和率,STAR-RIS 将更多的能量分配到传输模式。

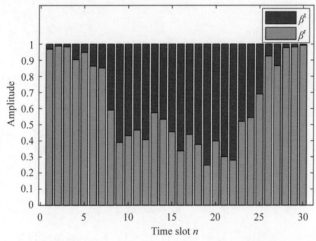

图 5.25　各元素透射系数和反射系数对时隙 n 的平均振幅,$M=40$(见彩插)

6. 案例总结

本案例研究了一种新型的 STAR-RIS 辅助 UAV 通信,通过将问题分解为 3 个子问题,使所有用户的和速率最大化。仿真结果表明,STAR-RIS 由于额外的自由度,可以获得比传统 RIS 更高的和速率。UAV 的弹道更接近 STAR-RIS,反射和传输的能量分裂高度依赖于无人机的实时弹道。

5.2.4　智能超表面通信案例

1. 不规则 RIS 辅助无线通信的容量增强

RIS 技术是一种提高无线通信系统频谱效率的新兴技术。然而,RIS 单元的增加导致信道估计和信道反馈的不可忽略的开销,以及波束设计的高度复杂性。因此,如何在有限的 RIS 元件数量下提高系统容量成为一个挑战。在本案例中,提出一种全新的不规则 RIS 结构,以提高 RIS 辅助无线通信的容量。关键思想是在一个放大的表面上不规则地配置给定数量的 RIS 元素,与经典的常规 RIS 相比,这提供了额外的自由度和空间多样性。对于所提出的不规则 RIS 辅助通信,制定了联合拓扑和波束形成设计问题,以最大化系统容量。为此,提出一种低复杂度的联合优化框架,交替优化 RIS 拓扑结构和相应的波束形成设计。最后,仿真结果表明,与传统常规 RIS 相比,所提出的限制 RIS 单元数量的不规则 RIS 可显著

提高系统容量。

1）系统模型

本案例研究了一种基于 RIS 的 MIMO 下行无线通信系统，传统常规 RIS 辅助通信系统如图 5.26(a)所示，一个配备 M 个天线的基站和一个包含 N 个单元的常规 RIS 同时为 K 个单天线用户服务。不同于常规 RIS 的元素排列在规则表面上且元素间距不变，这里提出一个全新的不规则 RIS 概念。为了简化讨论，同时验证所提概念的有效性，考虑网格间距固定的网格约束，其中 N 个反射元素稀疏分布在一个放大曲面的 N_s 个网格点上，如图 5.26(b)所示。在不失一般性的情况下，假设相邻网格点之间的间距是信号波长的一半[205]。注意，提出的不规则 RIS 可以通过多种方式实现。例如，可以等效地通过从一个大集合中选择 RIS 元素的子集来实现[206]。

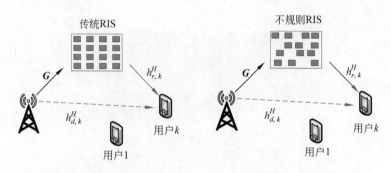

(a) 传统常规RIS辅助通信系统   (b) 提出不规则的RIS

图 5.26 RIS 辅助通信系统

由于传输损耗严重，只考虑不规则 RIS 反射的信号，忽略多次反射的信号[207]。设 $\boldsymbol{Z} = \mathrm{diag}(\boldsymbol{z})$ 表示 RIS 拓扑结构的选择矩阵，其中，$\boldsymbol{z} = [z_1, z_2, \cdots, z_{N_s}]^{\mathrm{T}}$，$z_i \in \{1, 0\}$，当 z_i 为 1 时，表示 RIS 单元部署在第 i 个格点；为 0 时表示相反。因此，所有 K 个用户接收到的信号 $\boldsymbol{y} \in \mathbb{C}^{K \times 1}$ 可以表示为

$$\boldsymbol{y} = (\boldsymbol{H}_r^H \boldsymbol{Z} \boldsymbol{\Theta} \boldsymbol{G} + \boldsymbol{H}_d^H) \boldsymbol{X} + \boldsymbol{n} \tag{5.2.12}$$

其中，$\boldsymbol{X} \in \mathbb{C}^{M \times 1}$ 表示基站的传输信号，$\boldsymbol{n} \in \mathbb{C}^{K \times 1}$ 的每个元素表示均值为 0，方差为 σ^2 的加性高斯白噪声。$\boldsymbol{\Theta} = \mathrm{diag}([\beta_1 \mathrm{e}^{j\theta_1}, \beta_2 \mathrm{e}^{j\theta_2}, \cdots, \beta_{N_s} \mathrm{e}^{j\theta_{N_s}}])$ 表示不规则 RIS 的 N_s 个网格点的反射系数。$\boldsymbol{G} \in \mathbb{C}^{N_s \times M}$ 表示基站-RIS 信道。另外，$\boldsymbol{H}_d^H = [h_{d,1}, h_{d,2}, \cdots, h_{d,K}]^H \in \mathbb{C}^{K \times M}$，$\boldsymbol{H}_r^H = [h_{r,1}, h_{r,2}, \cdots, h_{r,K}]^H \in \mathbb{C}^{K \times N_s}$，其中 $h_{d,k}^H$ 和 $h_{r,k}^H$ 分别表示基站到用户 k 的信道和 RIS 到用户 k 的信道。

本案例研究了基于基站的全数字预编码，$\boldsymbol{X} = \sum_{k=1}^{K} \boldsymbol{w}_k S_k$，其中，$\boldsymbol{w}_k \in \mathbb{C}^{M \times 1}$ 表示用户 k 的预编码向量，$\boldsymbol{S} = [s_1, s_2, \cdots, s_k]^H \in \mathbb{C}^{K \times 1}$ 表示传输的符号向量满足 $E[\boldsymbol{ss}^H] = \boldsymbol{I}_K$。考虑到实际的硬件实现，在 RIS 处假设反射幅值恒定，离散相移有限[208]。为了达到这个目的，令 $\beta_n = 1$，θ_n 从集合 $F = \left\{0, \dfrac{2\pi}{2^b}, \cdots, \dfrac{2\pi}{2^b}(2^b - 1)\right\}$ 中取离散值，$\forall n = 1, 2, \cdots, N_s$，其中 b 是有限离散相移的量化比特数。

因此，用户 k 的信干噪比为

$$\gamma_k = \frac{\left| (h_{r,k}^H \mathbf{Z\Theta G} + h_{d,k}^H)\mathbf{w}_k \right|^2}{\sum\limits_{i \neq k}^{K} \left| (h_{r,k}^H \mathbf{Z\Theta G} + h_{d,k}^H)\mathbf{w}_i \right|^2 + \sigma^2} \tag{5.2.13}$$

2）问题建模

设 $\mathbf{W} = [\mathbf{w}_1, \mathbf{w}_2, \cdots, \mathbf{w}_K]$ 表示基站的数字预编码矩阵，P_T 表示基站的最大发射功率，$\mathbf{w}_k$ 表示用户 k 的权重值，(5.2.14a)中受发射功率约束，(5.2.14b)受离散相移约束，(5.2.14c)和(5.2.14d)中受稀疏性约束的 WSR 最大化问题可表示为

$$p_1: \max_{\mathbf{Z,W,\Theta}} R = \sum_{k=1}^{K} w_k \log_2(1 + \gamma_k) \tag{5.2.14}$$

$$\text{s.t.} \quad C_1: \sum_{k=1}^{K} \|\mathbf{W}_k\|_2^2 \leqslant P_T \tag{5.2.14a}$$

$$C_2: \theta_n \in F, \forall n = 1,2,3,\cdots,N_s \tag{5.2.14b}$$

$$C_3: z_i(z_i - 1) = 0, \forall i = 1,2,3,\cdots,N_s \tag{5.2.14c}$$

$$C_4: \mathbf{1}^T z = N \tag{5.2.14d}$$

C_3 和 C_4 限制了不规则 RIS 的稀疏部署，其中拓扑矩阵 $\mathbf{Z}$ 的 N 个对角线元素被赋值为 1，而其余元素被赋值为 0。注意式(5.2.14)中的目标函数和相移约束 C_2 是非凸的。此外，稀疏约束 C_3 和 C_4 也是非凸的，这使得它比常规基于 RIS 的系统中的传统优化问题更难解决。解决这个问题的一个可能的方案是部署 RIS 和相应的波束形成优化解耦。具体来说，对于给定的拓扑 $\mathbf{Z}_0$，P_1 简化为

$$p_2: \max_{\mathbf{W,\Theta}} R = \sum_{k=1}^{K} w_k \log_2(1 + \gamma_k) \tag{5.2.15}$$

$$\text{s.t.} \quad C_1: \sum_{k=1}^{K} \|\mathbf{W}_k\|_2^2 \leqslant P_T \tag{5.2.15a}$$

$$C_2: \theta_n \in F, \forall n = 1,2,3,\cdots,N_s \tag{5.2.15b}$$

$$C_4: \mathbf{Z} = \mathbf{Z}_0 \tag{5.2.15c}$$

需要注意的是，求解 P_1 需要 RIS 网格点数量相关的完整通道状态信息(CSI)，这导致较高的开销和复杂性。幸运的是，考虑到 BS-RIS 通道是准静态，RIS 的拓扑只需要在大时间尺度上自适应改变，对应于求解 P_1。而针对特定 RIS 拓扑的波束形成设计，即 P_2 的解决方案，可以在小时间尺度内频繁优化，以跟踪用户的变化。由于固定 RIS 拓扑所需的 CSI 与 RIS 元素的数量有关，因此产生的开销和复杂度远低于 RIS 元素过多的大规模系统。

此外，本案例中所提出的模型等价于常规 RIS 辅助无线通信的系统模型，只需假设 $N_s = N$ 和 $\mathbf{Z} = \mathbf{I}_N$。因此，$P_1$ 中的问题可以看作基于 RIS 的各种拓扑的一般公式。因此，5.2.3 节中提出的解决方案也可以作为经典 RIS 辅助通信中求和率优化问题的通用解决方案。

2. 联合优化框架

在本案例中提出一个低复杂度的联合优化框架来求解 P_1。具体来说，提出一种次优算法来实现 RIS 元素的稀疏部署。然后，在给定 RIS 拓扑结构的情况下，提出一种交替优化算法，对基站处的预编码和 RIS 处的相移进行联合优化。

首先对 P_1 中的决策变量进行解耦。然后，交替优化了 RIS 拓扑结构和波束形成设计。

没有遍历 RIS 的所有可能拓扑结构,而是使用禁忌搜索(TS)方法迭代搜索 RIS 的次优部署。在每次迭代中,问题 P_1 被简化为 P_2,其中 RIS 拓扑 Z 是固定的。具体而言,在 b 点处采用基于邻域提取的交叉熵(NCE)方法,并进行零点强制(ZF)预编码,生成 Z 点的邻域并得到相应的波束形成设计。通过比较 WSR,为下一次迭代选择最佳邻居。在达到最大迭代或终止条件后,得到 P_1 的次优解,分别用 Z_{opt}、Θ_{opt} 和 W_{opt} 表示。

3. 基于 TS 的 RIS 稀疏部署

受 Turbo-TS 波束形成设计的启发[209],本案例提出一种基于 TS 的 RIS 元素稀疏部署算法。首先通过随机选择 N 个 1 和 $N_s - N$ 个 0 来初始化 RIS 拓扑 Z_1。对于给定的 Z,可以在基站根据 ZF 编码计算 WSR R 以及调整 RIS 的离散相移。在第 i 次迭代中,关注 Z_i 的邻域,其由一个重新定义的移动准则生成,随机把 Z_i 的对角线元素中的 p 个 1 换为 p 个 0。这里的 p 定义为邻域距离,它会根据 i 的值动态调整。可以在迭代开始时选择较大的 p,以获得较大的搜索范围。随着迭代的进行,我们减小邻域距离进行微调。接下来,在禁忌列表中检查获得的邻域,属于禁忌解的邻域将被丢弃。通过这种方法,获得 Q 个邻域,并分别计算所有候选 $\{Z_i^q\}_{q=1}^Q$ 的 WSR。然后选择具有最大 WSR 的候选对象,将其保存为下一个迭代的新拓扑 Z_{i+1}。全局最优值和禁忌列表相应更新。具体来说,将可行解 Z_i 加入禁忌列表,避免循环搜索,删除当前列表中最早的禁忌解。达到迭代阈值 I_T 后,可以得到 RIS 的次优拓扑。

4. 基于 NCE 的波束形成优化

基于 TS 的稀疏部署算法需要在 BS 和 RIS 处针对特定 RIS 拓扑进行联合波束形成设计,对应于解决 P2。文献[209]中提出求解低复杂度组合优化问题的交叉熵算法。受此思想的启发,进一步提出一种求解 P2 的 NCE 算法,该算法在迭代过程中利用当前最优解对邻域进行提取。

假设 $P = [p_1, p_2, \cdots, p_{N_s}]$ 表示给定 Z 下的 Θ 的概率矩阵,其中 $p_n \in \mathbb{R}^{2^b \times 1}$ 为 θ_n 的概率向量,且满足 $\|p_n\| = 1$。p_n 的每个分量表示在 F 中取不同值的概率首次初始化 $P^{(1)} = \frac{1}{2^b} \times 1_{2^b} \times N_s$,表示 θ_n 的值是从 F 中相同概率的元素中选取。在第 i 次迭代中,根据概率分布函数(PDF)$\Xi(\Theta; P^{(i)})$ 随机生成 C 个候选 $\{\Theta^c\}_{c=1}^C$,当 $t = 1$ 时,设 $\delta(t) = 1$,否则 $\delta(t)$ 为 0。设 $F(k)$ 表示 F 的第 k 个元素,因此概率密度函数可以表示为

$$\Xi(\Theta; P^{(i)}) = \prod_{n=1}^{N_s} \left(\prod_{k=1}^{2^b} (p_{n,k}^{(i)})^{\delta(\theta_n - F(k))} \right) \tag{5.2.16}$$

然后通过计算所有候选 $\{\Theta^c\}_{c=1}^C$ 的有效信道 $H_{eq} = H_r^H Z \Theta G + H_d^H$,在基站处的预编码矩阵 $\{W^c\}_{c=1}^C$ 可由 ZF 预编码器获得:

$$W = H_{eq}^H (H_{eq} H_{eq}^H)^{-1} P_B^{1/2} \tag{5.2.17}$$

其中 P_B 表示基站处的功率,WSR $\{R(\Theta^c)\}_{c=1}^C$ 由(5.2.14)获得,接下来,降序 $\{R(\Theta^c)\}_{c=1}^C$ 排列为 $R(\Theta^{[1]}) \geqslant R(\Theta^{[2]}) \geqslant \cdots \geqslant R(\Theta^{[C]})$,选取最优的 C_{pr} 作为最优候选人。利用一种邻域提取方法,通过改变当前最优解 $\Theta^{[1]}$ 的一个对角线元素扩大搜索范围。只有 N 个对角线元素是有效的,它们的值可以从 F 中选择。通过这种方法,我们获得了 $N(2^b - 1)$ 个额外的候选,并在基站和 WSR 处计算了相应的预编码器。WSR 大于 $R(\Theta^{[1]})$ 的候选人被选为补充

最优。最优总数更新为 $C_{elite} = C_{pr} + C_{sup}$，其中 C_{sup} 为补充最优数量。之后，我们将最优重新组织为 $\{\boldsymbol{\Theta}^{(c)}\}^{C_{elite}}_{c=1}$，概率转移准则表示为

$$P^{(i+1)} = \arg\max_{P^{(i)}} \frac{1}{C_{elite}} \sum_{c=1}^{C} \eta_c \ln \Xi(\boldsymbol{\Theta}; P^{(i)}) \tag{5.2.18}$$

其中，$\eta_c = \dfrac{R(\boldsymbol{\Theta}^{(c)} C_{elite})}{\sum\limits_{c=1}^{C_{elite}} R(\boldsymbol{\Theta}^{(c)})}$ 表示第 c 个最优的权重，其表示最优 c 的 WSR 与所有最优平均 WSR 的比值。结果表明，WSR 越大，权重越大。在下一次循环中使用更新后的概率矩阵 $P^{(i+1)}$，直到达到迭代阈值 I_N。最后得到次优波束形成设计。

5. 仿真结果

在本案例中，通过采用联合优化框架，提供仿真结果评估所提出的基于不规则 RIS 的系统的性能。在模拟场景中，K 个单天线用户由一个配备 M 个天线的基站和一个配备 N 个单元的不规则 RIS 提供服务，这些元素分布在具有 N_s 个网格点的矩形表面上。设置基站和用户、RIS 和用户之间的距离分别为 $d_{BU} = 50\text{m}$、$d_{RU} = 2\text{m}$。基站与 RIS 之间的距离设置为 $d_{BR} = \sqrt{d_{BU}^2 + d_{RU}^2}$。这对应实践中的一个热点场景，其中 RIS 扮演至关重要的角色。所提出的迭代算法参数设置为 $Q = 15, I_T = 40, I_N = 15, C = 200, C_{pr} = 40$。邻域距离 p 开始时被设置为 3，随着迭代的进行减少到 2。由于 RIS 拓扑的可能情况过多，因此可以简单地将禁忌列表的大小设置为 1，以扩大搜索范围，同时陷入循环的概率非常低。其他参数设置为 $b = 1, \sigma^2 = -80\text{dB} \cdot \text{m}, \omega_k = 1, \forall k = 1, 2, \cdots, K$。

采用不相关瑞利衰落信道模型考虑小尺度衰落，同时考虑大尺度衰落，即距离相关的通过损失。其中，基站-RIS-用户信道的路径损耗可以表示为[206,210]：

$$f_r(d_{BR}, d_{RU}) = C_r d_{BR}^{-\alpha_{BR}} d_{RU}^{-\alpha_{RU}} \tag{5.2.19}$$

其中，d_{BR} 和 d_{RU} 分别为基站和 RIS、RIS 和用户之间的距离。C_r 表示信道衰落和天线增益的影响。α_{BR} 和 α_{RU} 表示路径损失，类似地，基站-用户的路径损失表示为 $f_d(d_{BU}) = C_d d_{BU}^{-\alpha_{BU}}$。参数设置为 $C_r = -60\text{dB}, C_d = -30\text{dB}, \alpha_{BR} = 2, \alpha_{RU} = 2$ 和 $\alpha_{BU} = 3.5$。

为了验证所提出的不规则 RIS 结构和联合优化框架的优越性，假设 CSI 是完全已知的，考虑 $M = 4, N = 32, N_s = 64, K = 4$ 的情况。由于基于穷举搜索方法的最优解的复杂性对于如此大的系统规模是不可接受的，因此通过所提出的联合优化框架提供次最优解。由于不规则的基于 RIS 的方案还没有研究过。因此，将传统常规 RIS 辅助通信的波束形成优化作为基准。采用逐次细化算法对 RIS 的相移进行优化，与本案例提出的基于 NCE 的波束形成算法进行比较。

WSR 与发射功率的关系如图 5.27 所示。通过比较传统规则方案和不规则方案的结果可以看出，这里提出的基于不规则 RIS 的有限元素方案极大地提高了系统容量。以 NCE 算法为例，发射功率为 10dBm 时，本案例提出的不规则方案的 WSR 较传统规则方案提高了 21%。注意，容量增强不依赖于特定的波束形成优化算法，更简单的 SR 算法也可以。这是因为 RIS 元素选择灵活的位置会以牺牲空间为代价导致额外的 DoFs，这使得能选择具有最优信道条件的一个 n 元素子集。因此，通过精心设计的拓扑结构和波束形成设计，采用 N 个不规则 RIS 的稀疏配置可以充分发挥 N_s 个格点的空间分集优势，增强了接收信号，从而

提高了系统容量。例如,图 5.28 中提供了一个优化的 RIS 拓扑示例,其中彩色方块表示 RIS 元素的选定位置。此外,本案例提出的 NCE 算法在传统规则方案和不规则方案的情况下都优于 SR 算法,这证实了本文提出的优化框架的有效性。

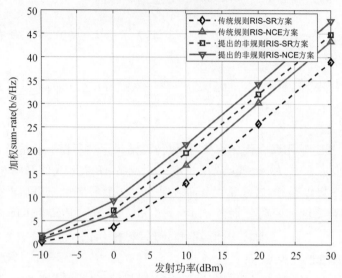

图 5.27　不同发射功率下的 WSR,$M=4$,$N=32$,$N_s=64$,$K=4$

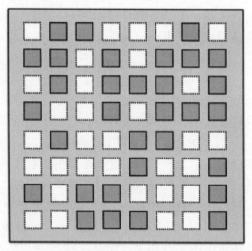

图 5.28　优化后的 RIS 拓扑结构,$N=32$,$N_s=64$

为了进一步说明 RIS 的不同稀疏比例的影响,考虑一个具有固定数量元素的不规则 RIS,其中 $M=4$,$N=20$,$K=4$。而不规则 RIS 的大小是可变的,用 N_s 表示,即曲面网格点的个数。在发射功率设置为 $P_T=10\mathrm{dBm}$ 的情况下,给出基于所提出的联合优化框架的仿真结果。以 $M=4$,$N=20$,$K=4$ 的传统常规 RIS 方案为基准,曲面尺寸固定。WSR 与不规则 RIS 大小的关系如图 5.29 所示。可以观察到,在假定 RIS 单元数为常数的情况下,通过增大表面尺寸改变不规则 RIS 的稀疏比可以有效提高 WSR 性能。此外,考虑了几种传统的常规基于 RIS 的场景,即 $M=6$,$M=7$ 和 $M=8$。在基站处部署了更多的天线。RIS 元素的数量和用户的数量保持不变。结果表明,将不规则 RIS 的大小扩大到 $N_s=40$, $N_s=60$ 和 $N_s=80$ 时,其性能分别优于 $M=6$, $M=7$ 和 $M=8$ 时的常规方案。注意,当稀疏比为 25% 时,即 $N=20$ 和 $N_s=80$ 时,不规则方案在基站处节省了一半的天线数。因此,不规则 RIS 的稀疏配置可以为提高系统容量提供一种可行的解决方案,而无须在通常硬件成本和功耗较高的基站处增加天线和射频链。然而,随着不规则 RIS 表面尺寸的增大,其性能的增长放缓,而复杂性增加。因此,应通过在实际中仔细设计 RIS 的稀疏比,实现成本和性能之间的权衡。

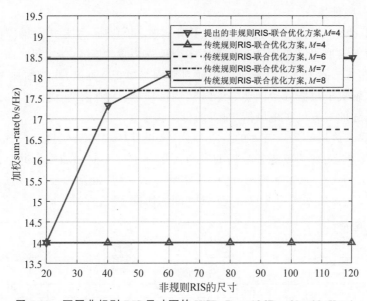

图 5.29　不同非规则 RIS 尺寸下的 WSR, $P_T=10\text{dBm}$, $N=20$, $K=4$

6. 案例总结

考虑到传统常规 RIS 辅助无线通信中 RIS 元件数量多导致的高开销和复杂性,本案例首次研究了不规则 RIS 的设计范式。首先,提出一个不规则的 RIS 结构与给定数量的元素分布在一个扩大的表面。然后,针对所提出的不规则 RIS 辅助通信,提出 WSR 最大化问题以优化系统容量。最后,提出联合优化框架来交替求解优化问题。仿真结果表明,在有限的 RIS 单元数量下,与传统的常规 RIS 相比,提出的不规则 RIS 显著提高了系统容量。此外,通过进一步优化不规则 RIS 的稀疏比,可以获得更好的性能。

5.2.5　智能区块链案例

区块链有许多应用,这里只针对领域大数据存储分散性的问题,引入区块链技术,设计云链融合的协同机制,给出云计算和区块链结合的领域大数据共享管理的框架模型。在此基础上,建立基于云链融合机制的共享数据标识编码与解析方法,实现分散数据的统一标识和定位寻址。根据云链融合的领域大数据的共享管理框架模型及相关技术,研发一套面向分散领域大数据的安全可信共享软件系统。对上述模型和方法进行有效性的验证和性能分析,该系统可以进一步扩展应用到涉及多个云环境的智慧城市评价、产业链协同等行业。

1. 面向领域数据共享的云链融合模型

云计算是采用虚拟化和按需服务等技术实现资源(包括计算、存储、软件和数据等资源)集中式服务模式。在传统的云计算架构中,通常以云端作为大型数据中心和计算中心。但随着第五代移动通信(5G)的到来和物联网(IoT)技术的发展,面对带宽消耗、网络延迟、数据隐私性保护等挑战,中心化的云端只处理计算资源需求大、实时性要求不高的计算任务,于是出现了云边端协同的边缘计算架构,边缘计算一定程度上缓解了带宽和实时性问题。但其数据分布在不同管理域,云边端之间的组织架构不同,给分散的链条数据的共享方式和可信计算带来一些挑战。

区块链(Blockchain)是一种去中心化、不可篡改、可追溯、多方共同维护的分布式数据库,能将传统单方维护的仅涉及自己业务的多个孤立数据库整合在一起分布式地存储在多方共同维护的多个节点上。区块链通过集成对等网络(P2P)协议、非对称加密、共识机制块链结构等技术,解决了数据可信问题。通过运用区块链,无须借助任何第三方可信机构,互不了解、互不信任的多方可实现可信、对等的价值传输。

基于云计算与区块链各自技术的特点和优势,设计一种多云(包括云边端)与区块链融合系统的体系架构,实现领域链条数据的安全可信共享。面向领域数据共享的云链融合系统模型如图5.30所示。总体架构划分为3层:客户端、区块链及云平台;系统通过设计9种接口和相应接口元语数据实现客户端-云-链之间的协同和交互。

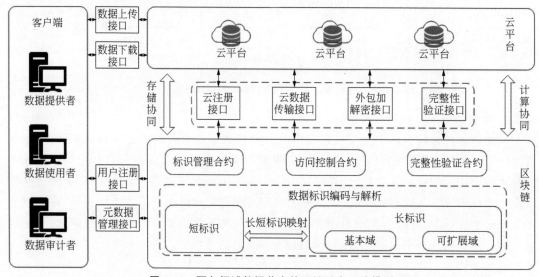

图5.30　面向领域数据共享的云链融合系统模型

云链存储协同对云链融合架构下的数据进行了分工存储、合作管理。其中,云平台以文件的形式存储用户的具体数据,而区块链只存储用于数据管理的元数据、用户请求等抽象数据。云链存储协同方法还对日志进行了分级管理,其中,记录用户对数据进行读写操作的操作日志存储在区块链中,而记录用户对数据进行查询操作的查询日志存储在用户本地。通过云链存储协同方法,注册在区块链中的管理元数据对分布在多云环境中的原始数据等进行操作管理和安全防护,重点保障了云上数据和链上记录的一致性。

云链计算协同对云链融合架构下的计算任务进行了分工。其中,云平台使用哈希算法为用户上传的数据计算数据摘要,作为数据标识;区块链承担了数据查找、日志生成、身份验证和权限管理等计算开销小但对可信度要求高的计算任务。由于每个数据读写操作都对应一个区块链中的交易,因此其数据操作日志生成的效率与区块链交易的吞吐量相关,在海量高速大数据的环境中建议采用性能较好的联盟区块链(如 Hyperledger Fabric)进行部署,以满足大多数场景的需求。云链计算协同方法还利用区块链的事件监听机制在云端监听区块链中的用户请求/元数据是否正确,以确定云中的操作是否可以执行。云链协同计算提高了云计算的安全性,也为区块链减轻了计算负担。

云链交互协同是云链融合架构中的标准化数据管理接口,为用户,以及云平台参与云链协同的存储和计算提供了支撑。云链协同接口包括云平台和用户之间的接口("云-用户接口")、区块链和用户之间的接口("链-用户接口")以及云平台和区块链之间的接口("云-链接口")。其中,按照接口中封装的底层函数的不同。"云-用户接口"又可分为数据传输接口和传输建立接口两个子类型,"链-用户接口"和"云-链接口"又可分为交易接口、事件接口和监听接口3 个子类型。

2. 共享数据的标识编码与解析协议

基于上述云链融合机制,采用 Hyperledger Fabric 联盟链和 Hadoop 等开源代码,实现了一套面向领域数据安全可信共享的云链融合系统。在系统中重点设计了云链融合的共享数据标识编码与解析协议,云链融合机制下的访问控制方法和数据完整性审计方法。

在云链融合机制下,为了统一管理存储在不同云上的共享数据,首先需要制定一套标识编码规则,通过标识完成对共享数据的唯一标记、对共享数据信息的记录和维护。相应地,为了实现共享数据寻址,需要制定一套标识解析方法,按照统一的解析步骤完成对标识的解析,最终定位共享数据在云端的存储位置。

共享数据的标识编码为二级结构。以短标识为键、长标识为值生成键值对,存储在Fabric 状态数据库中。短标识包括全局域唯一标识和用户域唯一标识两部分,用户域唯一标识用于增加命名自主性,构建的短标识用于在区块链网络中对数据进行唯一标记。长标识为描述数据的所有元数据的合集,基本的元数据包括数据在云中的存储位置(URL)、扩展字段。其中,扩展字段可为空,便于用户进行扩展。由于长标识中的字段都可以更新,当数据物理位置发生变化时,只需要更新长标识中存储的 URL,就能实现用原有的短标识对新的物理位置进行寻址,使得标识编码具有数据物理位置可迁移的特性。长标识的键-值对存储形式为快速寻址提供了保障。共享数据的标识编码与解析协议如图 5.31 所示。标识注册者发起注册请求,区块链依据标识编码规则,自动编码生成全局唯一的二级标识,将短标识返回给注册者。当标识注册者使用短标识为参数,向区块链发起数据查询请求,智能合约对二级标识分级解析,返回长标识用于对云端共享数据寻址。

3. 系统的性能测试与分析

根据本文提出的云链融合的共享数据系统模型和实现技术,研发了一套基于 Hyperledger Fabric 和公共云平台的实验原型系统。该系统通过 Hyperledger Fabric 区块解智能合约为用户提供安全可信的共享数据管理服务,包括用户管理、数据存储、数据查询、数据共享、数据审计、属性基加密访问控制等。下面测试分析该原型系统在共享数据注册和检索、访问控制、完整性审计方面的性能。

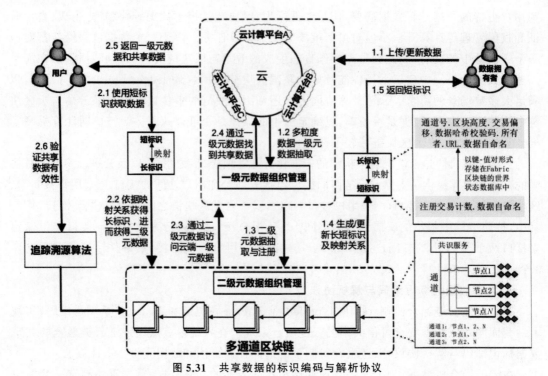

图 5.31　共享数据的标识编码与解析协议

实验选择阿里和亚马逊云等公共云为多源数据共享环境,区块链智能合约的测试使用 Hyperledger Caliper,每项性能测试重复 100 次取平均值;链下程序的测试使用测试代码进行,每项测试重复 10 次取平均值。

共享数据注册指不同云计算的拟定共享数据通过智能合约在云链融合系统的区块链链表中登记共享数据元信息的过程。实验测试系统中共享数据注册的效率。图 5.32(a)中横坐标为数据大小,纵坐标为时间开销。"x"点为平均时间,上下的"-"点表示最大值和最小值。实验结果显示,共享数据注册的时间开销与数据大小呈正相关。由于审计过程需要将数据分块,并将数据块标签存在区块链上,随着数据量的增加,数据长记录中的数据标签会增长,因此使得整个数据记录的长度增加,从而需要更多的时间开销。平均每增大 1GB 数据,数据注册的时间开销会增加 0.25s。由于区块链中交易排序存在随机性以及节点间通信时存在网络波动,相同大小数据发布的时间开销在一定范围内波动,并随着交易大小的增加波动的范围有所增加。共享数据检索指智能合约在区块链上查询数据记录。实验测试平台中数据查询的效率。图 5.32(b)中横坐标为数据大小,纵坐标为时间开销。"x"点为平均时间,上下的"-"点表示最大值和最小值。实验结果显示,数据查询的时间开销与数据大小呈正相关。随着数据量的增加,数据长记录中的数据标签会增长,使得整个数据记录的长度增加,因此需要更多的时间开销。平均每增大 1GB 数据,数据查询的时间开销会增加 0.07s。

为了测试交易和智能合约的性能,实验采用区块链性能测试工具 Caliper 测试区块链交易延迟性能指标。图 5.33 展示了并发交易数目固定时属性数量对交易的平均响应时间的影响。属性数量从 2 增长到 20,交易响应时间随着交易数量的增长呈现线性增长趋势。由于采用预加密函数计算任务资源消耗最大,因此其平均响应时间最长。虽然共识机制会导

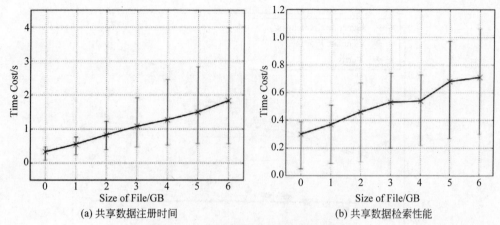

图 5.32　共享数据注册和检索性能测试

致外包计算产生一定的响应延迟,但表明在主流的部署配置中,Fabric 可以实现超过每秒 3500 个交易的吞吐量交易延迟低于 1s,可以很好地扩展到 100 个以上对等节点。

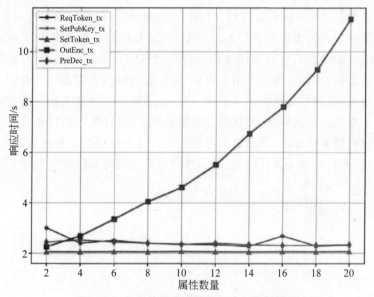

图 5.33　共享数据访问控制的链上计算性能

　　数据审计过程包括生成挑战、生成证明和完整性验证 3 个子过程。在云链融合的数据共享系统中,生成挑战和完整性验证由区块链的智能合约完成,生成证明由云服务完成。实验测试系统的共享数据审计效率。图 5.34 中横坐标为审计的数据块数,纵坐标为时间开销。“x”点表示生成挑战的时间开销,圆点表示生成证明的时间开销,“∗”点表示完整性验证的时间开销。实验结果显示,随着数据审计块数的增加,3 个子过程操作的时间开销都有所增加,但是由于 3 个子过程的计算复杂度不同,因此时间开销增长的速度有所不同。其中生成挑战部分计算复杂度最低,因此时间开销相对稳定;完整性验证部分计算复杂度最高,且在区块链上实现,因此时间开销的增长最明显,且相对其他二者,其时间开销的增长较不稳定。

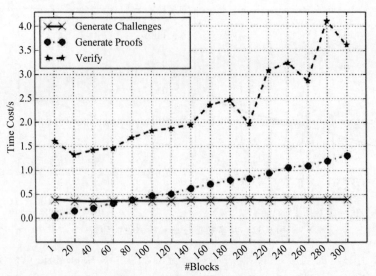

图 5.34　共享数据审计性能

　　各领域存量数据分散在不同云存储系统中,考虑数据所有权和隐私等问题,未来增量数据势必继续分散在各个机构的数据中心。因此,领域数据的分散性是其固有特性。为了实现这些分散领域大数据的安全和可信共享,使用区块链和云计算的融合机制管理这些分散数据,支撑"原始数据不出域、数据可用不可见"的领域数据共享模式。通过设计共享数据标识编码和解析协议,实现共享数据的定位和寻址;通过设计一种基于区块链智能合约机制的轻量级属性及加密访问控制算法,实现共享数据的"可控可计算";通过建立一种基于云链融合机制的数据完整性审计算法,保障数据可信共享。以上述模型和算法为基础,研发了相应的实际原型系统,测试分析了其性能,验证了模型和算法的可行性和先进性。

参 考 文 献

[1] 卢克·多梅尔. 人工智能[M]. 赛迪研究院专家组,译,北京:中信出版社,2016.

[2] Xu L D. Introduction:Systems science in industrial sectors[J]. Systems Research and Behavioral Science[J]. 2013,30(3):211-213.

[3] Da Xu L,Lu Y,Li L. Embedding blockchain technology into IoT for security:A survey[J]. IEEE Internet of Things Journal,2021,8(13):10452-10473.

[4] Huang B,Huan Y,Xu L D,et al. Automated trading systems statistical and machine learning methods and hardware implementation:a survey[J]. Enterprise Information Systems,2019,13(1):132-144.

[5] Cai-Ming Z,Hao-Nan C. Preprocessing method of structured big data in human resource archives database[C]//2020 IEEE International Conference on Industrial Application of Artificial Intelligence (IAAI). IEEE,2020:379-384.

[6] Zhang C. Research on the fluctuation and factors of China TFP of ITindustry[J]. Journal of Industrial Integration and Management,2019,4(04):1950013.

[7] Zhang Z,Cui P,Zhu W. Deep learning on graphs:Asurvey[J]. IEEE Transactions on Knowledge and Data Engineering,2020,34(1):249-270.

[8] Wu H,Han H,Wang X,et al. Research on artificial intelligence enhancing internet of things security:Asurvey[J]. Ieee Access,2020,8:153826-153848.

[9] Chen L,Chen P,Lin Z. Artificial intelligence in education:Areview[J]. Ieee Access,2020,8:75264-75278.

[10] Misra N N,Dixit Y,Al-Mallahi A,et al. IoT,big data,and artificial intelligence in agriculture and food industry[J]. IEEE Internet of things Journal,2020,9(9):6305-6324.

[11] Kullaya Swamy A,Sarojamma B. Bank transaction data modeling by optimized hybrid machine learning merged with ARIMA[J]. Journal of Management Analytics,2020,7(4):624-648.

[12] Finogeev A,Finogeev A,Fionova L,et al. Intelligent monitoring system for smart road environment [J]. Journal of Industrial Information Integration,2019,15:15-20.

[13] 杨玉坤,赵杰. 论计算机智能信息处理技术应用与发展前景[J]. 科学技术创新,2018(3):77-78.

[14] 樊昌信,曹丽娜. 通信原理精编本[M]. 7版. 北京:国防工业出版社,2021.

[15] 王素珍,贺英. 通信原理[M]. 北京:北京邮电大学出版社,2010.

[16] Proakis J G,Salehi M. Digital Communications,5th Edition[M]. New York:McGraw-Hill Education,2008.

[17] 姚晨旭. 5G信道编码技术浅谈[J]. 信息通信,2020(01):104-105.

[18] 于清苹,史治平. 5G信道编码技术研究综述[J]. 无线电通信技术,2018,44(01):1-8.

[19] 朱雨轩. 基于机器学习的无线通信信道估计算法研究[D]. 成都:电子科技大学,2022.

[20] 陆汉权. 数据与计算[M]. 4版. 北京:电子工业出版社,2019.

[21] 戴禄君. 大数据背景下的计算机信息处理技术探究[J]. 中国信息化,2021(7):52-53.

[22] Armbrust M,Fox A,Griffith R,et al. Above the clouds:a Berkeley view of cloud computing[R]. Berkeley:EECS Department,2009.

[23] Chen J,Yin X,Cai X,et al. Measurement-based massive MIMO channel modeling for outdoor LoS and NLoS environments[J]. IEEE access,2017,5:2126-2140.

［24］ Huang J,Wang C X,Feng R,et al. Multi-frequency mmWave massive MIMO channel measurements and characterization for 5G wireless communication systems［J］. IEEE journal on selected areas in communications,2017,35(7)：1591-1605.

［25］ Gao X,Tufvesson F,Edfors O,et al. Measured propagation characteristics for very-large MIMO at 2. 6 GHz［C］. 2012 Conference Record of the Forty Sixth Asilomar Conference on Signals,Systems and Computers (ASILOMAR). IEEE,2012：295-299.

［26］ Gao X,Edfors O,Rusek F,et al. Massive MIMO performance evaluation based on measured propagation data［J］. IEEE Transactions on Wireless Communications,2015,14(7)：3899-3911.

［27］ Martínez À O,De Carvalho E,Nielsen J Ø. Towards very large aperture massive MIMO：A measurement based study［C］. 2014 IEEE Globecom Workshops (GC Wkshps). IEEE,2014：281-286.

［28］ Wu S,Wang C X,Alwakeel M M,et al. A non-stationary 3-D wideband twin-cluster model for 5G massive MIMO channels［J］. IEEE journal on selected areas in communications,2014,32(6)：1207-1218.

［29］ Wu S,Wang C X,Haas H,et al. A non-stationary wideband channel model for massive MIMO communicationsystems［J］. IEEE transactions on wireless communications,2014,14(3)：1434-1446.

［30］ Wu H,Jin S,Gao X. Non-stationary multi-ring channel model for massive MIMO systems［C］. 2015 International Conference on Wireless Communications & Signal Processing (WCSP). IEEE,2015：1-6.

［31］ Viriyasitavat W,Boban M,Tsai H M,et al. Vehicular communications：Survey and challenges of channel and propagation models［J］. IEEE Vehicular Technology Magazine,2015,10(2)：55-66.

［32］ Sun R,Matolak D W,Liu P. 5-GHz V2V channel characteristics for parking garages［J］. IEEE transactions on vehicular technology,2016,66(5)：3538-3547.

［33］ Vlastaras D,Abbas T,Nilsson M,et al. Impact of a truck as an obstacle on vehicle-to-vehicle communications in rural and highway scenarios［C］. 2014 IEEE 6th International Symposium on Wireless Vehicular Communications (WiVeC 2014). IEEE,2014：1-6.

［34］ Wu Q,Zhang R. Towards smart and reconfigurable environment：Intelligent reflecting surface aided wirelessnetwork［J］. IEEE Communications Magazine,2019,58(1)：106-112.

［35］ 李世亮. 室内可见光无线通信调制方法［D］. 哈尔滨：哈尔滨工程大学,2011.

［36］ 樊昌信,曹丽娜. 通信原理［M］. 6 版. 北京：国防工业出版社,2008：65-85.

［37］ 刘晶. 可见光通信中的 PPM 编码调制技术［D］. 南京：东南大学,2016.

［38］ Pathak P H,Feng X,Hu P,et al. Visible light communication,networking,and sensing：A survey, potential and challenges［J］. IEEE communications surveys & tutorials,2015,17(4)：2047-2077.

［39］ [1]李永伟. 基于压缩感知的可见光 OFDM 系统信道估计算法的研究［D］. 包头：内蒙古科技大学, 2021.

［40］ 贾科军,靳斌,郝莉,等. 室内可见光通信中 DCO-OFDM 和 ACO-OFDM 系统性能分析［J］. 中国激光,2017,44(08)：237-245.

［41］ Clevorn T. Simple peak-to-average power ratio reduction by non-regular signal constellation sets［C］. 2012 IEEE 23rd International Symposium on Personal,Indoor and Mobile Radio Communications-(PIMRC). IEEE,2012：2371-2376.

［42］ Tang J,Zhang L,Wu Z. Exact bit error rate analysis for color shift keyingmodulation［J］. IEEE Communications Letters,2017,22(2)：284-287.

［43］ 时天峰. 可见光通信中色移键控调制技术研究［D］. 徐州：中国矿业大学,2022.

[44]　沈振民.基于 LED 的室内可见光通信信道建模及光学接收端研究[D].北京:北京理工大学,2014.

[45]　Wu H,Fan Q. Study on LED visible light communication channel model based onpoisson stochastic network theory[C]//2020 International Conference on Wireless Communications and Smart Grid (ICWCSG). IEEE,2020：5-9.

[46]　贾科军,郝莉,余彩虹.室内可见光通信多径信道建模及 MIMO-ACO-OFDM 系统性能分析[J].光学学报,2016,36(7)：57-68.

[47]　Brandwood D H. A complex gradient operator and its application in adaptive array theory[C]. IEE Proceedings H (Microwaves,Optics and Antennas). IET Digital Library,1983,130(1)：11-16.

[48]　王宏民,刘贞周,李冰,等.可见光通信的信道估计技术研究[J].哈尔滨理工大学学报,2018,23(02)：29-34. DOI:10. 15938/j. jhust. 2018. 02. 006.

[49]　Muquet B,de Courville M. Blind and semi-blind channel identification methods using second order statistics for OFDM systems[C]. icassp. 1999,99：2745-2748.

[50]　Çai X,Akansu A N. A subspace method for blind channel identification in OFDM systems[C]//2000 IEEE International Conference on Communications. ICC 2000. Global Convergence Through Communications. Conference Record. IEEE,2000,2：929-933.

[51]　Muquet B,De Courvile M,Duhamel P. Subspace-based blind and semi-blind channel estimation for OFDM systems[J]. IEEE Transactions on signal processing,2002,50(7)：1699-1712.

[52]　Zhou S,Muquet B,Giannakis G B. Subspace-based（semi-）blind channel estimation for block precoded space-time OFDM[J]. IEEE Transactions on Signal Processing,2002,50(5)：1215-1228.

[53]　李子,蔡跃明,阚春荣,等. OFDM 系统中的盲信道估计[J]. 信号处理,2005,21(5)：508-514.

[54]　Zhou S,Muquet B,Giannakis G B. Subspace-based（semi-）blind channel estimation for block precoded space-time OFDM[J]. IEEE Transactions on Signal Processing,2002,50(5)：1215-1228.

[55]　Chen P,Kobayashi H. Maximum likelihood channel estimation and signal detection for OFDM systems[C]. 2002 IEEE International Conference on Communications. Conference Proceedings. ICC 2002 (Cat. No. 02CH37333). IEEE,2002,3：1640-1645.

[56]　程婷婷.可见光局域网系统中组网技术和安全技术的研究[D].北京:北京邮电大学,2019.

[57]　陈特,刘瑶.可见光通信的研究[J].中兴通信技术. 2013,19(1)：49-52.

[58]　Wang Z,Wang Q,Huang W,et al. Visible light communications：modulation and signalprocessing [M]. New York：John Wiley & Sons,2017.

[59]　李世亮.室内可见光无线通信调制方法[D].哈尔滨工程大学光学工程学科学位论文,2011:27-31.

[60]　刘微.基于 CDMA 的可见光通信系统技术研究[D].哈尔滨:黑龙江大学,2016.

[61]　崔冰琪,周省邦,陈睿,等.室内可见光通信异构组网关键技术研究进展[J].激光杂志,2023,44(05)：6-12. DOI:10. 14016/j. cnki. jgzz. 2023. 05. 006.

[62]　Shao S,Khreishah A,Rahaim M B,et al. An indoor hybrid WiFi-VLC internet access system[C]. 2014 IEEE 11th International Conference on Mobile Ad Hoc and Sensor Systems. IEEE,2014：569-574.

[63]　郭伟,于宏毅,刘建辉.基于可见光通信的室内光电混合网络组网关键技术[J].中兴通讯技术,2014,20(6)：2-7.

[64]　翟雷,倪菊,覃琦超,等.基于 QoE 的室内 VLC-RF 异构网络动态接入算法[J].现代电子技术,2021,44(13)：17-22.

[65]　Tabassum H,Hossain E. Coverage and rate analysis for co-existing RF/VLC downlink cellular networks[J]. IEEE Transactions on Wireless Communications,2018,17(4)：2588-2601.

［66］ Pratama Y S M,Choi K W. Bandwidth aggregation protocol and throughput-optimal scheduler for hybrid RF and visible light communication systems［J］. IEEE Access,2018,6：32173-32187.

［67］ O'Brien D,Turnbull R,Le Minh H,et al. High-speed optical wireless demonstrators：conclusions and futuredirections［J］. Journal of Lightwave Technology,2012,30(13)：2181-2187.

［68］ 马彬,吴利平,谢显. 下一代有无线网络切换技术［M］. 北京：科学出版社,2017.

［69］ Chen X,Li D,Yang Z,et al. Securing aerial-ground transmission for NOMA-UAVnetworks［J］. IEEE Network,2020,34(6)：171-177.

［70］ Wang J,Na Z,Liu X. Collaborative design of multi-UAV trajectory and resource scheduling for 6G-enabledinternet of things［J］. IEEE Internet of Things Journal,2020,8(20)：15096-15106.

［71］ Liu Y,Pan H,Sun G,et al. Joint scheduling and trajectory optimization of charging UAV in wireless rechargeable sensornetworks［J］. IEEE Internet of Things Journal,2021,9(14)：11796-11813.

［72］ Zhao C,Liu J,Sheng M,et al. Multi-UAV trajectory planning for energy-efficient content coverage：A decentralized learning-based approach［J］. IEEE Journal on Selected Areas in Communications,2021,39(10)：3193-3207.

［73］ 刘超,陆璐,王硕,等. 面向空天地一体多接入的融合 6G 网络架构展望［J］. 移动通信,2020,44(06)：116-120.

［74］ Khuwaja A A,Chen Y,Zhao N,et al. A survey of channel modeling for UAV communications［J］. IEEE Communications Surveys & Tutorials,2018,20(4)：2804-2821.

［75］ Duo B,Wu Q,Yuan X,et al. Anti-jamming 3D trajectory design for UAV-enabled wireless sensor networks under probabilisticLoS channel［J］. IEEE transactions on vehicular technology,2020,69(12)：16288-16293.

［76］ Costantino D,Angelini M G,Vozza G. The engineering and assembly of a low cost UAV［C］//2015 IEEE Metrology for Aerospace (MetroAeroSpace). IEEE,2015：351-355.

［77］ Dai C Q,Zhang M,Li C,et al. QoE-aware intelligent satellite constellation design in satellite Internet of Things［J］. IEEE Internet of Things Journal,2020,8(6)：4855-4867.

［78］ Zhu X,Jiang C,Kuang L,et al. Cooperative transmission in integrated terrestrial-satellite networks［J］. IEEE network,2019,33(3)：204-210.

［79］ Shafique T,Tabassum H,Hossain E. Optimization of wireless relaying with flexible UAV-borne reflecting surfaces［J］. IEEE Transactions on Communications,2020,69(1)：309-325.

［80］ Jiang X,Chen X,Tang J,et al. Covert communication in UAV-assisted air-groundnetworks［J］. IEEE Wireless Communications,2021,28(4)：190-197.

［81］ Chen Z,Ma X,Zhang B,et al. A survey on terahertzcommunications［J］. China Communications,2019,16(2)：1-35.

［82］ Zhang S,Jin S,Wen C K,et al. Improving expectation propagation with lattice reduction for massive MIMO detection［J］. China Communications,2018,15(12)：49-54.

［83］ Akyildiz I F,Jornet J M. Realizing ultra-massive MIMO (1024×1024) communication in the (0.06 - 10) terahertz band［J］. Nano Communication Networks,2016,8：46-54.

［84］ Zhang C,Ueng Y L,Studer C,et al. Artificial intelligence for 5G and beyond 5G：Implementations, algorithms,and optimizations［J］. IEEE Journal on Emerging and Selected Topics in Circuits and Systems,2020,10(2)：149-163.

［85］ Wang H,Liu C,Shi Z,et al. On power minimization for RIS-aided downlink NOMAsystems［J］. IEEE wireless communications letters,2020,9(11)：1808-1811.

[86] Xie Z,Liu J,Sheng M,et al. Exploiting aerial computing for air-to-ground coverage enhancement[J]. IEEE Wireless Communications,2021,28(5):50-58.

[87] Khuwaja A A,Chen Y,Zhao N,et al. A survey of channel modeling for UAV communications[J]. IEEE Communications Surveys & Tutorials,2018,20(4):2804-2821.

[88] Khawaja W,Guvenc I,Matolak D W,et al. A survey of air-to-ground propagation channel modeling for unmanned aerial vehicles[J]. IEEE Communications Surveys & Tutorials,2019,21(3):2361-2391.

[89] Haque J. An OFDM based aeronautical communication system[M]. Tampa Bay:University of South Florida,2011.

[90] Yan C,Fu L,Zhang J,et al. A comprehensive survey on UAV communication channelmodeling[J]. IEEE Access,2019,7:107769-107792.

[91] ITU Radiocommunication Assembly. Recommendation ITU-R P. 838-3:Specific Attenuation Model for Rain for use in Prediction Methods (Question ITU-R 201/3)[EB/OL]. [2005-12-12]. https://www.itu.int/rec/R-REC-P. 838/en.

[92] ITU Radiocommunication Assembly. Recommendation ITU-R P. 530-17:Propagation Data and Prediction Methods Required for the Design of Terrestrial Line-of-Sight Systems (Question ITU-R 204/3) [EB/OL]. [2017-12-12]. https://www. itu. int/en/ITU-R/publications/publishedfiles/P-530-17.

[93] Parsons J D,Parsons P J D. The mobile radio propagationchannel[M]. New York:Wiley,2000.

[94] Tse D,Viswanath P. Fundamentals of Wireless Communication[M]. Cambridge,U. K. :Cambridge Univ. Press,2005.

[95] Xie J,Wan Y,Kim J H,et al. A survey and analysis of mobility models for airborne networks[J]. IEEE Communications Surveys & Tutorials,2013,16(3):1221-1238.

[96] Matolak D W,Sun R. Air‐ground channel characterization for unmanned aircraft systems—Part I:Methods,measurements,and models for over-water settings[J]. IEEE Transactions on Vehicular Technology,2016,66(1):26-44.

[97] Haas E. Aeronautical channelmodeling[J]. IEEE transactions on vehicular technology,2002,51(2):254-264.

[98] Basar E,Di Renzo M,De Rosny J,et al. Wireless communications through reconfigurable intelligent surfaces[J]. IEEE access,2019,7:116753-116773.

[99] Wu Q,Zhang R. Towards smart and reconfigurable environment:Intelligent reflecting surface aided wirelessnetwork[J]. IEEE communications magazine,2019,58(1):106-112.

[100] Al-Hilo A,Samir M,Elhattab M,et al. RIS-assisted UAV for timely data collection in IoT networks [J]. IEEE Systems Journal,2022,17(1):431-442.

[101] Samir M,Ebrahimi D,Assi C,et al. Trajectory planning of multiple dronecells in vehicular networks:A reinforcement learning approach[J]. IEEE Networking Letters,2020,2(1):14-18.

[102] Mozaffari M,Saad W,Bennis M,et al. Unmanned aerial vehicle with underlaid device-to-device communications:Performance and tradeoffs[J]. IEEE Transactions on Wireless Communications,2016,15(6):3949-3963.

[103] Long H,Chen M,Yang Z,et al. Reflections in the sky:Joint trajectory and passivebeamforming design for secure UAV networks with reconfigurable intelligent surface[J]. arXiv preprint arXiv:2005. 10559,2020.

[104] Samir M, Elhattab M, Assi C, et al. Optimizing age of information through aerial reconfigurable intelligent surfaces: A deep reinforcement learning approach[J]. IEEE Transactions on Vehicular Technology, 2021, 70(4): 3978-3983.

[105] Mei H, Yang K, Shen J, et al. Joint trajectory-task-cache optimization with phase-shift design of RIS-assisted UAV for MEC[J]. IEEE Wireless Communications Letters, 2021, 10(7): 1586-1590.

[106] Long H, Chen M, Yang Z, et al. Joint trajectory and passivebeamforming design for secure UAV networks with RIS[C]//2020 IEEE Globecom Workshops (GC Wkshps. IEEE, 2020: 1-6.

[107] Li S, Duo B, Yuan X, et al. Reconfigurable intelligent surface assisted UAV communication: Joint trajectory design and passivebeamforming[J]. IEEE Wireless Communications Letters, 2020, 9(5): 716-720.

[108] Liu H, Eldarrat F, Alqahtani H, et al. Mobile edge cloud system: Architectures, challenges, and approaches[J]. IEEE Systems Journal, 2017, 12(3): 2495-2508.

[109] Mao Y, You C, Zhang J, et al. A survey on mobile edge computing: The communicationperspective [J]. IEEE communications surveys & tutorials, 2017, 19(4): 2322-2358.

[110] Mach P, Becvar Z. Mobile edge computing: A survey on architecture and computation offloading[J]. IEEE communications surveys & tutorials, 2017, 19(3): 1628-1656.

[111] Chang H, Chen Y, Zhang B, et al. Multi-UAV mobile edge computing and path planning platform based on reinforcementlearning[J]. IEEE Transactions on Emerging Topics in Computational Intelligence, 2021, 6(3): 489-498.

[112] 张延华, 赵铖泽, 李萌, 等. MEC 和区块链赋能无人机辅助的物联网资源优化[J]. 北京工业大学学报, 2022, 48(9): 935-943.

[113] Qiu C, Yao H, Yu F R, et al. A service-oriented permissioned blockchain for the Internet of Things [J]. IEEE Transactions on Services Computing, 2020, 13(2): 203-215.

[114] Jiang X, Sheng M, Nan Z, et al. Green UAV communications for 6G: A survey[J]. Chinese Journal of Aeronautics, 2022, 35(9): 19-34.

[115] 刘秋妍, 李福昌, 张忠皓, 等. 智能超表面技术 5G 化演进探讨[J]. 邮电设计技术, 2021(12): 141.

[116] Cui T J, Qi M Q, Wan X, et al. Coding metamaterials, digital metamaterials and programmable metamaterials[J]. Light: science & applications, 2014, 3(10): e218-e218.

[117] Li L, Jun Cui T, Ji W, et al. Electromagnetic reprogrammable coding-metasurface holograms[J]. Nature communications, 2017, 8(1): 197.

[118] Hu S, Rusek F, Edfors O. The potential of using large antenna arrays on intelligent surfaces[C]// 2017 IEEE 85th vehicular technology conference (VTC Spring). IEEE, 2017: 1-6.

[119] Liaskos C, Nie S, Tsioliaridou A, et al. A new wireless communication paradigm through software-controlled metasurfaces[J]. IEEE communications magazine, 2018, 56(9): 162-169.

[120] 刘秋妍, 吕轩, 李佳俊, 等. 基于智能超表面的毫米波覆盖增强技术研究[J]. 信息通信技术, 2021, 15(5): 34-38.

[121] C114 通信网. 跨学科创新, 中国移动联合崔铁军院士团队率先完成智能超表面技术试验[EB/OL]. [2021-08-24]. https://www.c114.com.cn/news/118/a1168348.html.

[122] 中兴通讯. 中兴通讯联合中国电信完成业界首个 5G 高频外场智能超表面技术验证测试[EB/OL]. [2021-08-24]. https://www.c114.com.cn/news/127/a1167281.html.

[123] 中兴通讯. 中兴通讯携手中国联通完成全球首个 5G 中频网络外场下的智能超表面技术验证[EB/OL]. [2021-08-24]. https://www.c114.com.cn/news/127/a116716 7.html.

[124] 深圳大数据研究院. 数学与通信完美结合——罗智泉教授团队与华为合作取得 5G 网络中应用智能反射面技术的突破[EB/OL]. [2021-08-24]. http://www. sribd. cn/article /361.

[125] DOCOMO MWC21. 5G Evolution and 6G：HAPS, metasurface lens and pinching antenna[EB/OL]. https://www. nttdocomo. co. jp/english/info/ media_center/event/ mwc21/contents/exhibits06/. 2021.

[126] 杨坤, 姜大洁, 秦飞. 面向 6G 的智能表面技术综述[J]. 移动通信, 2020, 44(06)：70-74＋81.

[127] Cao Y, Lv T. Intelligent reflecting surface enhanced resilient design for MEC offloading over millimeter wave links[J]. arXiv preprint arXiv：1912. 06361, 2019.

[128] Bai T, Pan C, Deng Y, et al. Latency minimization for intelligent reflecting surface aided mobile edge computing[J]. IEEE Journal on Selected Areas in Communications, 2020, 38(11)：2666-2682.

[129] Yang L, Yang J, Xie W, et al. Secrecy performance analysis of RIS-aided wireless communication systems[J]. IEEE Transactions on Vehicular Technology, 2020, 69(10)：12296-12300.

[130] Pan C, Ren H, Wang K, et al. Multicell MIMO communications relying on intelligent reflecting surfaces[J]. IEEE Transactions on Wireless Communications, 2020, 19(8)：5218-5233.

[131] Wang H, Zhang Z, Zhu B, et al. Performance of wireless optical communication with reconfigurable intelligent surfaces and randomobstacles[J]. arXiv preprint arXiv：2001. 05715, 2020.

[132] Li S, Duo B, Yuan X, et al. Reconfigurable intelligent surface assisted UAV communication：Joint trajectory design and passivebeamforming[J]. IEEE Wireless Communications Letters, 2020, 9(5)：716-720.

[133] Ma D, Ding M, Hassan M. Enhancing cellular communications for UAVs via intelligent reflective surface[C]//2020 IEEE Wireless Communications and Networking Conference (WCNC). IEEE, 2020：1-6.

[134] Makarfi A U, Rabie K M, Kaiwartya O, et al. Reconfigurable intelligent surface enabled IoT networks in generalized fading channels[C]//ICC 2020-2020 IEEE International Conference on Communications (ICC). IEEE, 2020：1-6.

[135] Mu X, Liu Y, Guo L, et al. Intelligent reflecting surface enhanced indoor robot path planning：A radio map-based approach[J]. IEEE Transactions on Wireless Communications, 2021, 20(7)：4732-4747.

[136] 马红兵, 张平, 杨帆, 等. 智能超表面技术展望与思考[J]. 中兴通讯技术, 2022, 28(03)：70-77.

[137] Liu Y, Liu X, Mu X, et al. Reconfigurable intelligent surfaces：Principles andopportunities[J]. IEEE communications surveys & tutorials, 2021, 23(3)：1546-1577.

[138] Bell R J, Armstrong K R, Nichols C S, et al. Generalized laws of refraction andreflection[J]. JOSA, 1969, 59(2)：187-189.

[139] Fu X, Peng R, Liu G, et al. Channel modeling for RIS-assisted 6G communications[J]. Electronics, 2022, 11(19)：2977.

[140] Xu J, Liu Y, Mu X, et al. STAR-RISs：Simultaneous transmitting and reflecting reconfigurable intelligent surfaces[J]. IEEE Communications Letters, 2021, 25(9)：3134-3138.

[141] Hu C, Dai L, Han S, et al. Two-timescale channel estimation for reconfigurable intelligent surface aided wireless communications[J]. IEEE Transactions on Communications, 2021, 69(11)：7736-7747.

[142] 司黎明, 汤鹏程, 董琳, 等. 2021 年可重构智能超表面技术热点回眸[J]. 科技导报, 2022, 40(01)：175-183.

[143]   Khaleel A，Basar E. Reconfigurable intelligent surface-empowered MIMO systems［J］. IEEE
         Systems Journal，2020，15(3)：4358-4366.

[144]   Qian X，Di Renzo M，Liu J，et al. Beamforming through reconfigurable intelligent surfaces in single-
         user MIMO systems：SNR distribution and scaling laws in the presence of channel fading and phase
         noise［J］. IEEE wireless communications letters，2020，10(1)：77-81.

[145]   Ardah K，Gherekhloo S，de Almeida A L F，et al. TRICE：A channel estimation framework for RIS-
         aided millimeter-wave MIMO systems［J］. IEEE signal processing letters，2021，28：513-517.

[146]   Fu M，Zhou Y，Shi Y，et al. Reconfigurable intelligent surface empowered downlink non-orthogonal
         multipleaccess［J］. IEEE Transactions on Communications，2021，69(6)：3802-3817.

[147]   Liu X，Liu Y W，Chen Y，et al. RIS enhanced massive non-orthogonal multiple access networks：
         Deployment and passivebeamforming design ［J］. IEEE Journal on Selected Areas in
         Communications，2021，39(4)：1057- 1071.

[148]   Cheng YY，Li K H，Liu Y W，et al. Downlink and uplink intelligent reflecting surface aided
         networks：NOMA and OMA［J］. IEEE Transactions on Wireless Communications，2021，20(6)：
         3988-4000.

[149]   Yang G，Xu X Y，Liang Y C，et al. Reconfigurable intelligent surface-assisted non-orthogonal
         multiple access［J］. IEEE Transactions on Wireless Communications，2021，20(5)：3137-3151.

[150]   Le C B，Do D T，Li X W，et al. Enabling NOMA in backscatter reconfigurable intelligent surfaces-
         aidedsystems［J］. IEEE Access，2021，9：33782-33795.

[151]   Al-Hraishawi H，Minardi M，Chougrani H，et al. Multilayer space information networks：Access
         design and softwarization［J］. IEEE Access，2021，9：158587-158598.

[152]   Cao X L，Yang B，Huang C W，et al. Converged reconfigurable intelligent surface and mobile edge
         computing for space informationnetworks［J］. IEEE Network，2021，35(4)：42-48.

[153]   Huang S F，Wang S，Wang R，et al. Reconfigurable intelligent surface assisted mobile edge
         computing with heterogeneous learningtasks［J］. IEEE Transactions on Cognitive Communications
         and Networking，2021，7(2)：369-382.

[154]   Hu X Y，Masouros C，Wong K K. Reconfigurable intelligent surface aided mobile edge computing：
         From optimization-based to location-only learning-based solutions ［J］. IEEE Transactions on
         Communications，2021，69(6)：3709-3725.

[155]   Ranjha A，Kaddoum G. URLLC facilitated by mobile UAV relay and RIS：A joint design of passive
         beamforming，blocklength，and UAV positioning［J］. IEEE Internet of Things Journal，2021，8(6)：
         4618-4627.

[156]   Shang B D，Shafin R，Liu L J. UAV swarm-enabled aerial reconfigurable intelligent surface (SARIS)
         ［J］. IEEE Wireless Communications，2021，28(5)：156-163.

[157]   Guo X F，Chen Y B，Wang Y. Learning-based robust and secure transmission for reconfigurable
         intelligent surface aided millimeter wave UAV communications［J］. IEEE Wireless Communications
         Letters，2021，10(8)：1795-1799.

[158]   Samir M，Elhattab M，Assi C，et al. Optimizing age of information through aerial reconfigurable
         intelligent surfaces：A deep reinforcement learning approach［J］. IEEE Transactions on Vehicular
         Technology，2021，70(4)：3978-3983.

[159]   Michailidis E T，Miridakis N I，Michalas A，et al. Energy optimization in dual-RIS UAV-aided MEC-
         enabled internet of vehicles［J］. Sensors，2021，21(13)：4392.

[160] 方巍,文学志,潘吴斌,等.云计算:概念、技术及应用研究综述[J].南京信息工程大学学报(自然科学版),2012,4(04):351-361.

[161] 房秉毅,张云勇,程莹,等.云计算国内外发展现状分析[J].电信科学,2010,26(S1):1-6.

[162] 陈国良,孙广中,徐云,等.并行计算的一体化研究现状与发展趋势[J].科学通报,2009,54(08):1043-1049.

[163] 张建勋,古志民,郑超.云计算研究进展综述[J].计算机应用研究,2010,27(02):429-433.

[164] 陈全,邓倩妮.云计算及其关键技术[J].计算机应用,2009,29(09):2562-2567.

[165] 罗军舟,金嘉晖,宋爱波,等.云计算:体系架构与关键技术[J].通信学报,2011,32(07):3-21.

[166] 武志学.云计算虚拟化技术的发展与趋势[J].计算机应用,2017,37(04):915-923.

[167] 刘越.云计算综述与移动云计算的应用研究[J].信息通信技术,2010,4(02):14-20.

[168] 王意洁,孙伟东,周松,等.云计算环境下的分布存储关键技术[J].软件学报,2012,23(04):962-986.

[169] 冯朝,秦志光,袁丁.云数据安全存储技术[J].计算机学报,2015,38(01):150-163.

[170] 张玉清,王晓菲,刘雪峰,等.云计算环境安全综述[J].软件学报,2016,27(06):1328-1348.

[171] 张云勇,陈清金,潘松柏,等.云计算安全关键技术分析[J].电信科学,2010,26(09):64-69.

[172] 李德仁,姚远,邵振峰.智慧城市中的大数据[J].武汉大学学报(信息科学版),2014,39(06):631-640.

[173] 施巍松,孙辉,曹杰,等.边缘计算:万物互联时代新型计算模型[J].计算机研究与发展,2017,54(05):907-924.

[174] 施巍松,张星洲,王一帆,等.边缘计算:现状与展望[J].计算机研究与发展,2019,56(01):69-89.

[175] 马睿文.云计算呈现五大趋势[J].通信企业管理,2022(10):50-51.

[176] 郑湃,崔立真,王海洋,等.云计算环境下面向数据密集型应用的数据布局策略与方法[J].计算机学报,2010,33(08):1472-1480.

[177] 王元地,李粒,胡谍.区块链研究综述[J].中国矿业大学学报(社会科学版),2018,20(03):74-86.

[178] 曹偵,林亮,李云,等.区块链研究综述[J].重庆邮电大学学报(自然科学版),2020,32(01):1-14.

[179] 袁勇,王飞跃.区块链技术发展现状与展望[J].自动化学报,2016,42(04):481-494.

[180] 张亮,刘百祥,张如意,等.区块链技术综述[J].计算机工程,2019,45(05):1-12.

[181] 代闯闯,栾海晶,杨雪莹,等.区块链技术研究综述[J].计算机科学,2021,48(S2):500-508.

[182] 马昂,潘晓,吴雷,等.区块链技术基础及应用研究综述[J].信息安全研究,2017,3(11):968-980.

[183] 姚忠将,葛敬国.关于区块链原理及应用的综述[J].科研信息化技术与应用,2017,8(02):3-17.

[184] 曾诗钦,霍如,黄韬,等.区块链技术研究综述:原理、进展与应用[J].通信学报,2020,41(01):134-151.

[185] 刘懿中,刘建伟,张宗洋,等.区块链共识机制研究综述[J].密码学报,2019,6(04):395-432.

[186] 贺海武,延安,陈泽华.基于区块链的智能合约技术与应用综述[J].计算机研究与发展,2018,55(11):2452-2466.

[187] 于戈,聂铁铮,李晓华,等.区块链系统中的分布式数据管理技术——挑战与展望[J].计算机学报,2021,44(01):28-54.

[188] 韩璇,刘亚敏.区块链技术中的共识机制研究[J].信息网络安全,2017(09):147-152.

[189] 袁勇,倪晓春,曾帅,等.区块链共识算法的发展现状与展望[J].自动化学报,2018,44(11):2011-2022.

[190] 蔡晓晴,邓尧,张亮,等.区块链原理及其核心技术[J].计算机学报,2021,44(01):84-131.

[191] 欧阳丽炜,王帅,袁勇,等.智能合约:架构及进展[J].自动化学报,2019,45(03):445-457.

[192] 刘明达,陈左宁,拾以娟,等. 区块链在数据安全领域的研究进展[J]. 计算机学报,2021,44(01):1-27.

[193] 谢辉,王健. 区块链技术及其应用研究[J]. 信息网络安全,2016(9):192-195.

[194] 朱建明,付永贵. 基于区块链的供应链动态多中心协同认证模型[J]. 网络与信息安全学报,2016,2(1):27-33.

[195] Zhang Q,Zhao Y,Li H,et al. Joint Optimization of STAR-RIS Assisted UAV CommunicationSystems[J]. IEEE Wireless Communications Letters,2022,11(11):2390-2394.

[196] Niu H,Chu Z,Zhou F,et al. Simultaneous transmission and reflection reconfigurable intelligent surface assisted secrecy MISO networks[J]. IEEE Communications Letters,2021,25(11):3498-3502.

[197] Niu H,Chu Z,Zhou F,et al. Weighted sum rate optimization for STAR-RIS-assisted MIMO system[J]. IEEE transactions on vehicular technology,2021,71(2):2122-2127.

[198] Liu Y,Mu X,Xu J,et al. STAR:Simultaneous transmission and reflection for 360° coverage by intelligent surfaces[J]. IEEE Wireless Communications,2021,28(6):102-109.

[199] Zuo J,Liu Y,Ding Z,et al. Joint design for simultaneously transmitting and reflecting (STAR) RIS assisted NOMA systems[J]. IEEE Transactions on Wireless Communications,2022.

[200] Mu X,Liu Y,Guo L,et al. Simultaneously transmitting and reflecting (STAR) RIS aided wireless communications[J]. IEEE Transactions on Wireless Communications,2021,21(5):3083-3098.

[201] Niu H,Liang X. Weighted sum-rate maximization for STAR-RISs-aided networks with coupled phase-shifters[J]. IEEE Systems Journal,2022,17(1):1083-1086.

[202] Liu Y,Mu X,Schober R,et al. Simultaneously transmitting and reflecting (STAR)-RISs:A coupled phase-shift model[C]//ICC 2022-IEEE International Conference on Communications. IEEE,2022:2840-2845.

[203] Li S,Duo B,Yuan X,et al. Reconfigurable intelligent surface assisted UAV communication:Joint trajectory design and passivebeamforming[J]. IEEE Wireless Communications Letters,2020,9(5):716-720.

[204] Mu X,Liu Y,Guo L,et al. Exploiting intelligent reflecting surfaces in NOMA networks:Joint beamforming optimization[J]. IEEE Transactions on Wireless Communications,2020,19(10):6884-6898.

[205] Wang X,Amin M,Cao X. Analysis and design of optimum sparse array configurations for adaptive beamforming[J]. IEEE Transactions on Signal Processing,2017,66(2):340-351.

[206] Özdogan Ö,Björnson E,Larsson E G. Intelligent reflecting surfaces:Physics,propagation,and pathloss modeling[J]. IEEE Wireless Communications Letters,2019,9(5):581-585.

[207] Dai L,Wang B,Wang M,et al. Reconfigurable intelligent surface-based wireless communications:Antenna design,prototyping,and experimentalresults[J]. IEEE access,2020,8:45913-45923.

[208] Gao X,Dai L,Yuen C,et al. Turbo-like beamforming based on tabu search algorithm for millimeter-wave massive MIMO systems[J]. IEEE Transactions on Vehicular Technology,2015,65(7):5731-5737.

[209] Rubinstein R Y,Kroese D P. The cross-entropy method:a unified approach to combinatorial optimization,Monte-Carlo simulation,and machine learning[M]. New York:Springer,2004.

[210] Zhang Z,Dai L. A jointprecoding framework for wideband reconfigurable intelligent surface-aided cell-free network[J]. IEEE Transactions on Signal Processing,2021,69:4085-4101.

[211] He H,Wen C K,Jin S et al. Deep learning-based channel estimation for beamspace mmWave

massive MIMO systems[J]. IEEE Wireless Commun,2018,7(5): 852 – 855.

[212] Ye H,Li G Y,Juang B H. Power of deep learning for channel estimation and signal detection in OFDM systems[J]. IEEE Wireless Communications Letters,2017,7(1): 114-117.

[213] Huang H,Yang J,Huang H,et al. Deep learning for super-resolution channel estimation and DOA estimation based massive MIMOsystem[J]. IEEE Transactions on Vehicular Technology,2018,67 (9): 8549-8560.

[214] Soltani M,Pourahmadi V,Mirzaei A, et al. Deep learning-based channel estimation[J]. IEEE Communications Letters,2019,23(4): 652-655.

[215] Yang Y,Gao F,Li G Y,et al. Deep learning-based downlink channel prediction for FDD massive MIMO system[J]. IEEE Communications Letters,2019,23(11): 1994-1998.

[216] Wang T,Wen C K,Jin S,et al. Deep learning-based CSI feedback approach for time-varying massive MIMO channels[J]. IEEE Wireless Communications Letters,2018,8(2): 416-419.

[217] Wu Q,Zhang R. Towards smart and reconfigurable environment: Intelligent reflecting surface aided wirelessnetwork[J]. IEEE communications magazine,2019,58(1): 106-112.

[218] Al-Nahhal I,Dobre O A,Basar E. Reconfigurable intelligent surface-assisted uplink sparse code multiple access[J]. IEEE Communications Letters,2021,25(6): 2058-2062.

[219] You C,Huang K,Chae H,et al. Energy-efficient resource allocation for mobile-edge computation offloading[J]. IEEE Transactions on Wireless Communications,2016,16(3): 1397-1411.

图书资源支持

感谢您一直以来对清华版图书的支持和爱护。为了配合本书的使用,本书提供配套的资源,有需求的读者请扫描下方的"书圈"微信公众号二维码,在图书专区下载,也可以拨打电话或发送电子邮件咨询。

如果您在使用本书的过程中遇到了什么问题,或者有相关图书出版计划,也请您发邮件告诉我们,以便我们更好地为您服务。

我们的联系方式:

清华大学出版社计算机与信息分社网站:https://www.shuimushuhui.com/

地　　址:北京市海淀区双清路学研大厦 A 座 714

邮　　编:100084

电　　话:010-83470236　010-83470237

客服邮箱:2301891038@qq.com

QQ:2301891038(请写明您的单位和姓名)

资源下载:关注公众号"书圈"下载配套资源。

资源下载、样书申请

图书案例

书 圈

清华计算机学堂

观看课程直播